跟我一起玩
PYTHON
编程

李珊 ◎ 著

天津出版传媒集团

天津科学技术出版社

图书在版编目（CIP）数据

跟我一起玩Python编程 / 李珊著. -- 天津 ： 天津
科学技术出版社，2019.9

ISBN 978-7-5576-7040-5

Ⅰ．①跟… Ⅱ．①李… Ⅲ．①软件工具－程序设计－
青少年读物 Ⅳ．①TP311.561-49

中国版本图书馆CIP数据核字(2019)第184788号

跟我一起玩Python编程

GENWO YIQIWAN PYTHON BIANCHENG

责任编辑：方　艳

出　　版：天津出版传媒集团
　　　　　天津科学技术出版社

地　　址：天津市西康路35号

邮　　编：300051

电　　话：（022）23332695

网　　址：www.tjkjcbs.com.cn

发　　行：新华书店经销

印　　刷：凯德印刷（天津）有限公司

开本 710×1000　　1/16　印张21　字数 500 000

2019年9月第1版第1次印刷

定价：88.00元

21 世纪是 AI 人工智能时代。我们的生活中充满了人工智能的元素：餐厅的服务机器人、图书馆的接引机器人、家中的智能家居等，让我们的工作、生活、学习更加地便捷。

人工智能并不只与科学家有关。中国国务院发布《新一代人工智能发展规划》，人工智能上升为国家发展战略。规划明确提出："在中小学阶段设置人工智能相关课程，逐步推广编程教育。中小学生是国家人工智能科研方向的储备军，是人工智能发展的未来。"南京、浙江等地已经将编程教育加入中小学课堂，并在高考中加入了编程试题，发展少儿编程教育已经是大势所趋，少儿编程更是如今每一名中小学生都应该接触、学习的课程。前美国总统奥巴马提出过"每天编程一小时"的口号，Facebook CEO 扎克伯格说过："我们将会像阅读和写作一样地教编程，我想为什么不能把这件事做得再快一点儿？"李开复也曾说过："未来 15 年，50% 的人类工作将会被人工智能所取代，编程会变得越来越重要。如果让孩子从小就学编程，这会让孩子的未来充满更多的可能。"

学生想要了解人工智能、学习人工智能，就必须要学习计算机语言，少儿编程应运而生。少儿编程可以锻炼中小学生的逻辑思维、计算思维和创新思维。在学习编程的过程中，学生可以按照计算机一样严谨的思维去思考问题，同时也可以获得编程成功之后的成就感。

想要学习好编程，语言的选择尤为重要，计算机语言有很多种，但不是所有的计算机语言都适合作为学生学习编程的启蒙语言。

本书选择了目前少儿编程中最适合学生学习的计算机语言——Python。Python 具有浅显易懂、操作简单等特点，被广泛应用于科学运算、云计算、网络爬虫、Web 开发等众多领域，同时，Python 本身具有很多内置的"库"，还可以兼容其他外接"库"，编程过程更加有趣，让学生使用起来也更加方便。人工智能本身会涉及大量的数据运算，使用 Python 最为高效快捷，所以 Python 本身也是最适合人工智能开发的编程语言。**本书作者李珊担任过后端开发、测试工程师等职位，具有多年一线少儿编程课教学经验，善于通过实例引导学生进行深入的学习和探究，能够将学生们在学习过程中遇到的问题用巧妙的方法进行分析讲解，带领学生轻松玩转 Python，深受学生和家长的支持与信赖。在书中，作者从最基础的语句和数据类型出发，致力于为学生打下夯实的编程基础，书中列举了许多生活中常见的实例、有趣的小故事以及一些著名的数学问题，引导学生使用编程的方法来解决，让学生在学习过程中体验编程的魅力，让编程过程更加有趣，是一本非常适合中小学生学习编程的启蒙书籍。**

乐博乐博教育创始人兼 CEO　　侯景刚

目 录
CONTENTS

第1章 初识 Python

第2章 Python 的数据类型

第 3 章 　Python 的控制台输入用法

第 4 章 　下标的使用

第 5 章 　让你的程序循环起来!

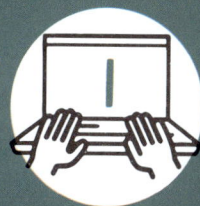

初识 Python

你好，很高兴与你见面！相信只有对计算机科学充满求知欲望的你，才会幸运地邂逅这本神奇又有趣的书！这是一本关于计算机语言的书！相信我，通过对本书的学习，你将会迈入一个新的世界——计算机编程！通过编程，我们可以借助计算机帮助我们完成各种各样的任务。甚至，可以自己制作游戏，从一名玩家变成一位游戏管理者。

想体验一下吗？那就跟我来吧！在开始学习之前，先记住我的一句建议：想学好编程语言，不能光用眼睛看，一定要动起手指，跟着我一起敲键盘才行！

接下来，准备好电脑，我带你认识一下新朋友——编程语言 Python！

1.1 什么是编程

计算机无疑是 20 世纪最伟大的发明之一，从 1946 年发明第一台电子计算机"ENIAC"起，计算机就以超乎想象的速度迅猛发展着，如今已经发展成一门独立的学科——"计算机科学"。

在"阿尔法狗"（AlphaGo）相继打败了围棋世界冠军韩国选手李世石和中国选手柯洁后，"人工智能"（AI）就带着神秘的面纱，逐渐走入了普通大众的视野，其实人工智能（AI）只属于计算机科学的一个分支，计算机科学领域的研究还包括机器人、语言识别、图像识别、自然语言处理和专家系统等。像我们身边的指纹识别系统、语音识别系统、面部识别系统等，以及使用机器人来更高效地完成工作，这些都是通过计算机编程实现的！

那么，你有没有想过，我们是如何控制计算机的呢？如果我们把计算机想象成一个"人"，那么我们是如何与它进行对话，让它来执行我们的命令呢？答案就是通过代码编程，也就是所谓的敲代码！我们可以把编程语言当作一门外语，就像我们面对英国人时需要讲英语，面对泰国人时需要讲泰语，当我们面对计算机时，我们可以通过编程语言与计算机进行对话，让它们执行我们的命令，帮助我们完成一系列的任务！编程语言就是我们与计算机进行对话的工具，也是计算机世界的语言。

1.2 什么是 Python 语言

　　人类有汉语、英语、法语等不同的语言，计算机就只有一种语言吗？当然不是，计算机也有很多种语言，有 JAVA、C 语言、C++ 等不同的编程语言，当然，还有本书要学习的 Python 语言。那么，为什么我们选择 Python 语言来学习呢？主要是因为 Python 语言比较简单，容易学习，可以很快上手，并且充满趣味！

　　Python 语言（派森，本意是蟒蛇的意思，我们可以看到 Python 的图标，就像一条黄色的蛇和一条蓝色的蛇缠绕到一起。如图 1-1 所示），是一种面向对象的解释型的计算机程序设计语言。Python 语言的编程只关注解决问题，而对于语言编程的过程并没有太多的限制，语法简洁，用起来简单方便。同时 Python 语言具有丰富而强大的"库"，几乎可以帮助你实现计算机

图 1-1　Python 的标志

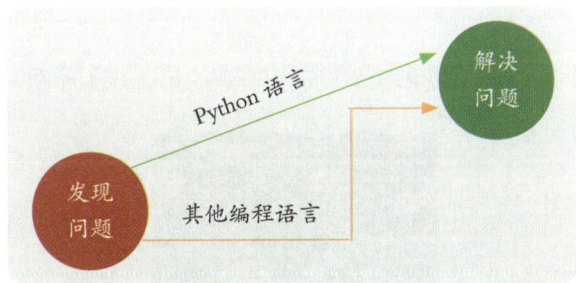

上大部分的功能；又因为 Python 语言对于其他编程语言有很好的兼容性，所以，Python 语言又形象地被称为"胶水语言"。

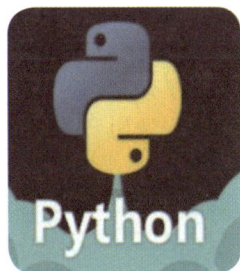

　　我们可以使用 Python 语言进行编程熟悉的游戏，几行代码就可以实现游戏中本身很复杂的场景（如图 1-2 所示）。

```
import mcpi.block as block
#创建一个对象，用来连接游戏
mc = minecraft.Minecraft.crea
#将我们需要的大小 "20" 存入变
SIZE = 20
#获取到角色坐标
pos = mc.player.getTilePos()
#将角色的坐标存入变量
#将角色的坐标存入变量，这里x+2
x = pos.x+2
y = pos.y
z = pos.z
#门的起始位置
# size是20除以2加10，也就是圆
midx = x + SIZE/2
midy = y + SIZE/2
#建造一个20*20*20的金矿正方体
mc.setBlocks(x, y, z, x+SIZE, y+S
#房子内部是空的，设置成空气
mc.setBlocks(x+1, y, z+1, x+SIZE
#门也设置成空气
mc.setBlocks(midx-1, y, z, midx
#左边窗户，右边窗户设置成玻璃
mc.setBlocks(x+3, y+SIZE-3, z, m
mc.setBlocks(midx+3, y+SIZE-3, z, n
```

图 1-2　用 Python 语言实现的游戏场景

可以使用 Python 语言帮助我们绘制绚烂多彩的图案（如图 1-3，1-4 所示）。

```
import turtle as t
import time
t.speed(0)
t.color("red", "yellow")
t.speed(10)
t.begin_fill()
t.fillcolor("yellow")
for _ in range(20):
    t.left(20)
    t.circle(40)
t.end_fill()
time.sleep(1)
```

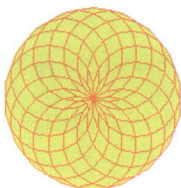

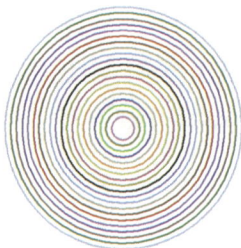

图 1-3　　　　　　　图 1-4

还可以使用 Python 语言帮助我们设计出有趣的小游戏（如图 1-5 所示）。

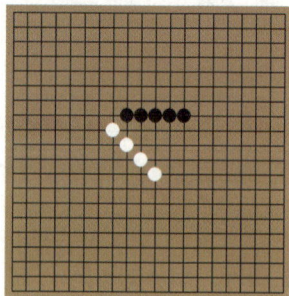

图 1-5

既然 Python 语言这么有意思，那么我们就先来学习一下如何将 Python 编程软件安装到我们的电脑上吧。

1.3 安装 Python

（1）家中的电脑，一般是不带 Python 软件的，但我们可以自己安装。首先，打开浏览器，在地址栏中输入 Python 语言的官方网站：https://www.python.org/，进入 Python 官方网站首页（如图 1-6 所示）。

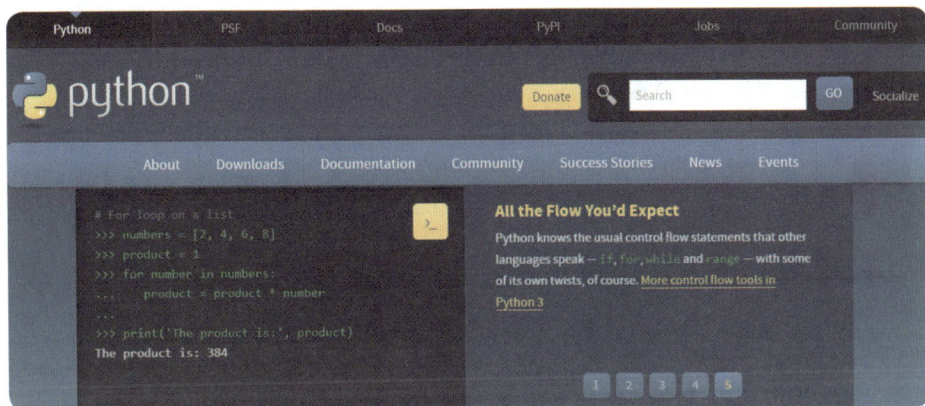

图 1-6　Python 官方网站首页

（2）找到 Downloads（下载）选项，单击，进入下载界面。

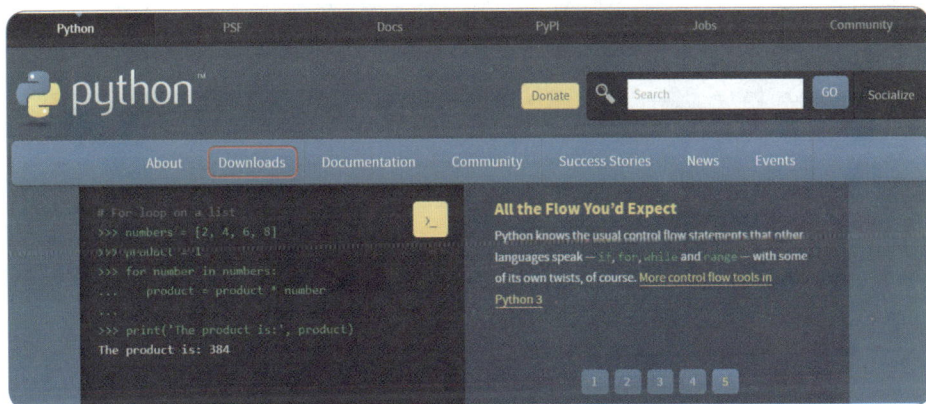

图 1-7　Downloads 选项

（3）如果家里的电脑是 Windows 系统，那么在下载界面上找到最明显的黄色选项——Download Python 3.7.2（如图 1-8 所示）。如果你下载时变成了更新的版本（如 Python3.7.3），不要犹豫，下载最新的就可以，步骤是相同的。

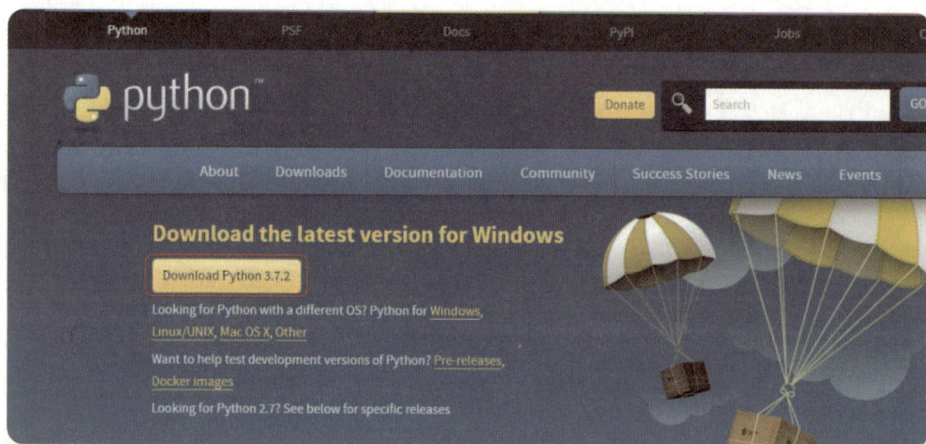

图 1-8　点击 Python 版本 3.7.2 选项

（4）接下来，计算机就会提示安装包下载的位置，把它下载到你熟悉的硬盘分区中，记住它的位置，如图 1-9 所示。尽量不要保存在 C 盘哟，因为 C 盘东西太多会导致计算机运行越来越慢。

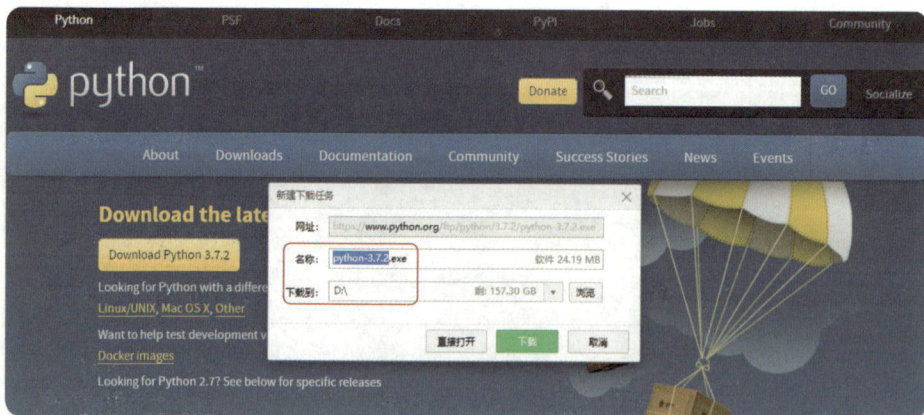

图 1-9　文件储存位置

（5）当下载完成后，我们点击"打开"，如图 1-10 所示。

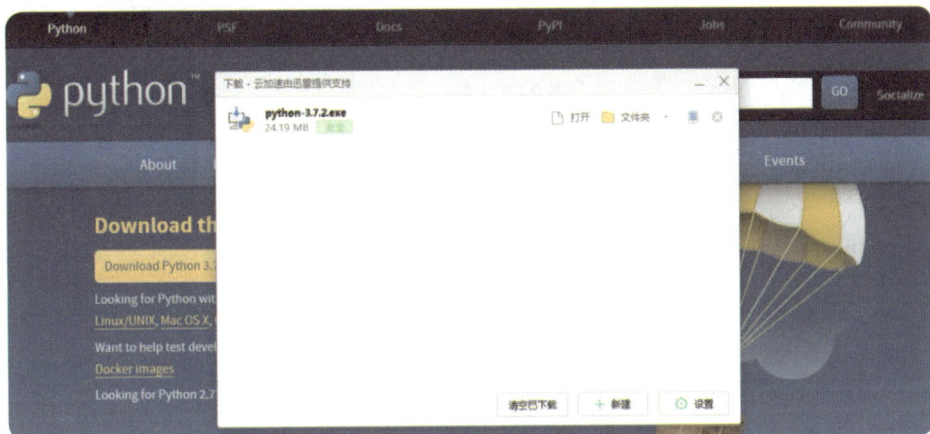

图 1-10　点击"打开"选项

（6）这时，我们就进入了 Python 安装界面，先钩选最下面的选项（一定要钩选，否则我们到后面做游戏时无法运行 pygame），再点击 Install Now，如图 1-11 所示。此处需要注意，我们下载的这个版本是 32 位操作系统使用的。如果家中计算机是 64 位操作系统，请往后看我们的 TIP2（见 P9-P10 的内容）。

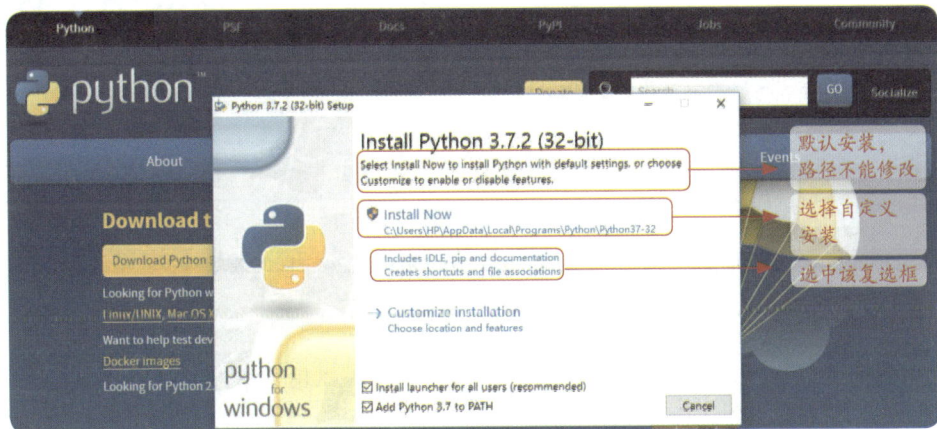

图 1-11　Python 安装向导

（7）Python 进入安装界面，我们只需要耐心地等待一会儿，等到绿色的进度条运行完成就可以了，如图 1-12 所示。这个过程中千万不要点右下角的"Cancel"选项，否则安装就会被终止。

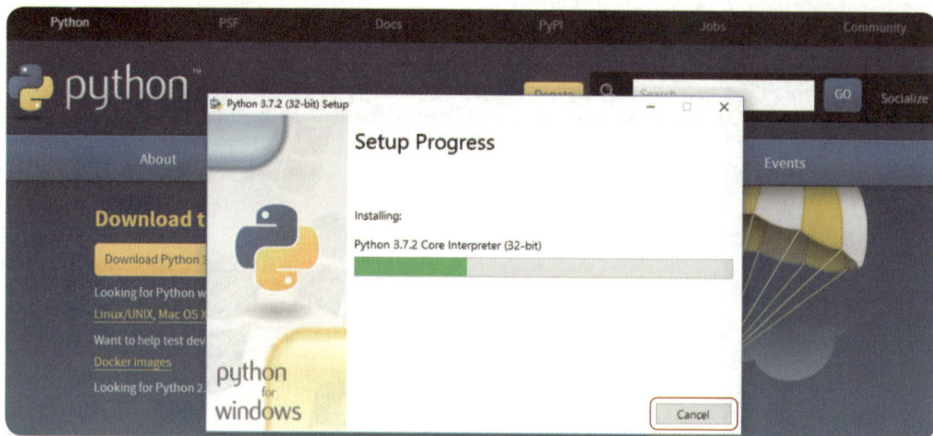

图 1-12　Python 安装进度

（8）当进度条运行完成后，最终会出现这个界面，如图 1-13 所示，就说明你已经成功安装了 Python，单击"Close 关闭"即可。

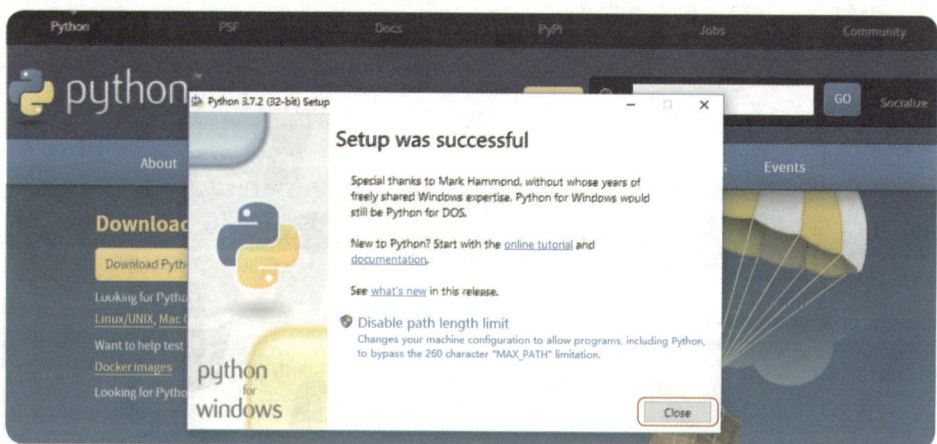

图 1-13　安装完成对话框

TIP1　如果家中是 Mac 系统，就在 Download 界面（见图 1-6），选择 Mac OS X，如图 1-14 所示。

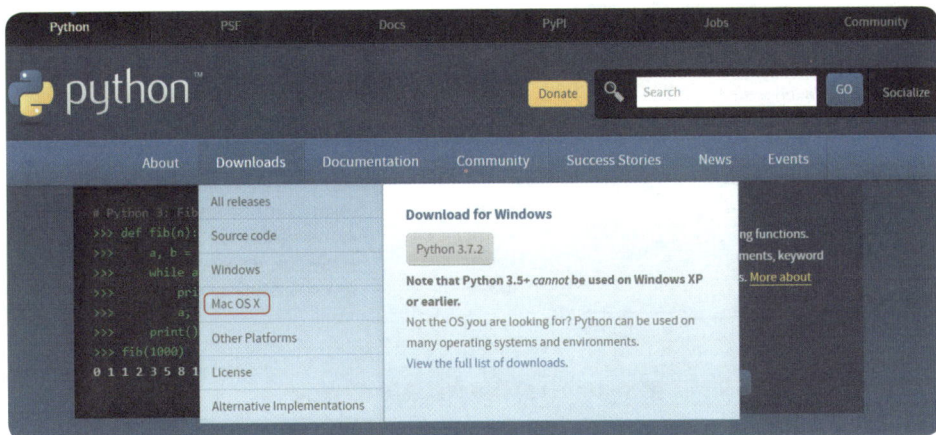

图 1-14　选择 Max OS X 选项

之后选中如图 1-15 所示的选项，也会进入下载界面。按照之前的方法，安装即可。

图 1-15　在 Mac 系统下点击"下载"选项

TIP2　由于 Windows 的操作系统分为 32 位和 64 位，我们可以通过点击右键"此电脑"—属性—可以查询我们计算机的操作系统类型，如图 1-16 所示。

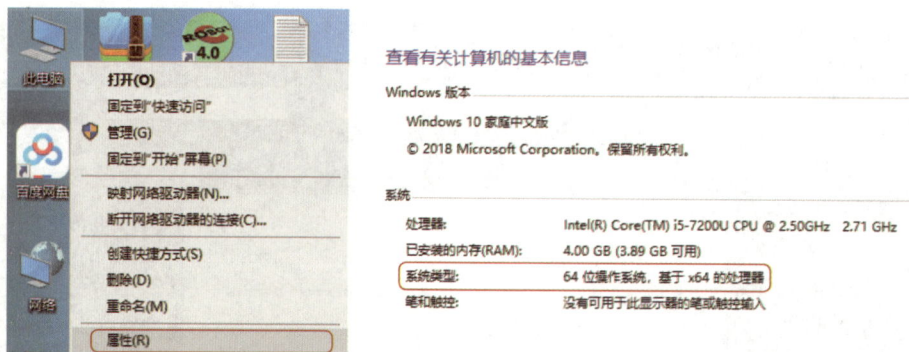

图 1-16　计算机操作系统类型的查询

如果想要下载 64 位操作系统使用的 Python，我们可以在 Python 官网的 Downloads 界面选择 Windows，如图 1-17 所示。

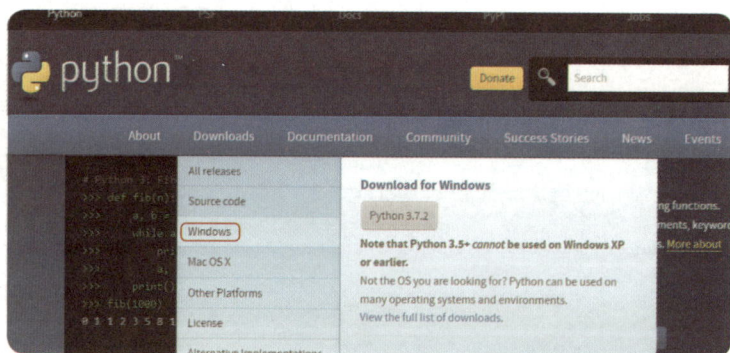

图 1-17　选择 Windows 选项

进入后，找到如图 1-18 所示的选项，点击后按照之前安装 32 位操作系统的 Python 流程，就可以把适用于 64 位操作系统的 Python 软件安装好了。

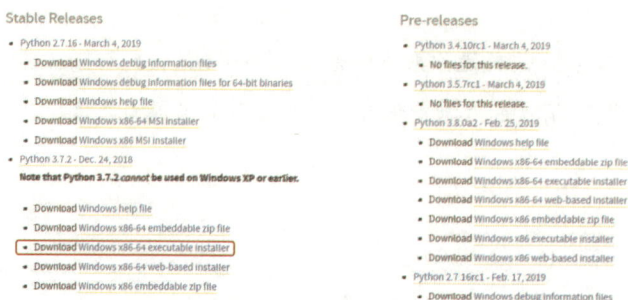

图 1-18　选择 64 位操作系统

1.4 使用 IDLE，完成我们的第一条编码

（1）安装完成后，我们可以在计算机中找到安装的 Python。点击"开始"，找到 Python 文件，如图 1-19 所示。

图 1-19 点击"开始"菜单状态栏

（2）打开 Python 文件后，我们就看到了第一栏 IDLE（Python3.7 64-bit），Python3.7 是我们下载版本型号，64bit 是我们计算机的操作系统，是基于 x64 的处理器，如图 1-20 所示。

IDLE 是一个用来集成开发的编程环境，我们可以在 IDLE 中进行编程。

（3）点开后，我们就进入了 Python-Shell 界面。如图 1-21 示。在这个界面中，我们就可以开始编程啦！

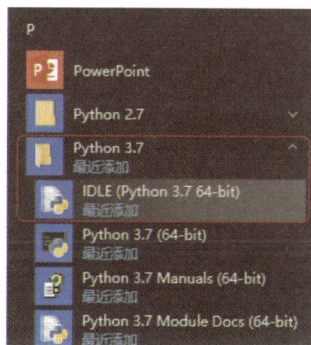

图 1-20 打开菜单栏

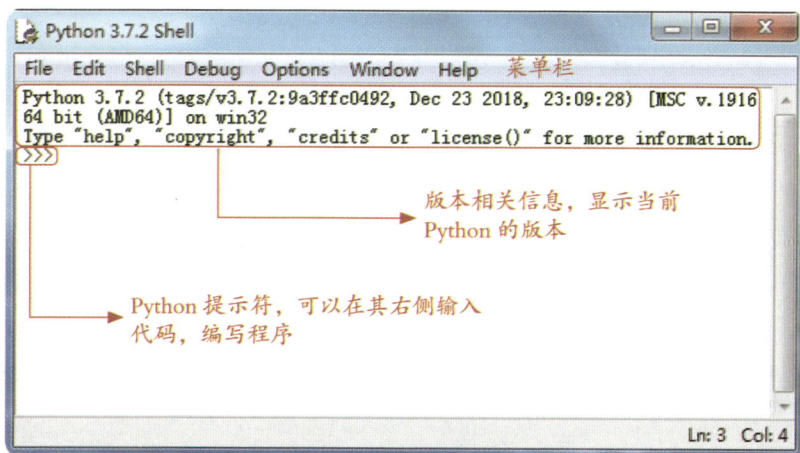

图 1-21 shell 窗口

Shell 界面是 Python 的控制台界面，在 Shell 界面中我们可以看到编程的效果，同时 Shell 界面内也可以帮助我们完成一些简单的编程。后面我们会经常用到 Shell 界面，一定要记住它！

我们来试试吧！

我们在 Shell 界面输入以下代码，如图 1-22 所示。

print("Hello,Python"）

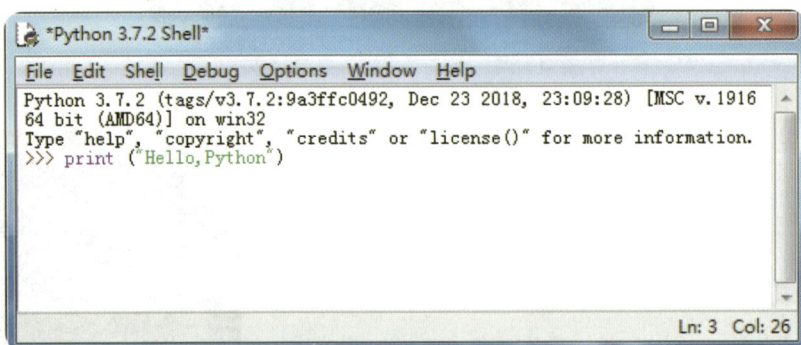

图 1-22　在 shell 界面中输入代码

注意，由于计算机和编程语言最早都是由外国人发明的，所以在输入代码时，一定要在英文输入法状态下输入，标点符号也一定要是英文的！其中的 print 会变色，叫作关键词。引号内的"Hello,Python"也会变色，叫作字符串。然后点 Enter 回车，看看出现什么效果。如图 1-23 所示。

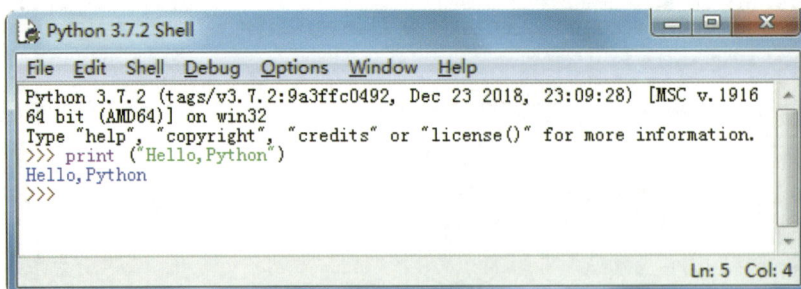

图 1-23　输出"Hello，Python"

我们会发现，在 Shell 界面上，把我们敲入的"Hello,Python"显示出来了。我们输入"Hello,Python"的过程叫作输入；那么之后显示出来的过程，叫作输出。这就是一个简单的 Python 编程，相当于我们跟 Python 打了一个招呼。你学会了吗？是不是很简单呢？鼓励自己一下，后面还有更有意思的东西等着你呢！

1.4.1 新建文件

Shell 可以帮助我们运行比较简短的代码，但是我们真正编程的代码不会是一行，往往会有很多，这时我们需要新建一个 Python 文件，来进行多行复杂代码的编写，跟我一起来看看怎么完成吧！

（1）点击 Python 左上角菜单栏，选中 File（文件）菜单，会出现 File（文件）菜单里的操作列表，如图 1-24 所示。

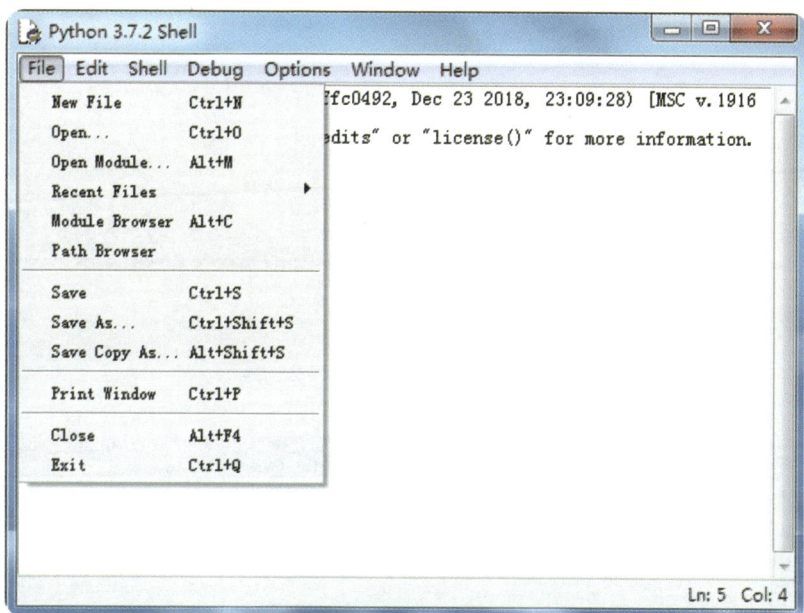

图 1-24　点击 File 菜单

（2）点击第一栏 New File（新建文件），如果 1-25 所示。

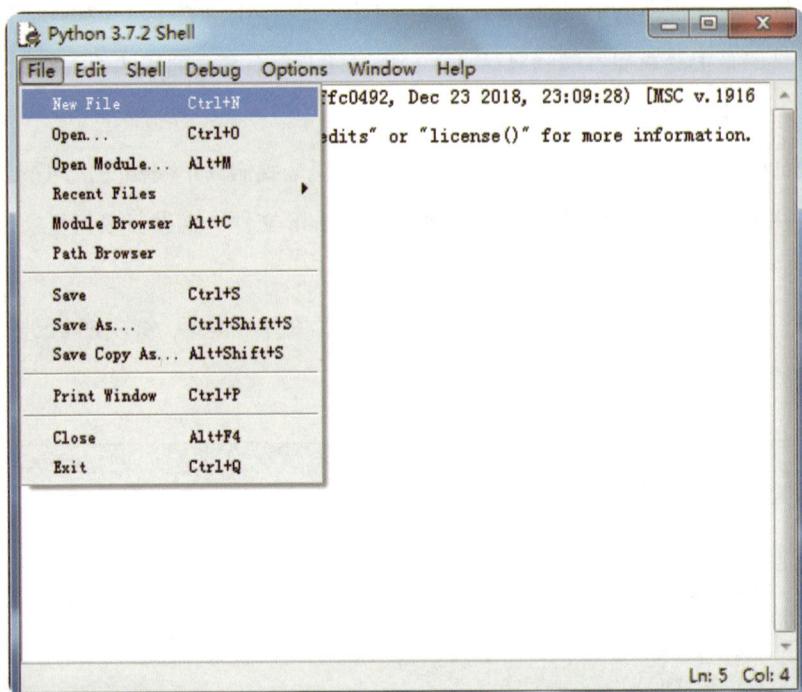

图 1-25　新建文件

（3）会出现一个新的空白窗口文件，如图 1-26 所示。

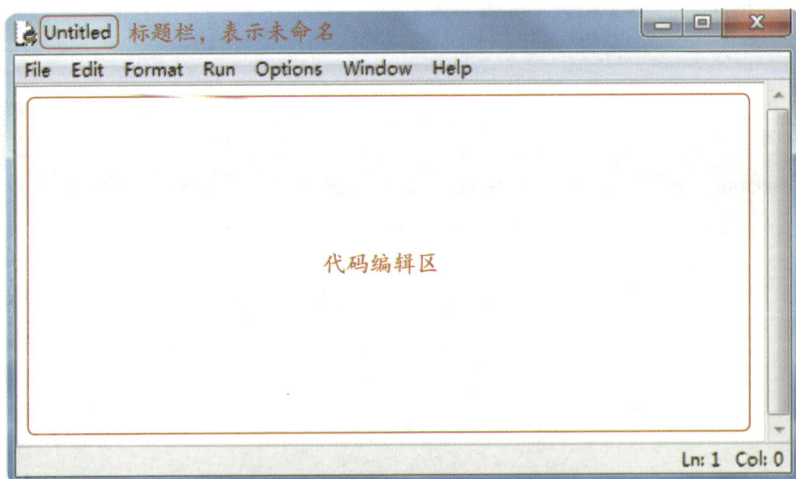

图 1-26　新创建的 Python 文件窗口

这样新的 Python 文件就建好了，我们可以在这里进行多段代码的编程。

1.4.2 保存文件，运行程序

我们在新建好的文件里，再敲一次"Hello,Python"试试，如图 1-27 所示。

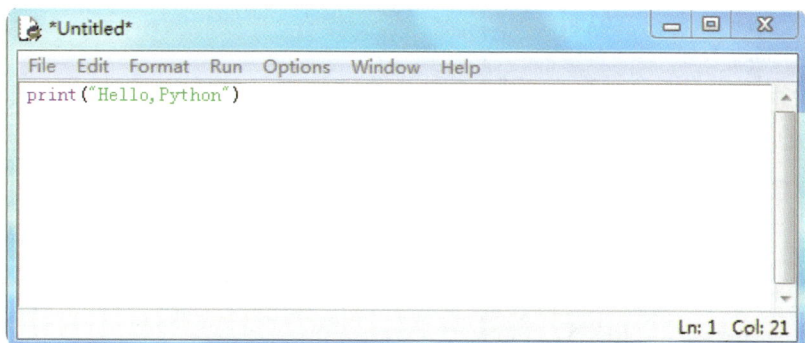

图 1-27 编写代码后的 Python 文件窗口

这时我们点"Enter 回车"是换行，并没有运行。要想在这里运行我们的程序，首先需要保存文件。

（1）点击左上角菜单栏的 File（文件），如图 1-28 所示。

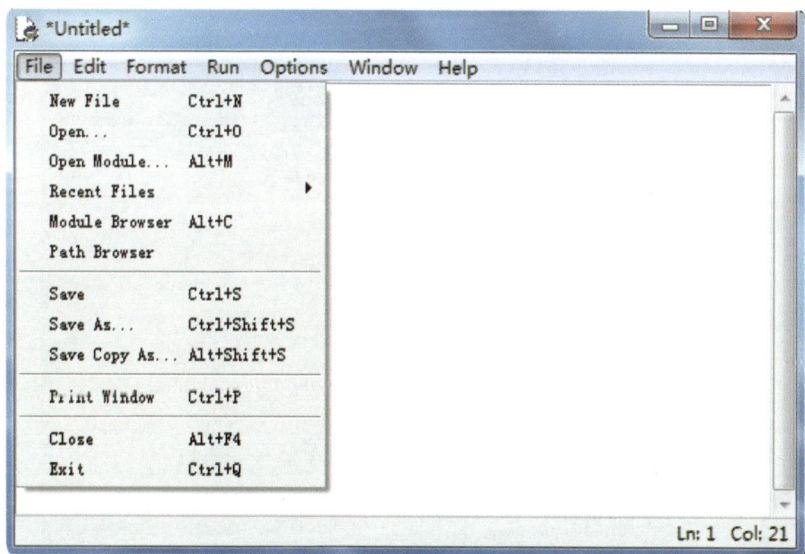

图 1-28 点击 File 选项

（2）选择下拉菜单中的"Save（保存）"，如图 1-29 所示。

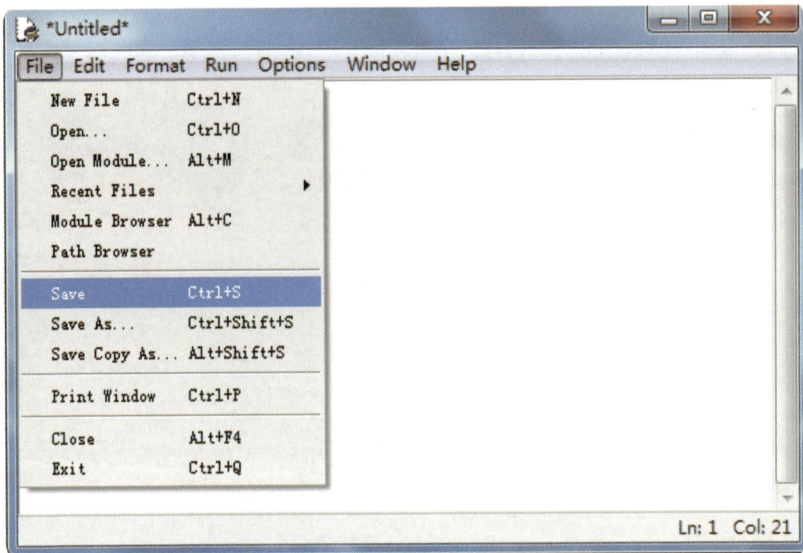

图 1-29　点击 Save 选项

（3）这时，会出现一个窗口，你可以在这里选择你想要把这条 Python 代码存储的位置。选好位置后，再给代码起一个名字，点击"保存"，就保存成功了，如图 1-30 所示。

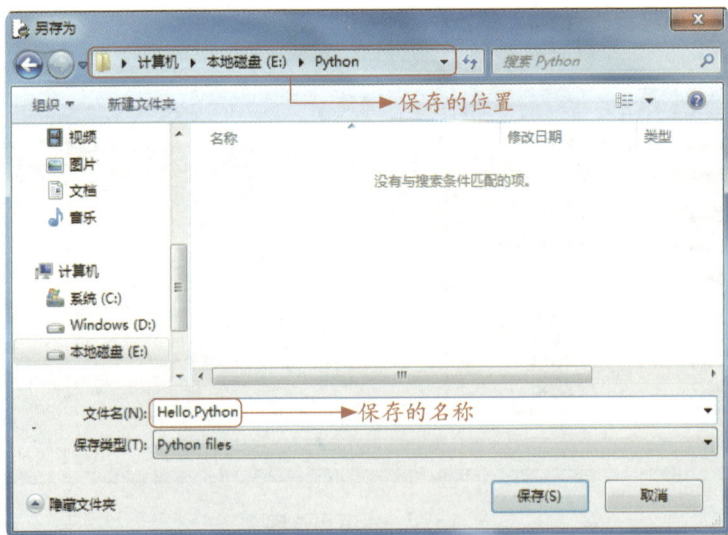

图 1-30　保存文件

我们保存的文件名称要尽量与编的程序有关，这样方便以后可以更快地搜索到它。

保存文件是非常重要的一个环节。我们在编程的过程中，可能会出现一些意想不到的情况，比如电脑死机、程序大面积丢失等，所以在编程的过程中要养成随时保存的习惯，这样可以及时保护我们的程序，以免因意外导致功亏一篑。

（4）保存好文件后，我们可以点击菜单栏中的 Run（运行），如图 1-31 所示。

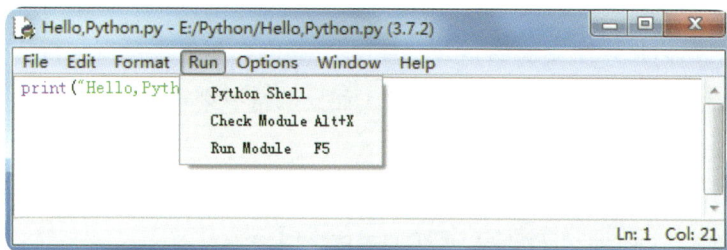

图 1-31　点击 Run（运行）

（5）点击 Run Module（运行程序），如图 1-32 所示。

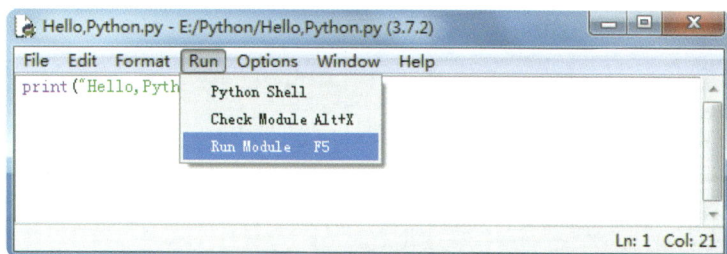

图 1-32　运行程序

这时，会跳转到 Shell 界面，出现运行结果，如图 1-33 所示。

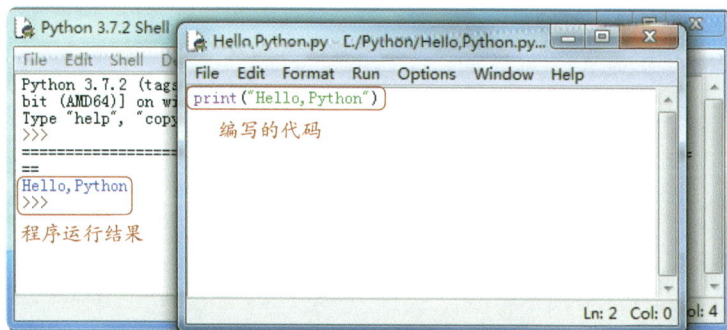

图 1-33　运行结果与代码窗口对比

善于观察的小朋友有没有发现，在第 5 步点击 Run Module 时，旁边有一个 F5，知道它是干什么用的吗？这是运行程序的快捷键。在完成编程后，你也可以直接点击键盘上第一排的 F5 功能键，直接运行程序。注意，不是 F+5 键哦！

程序每次经过修改，再次运行时，都需要进行保存，计算机默认的保存位置与第一次相同，会覆盖掉之前编写的程序。如果不希望更改的程序把之前的程序覆盖掉，我们可以进行"另存为"操作。

比如，我们将程序更改成 print("Hello,World")，如果直接点运行，它会把我们之前编程的 print("Hello,Python") 覆盖。如果不希望之前的程序被覆盖，我们可以点击菜单栏 File，如图 1-34 所示。

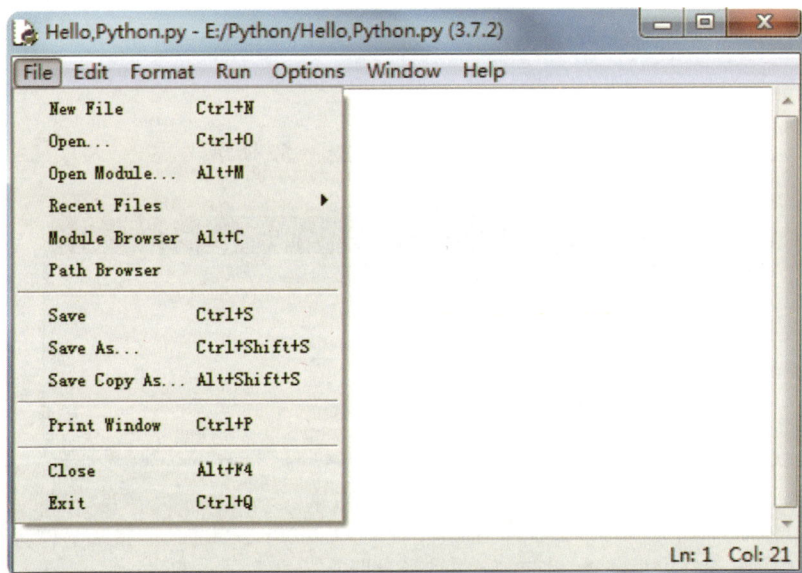

图 1-34　点击 File 选项

然后点击"Save As…"，如图 1-35 所示。

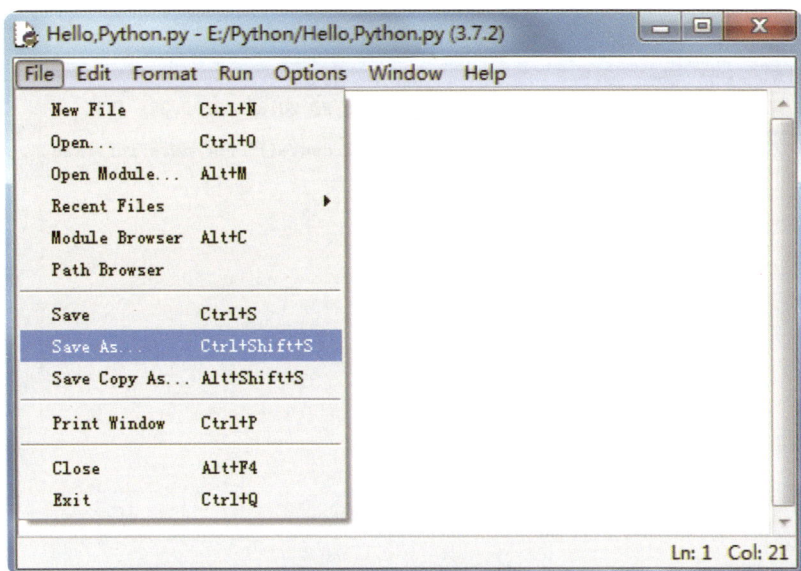

图 1-35　另存为选项

我们会进入之前的保存界面，这时候我们就可以把新的程序重新保存在另一个地方，不会影响到原来的程序（其实，下拉菜单中每一个选项后面都有一个按键组合，比如 "Ctrl+S" 是保存的快捷键，这些我们都可以在学习过程中去记住它，会让我们编程起来更加快速）。

1.4.3 打开文件

如果我们想要运行之前编程好的程序，或者运行他人编好的程序，我们应该如何做呢？

（1）我们可以在 Shell 界面的菜单栏上点击 File（文件），点击菜单列表中的 Open…，如图 1-36 所示。

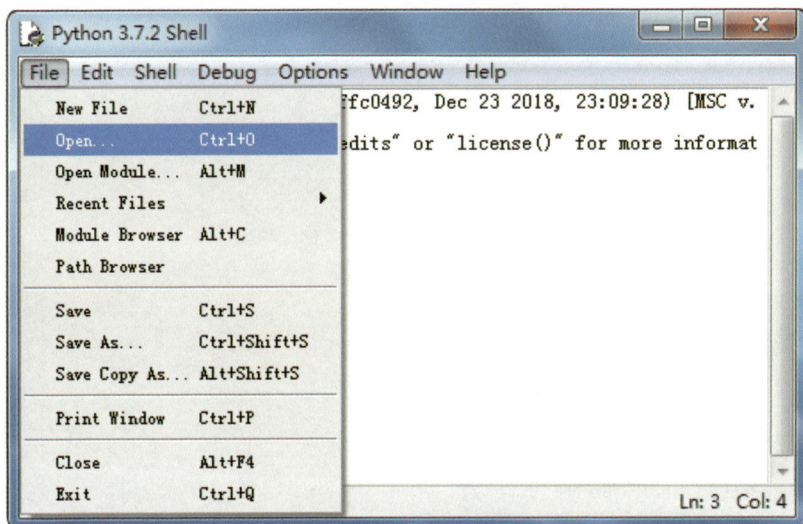

图 1-36　点击 Open

（2）找到想要打开的程序（路径只要选择正确，就可以找到）。注意，Python 的后缀都是 .py，点击"打开"，如图 1-37 所示。

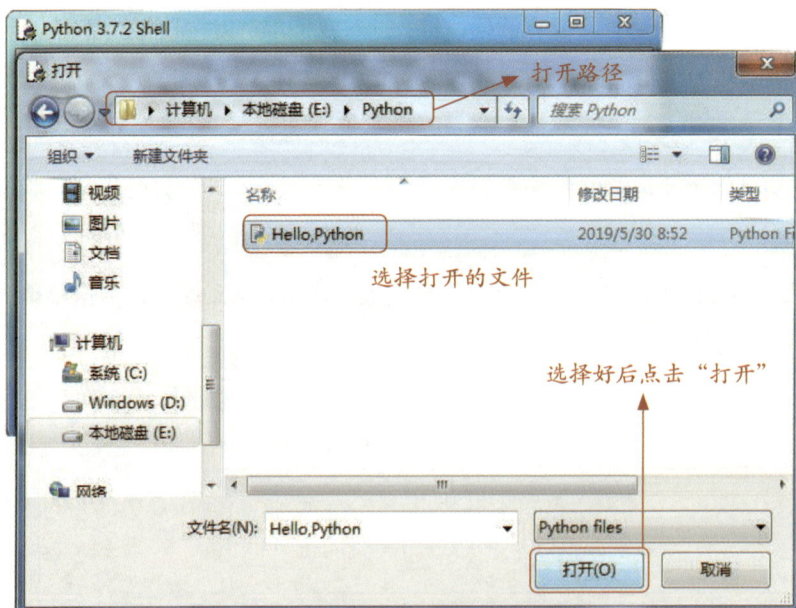

图 1-37　打开文件

（3）我们就可以在一个新的窗口打开程序了。

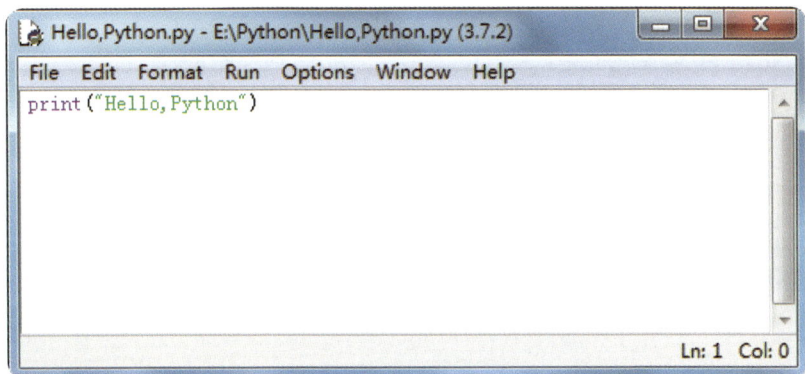

图 1-38　新打开的文件

（4）像之前一样，选择 F5 键，程序会运行，将 "Hello,Python" 打印在 Shell 界面里，如图 1-39 所示。

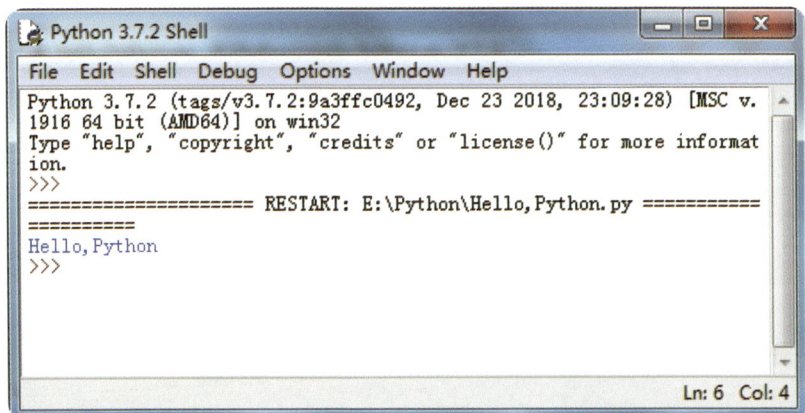

图 1-39　运行结果

TIP3　有的笔记本电脑上，F5 键有多种功能，这时候我们需要同时按下"fn+F5"，

试一试吧！

总结

1. 安装 Python 前要先查询一下电脑系统，再根据系统来选择应该下载的版本。

2. Shell 控制台页面很常用，要记住它。

3. 编程时要养成随时保存的好习惯。

▶加入学习打卡群◀

坚 持 学 习
1 0 0 天 精 通 编 程

【入群指南详见本书末页】

第 2 章

Python 的数据类型

我们可以在 Python 中输出任何东西，可以是数字，可以是文本，可以是数据集合等。我们知道数字和文本类别是不同的，因此为了更准确地让计算机区分它们，按照数据性质不同，将它们分为不同的数据类别，叫作"数据类型"，也称为"类"——class。

2.1 什么是数据类型

我们之前输入的第一条的代码，大家还记得吗？

print（"Hello,Python"）

print 是指"打印"，属于 Python 的关键词，就是把我们想要显示在 Shell 控制台上的内容输出出来。"Hello,Python" 是一段英文，我们管这种类型叫作文本。在 Python 编程中，还有一个专业的名字：字符串或者字符串类型。字符串就是一种数据类型，"Hello，Python" 里的每一个字母叫作字符，把字符串起来，就形成了字符串。是不是很形象？字符串可以由任何字符组成，我们可以试试输入中文，看看会怎么样？

像之前一样，我们输入 print(" 我爱玩编程 ")，如下所示。

```
print("我爱玩编程")
```

还记得怎么运行吗？我再讲一次，一定要记住哦！

点击最上方 Run，然后选中 Run Module （或者按"F5"快捷键），按照提示保存一下，就可以了。

大家要养成一个好习惯，我们每次的程序都需要保存运行，所以为了更好地保存我们的程序，我们可以在桌面或者硬盘里新建一个文件夹，把我们保存的代码都存在这个文件夹里，这样方便我们以后查找。养成一个好习惯是很重要的！

就像这样，我把程序都保存在桌面上的一个文件夹，叫作"跟我一起玩编程"，这次程序的名字叫作"我爱玩编程"，如图 2-1 所示，以后就很容易找到了。

图 2-1　文件保存

点击保存，就可以运行了，大家看看效果吧！如图 2-2 所示。

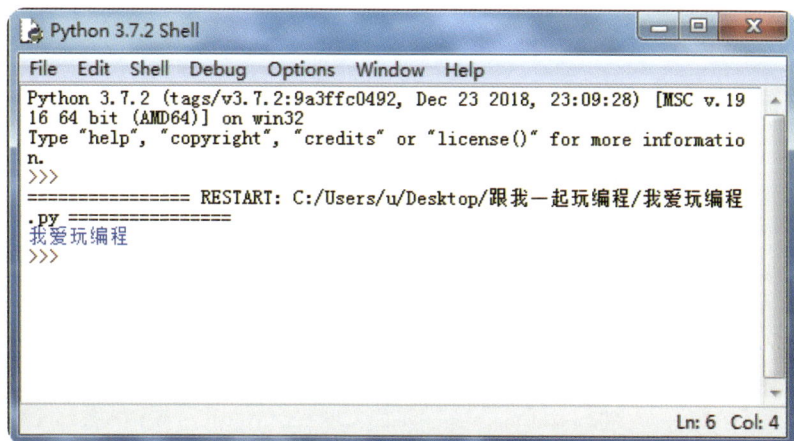

图 2-2　运行结果

我们打印出了"我爱玩编程"这组字符串，其中每一个文字，都是一个字符。同样，字符串也可以是数字组成。比如：print("1234567890")，自己动手试一试吧！

看！结果是不是跟我一样，也把 "1234567890" 这组字符串打印出来了呢？

结果如图2-3所示。

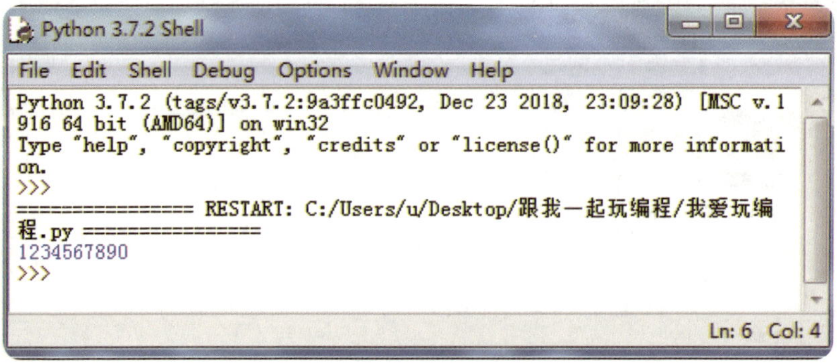

图2-3 运行结果

字符串是我们常用的一种数据类型，可以由字母、数字或文字组成。把想要打印的字符串，放到双引号 "" 中，所以识别字符串最大的特点，就是 ""，当然单引号 '' 也可以，如下所示：

```python
print('我爱玩编程')
```

运行一下，也是可以的！

2.2 常用的数据类型

数据类型除了我们之前见到的字符串类型以外，还有很多，如整型（整数类）、浮点型（小数类）、布尔值类、列表类、元组类、字典类等。Python 是面向"对象"处理数据的，"对象"指的就是这些不同类的数据。类不同，处理起来使用的方法也会有所不同，所以我们需要在使用 Python 时，要把数据类型区分开。现在，我们来简单地认识一下其他数据类型吧！

2.2.1 整型

整型就是我们常见的整数类，比如 1、2、3、4、5 等，都可以叫作整型，或整数型。它与字符串最明显的区别在于不需要加引号。例如：print(1234567890)，你会发现它打印的结果和刚才字符串打印的结果是一样的，好像没有什么区别，其实它们是两种数据类型。那么，怎么证明一下呢？我们可以再做一个程序，我们输入 print(1+1)，这是没有引号的，并且由两个数字组成，属于整数型的一个简单运算，看看运行结果是多少。

```
print(1+1)
```

你会发现运行结果是：2，如图 2-4 所示。

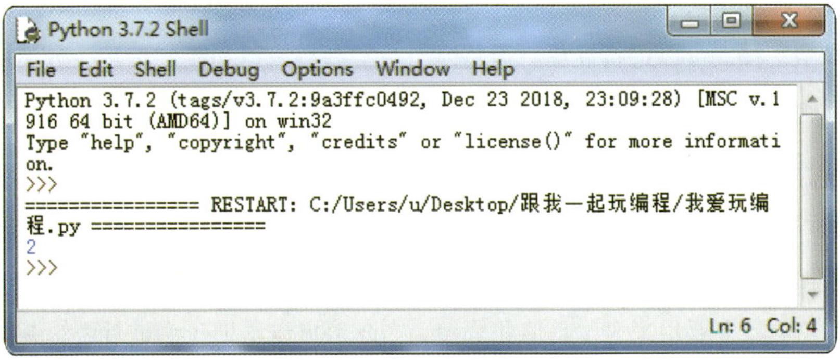

```
Python 3.7.2 Shell
File  Edit  Shell  Debug  Options  Window  Help
Python 3.7.2 (tags/v3.7.2:9a3ffc0492, Dec 23 2018, 23:09:28) [MSC v.1
916 64 bit (AMD64)] on win32
Type "help", "copyright", "credits" or "license()" for more informati
on.
>>>
================ RESTART: C:/Users/u/Desktop/跟我一起玩编程/我爱玩编
程.py ================
2
>>>
                                                              Ln: 6 Col: 4
```

图 2-4　运行结果

那如果我们输入 print("1+1") 呢？很明显，有引号，这是一个字符串。

```
print("1+1")
```

输出结果是 1+1，并没有打印出数字运算结果，如图 2-5 所示。

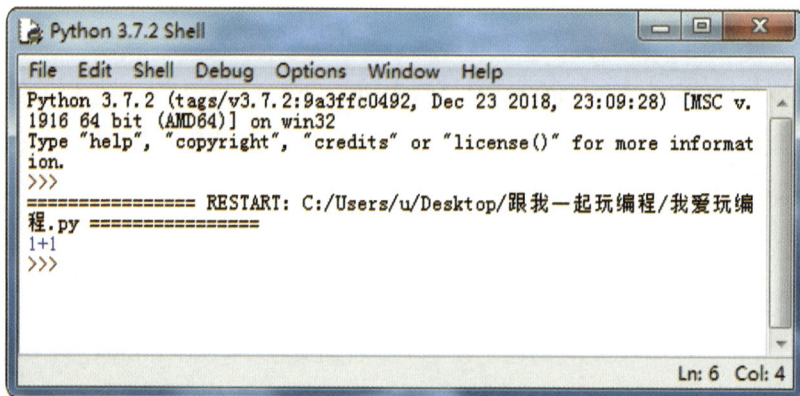

图 2-5　运行结果

现在，是不是明白一点了？字符串类型会被 Python 直接打印出来，不做任何处理，就好像文本复制、粘贴一样，但是整数型数据会被 Python 进行处理，直接输出结果。所以，我们后面将学习使用整数型和浮点数型数据，搭配算术运算符进行计算，帮助我们解决数学运算问题。

2.2.2　浮点数类型

浮点数类型就是我们常见的小数，比如 3.14、5.56、7.62 等带小数点的数，与整数型一样，可以进行计算，但是浮点数类型有一点和我们学习的数学概念不一样，比如，4.0 在数学中可以写作 4，是一个整数；而在 Python 中，4.0 属于浮点数，4 属于整数，它们是两种不同的数据类型。运算的时候结果也是不一样的。有兴趣的可以自己先试一试，我们后面会讲。

2.2.3　布尔类型

布尔类型主要用来表示真值和假值。布尔值可以帮助我们进行逻辑判断，它只有两种：True（真）和 False（假）。当输入的内容成立时，会输出 True；不成立时，会输出 False。

2.2.4 列表

列表是由一组有序的元素组成的一个集合，用中括号 [ ] 表示，比如，[20,"Pyhon 编程 "，3.14]，里面的内容用逗号隔开，每一个内容叫作元素，元素可以是整数、浮点数、字符串甚至列表，并且列表元素可以进行更改、删除、增加、重新排列等操作。

2.2.5 元组

元组与列表差不多，也是由一组有序排列的元素组成的集合，用小括号（）表示。但是与列表不同，元组里面的元素是不可变的，不能对元组内的元素进行删除、增加、更改、重新排列等操作。

2.2.6 字典

字典与元组和列表都是用来存储数据的集合，用大括号 {} 表示。字典与列表相同，属于可变数据类型，同时字典的元素是以 "键值对" 形式出现。

以上这些都是我们常用的数据类型，它们各有特点，具体用法在后面的章节会逐步学习。现在，我们可以通过小口诀来记住它们：

字符串要有引号，

元组换成小括号，

列表使用中括号，

字典需要大括号，

整数、小数要分清，

判断对错用布尔。

同时为了更好地区分，可以对照表格 2–1。

表 2-1　Python 中常用的数据类型

名称	类型	样例	可变数据类型 or 不可变数据类型
字符串	str	" 我爱玩编程 ", '12345'	不可变数据类型：不允许变量的值发生变化。如果改变了变量的值，相当于新建了一个变量
整数型	int	0,1,2,3,4,5,−1,−2	
浮点数型	float	3.14,2.0	
布尔值	bool	True 正确 ,False 错误	
元组	tuple	(88, " 我爱玩编程 ",3.14)	
列表	list	[88, " 我爱玩编程 ",3.14]	可变数据类型：可以改变变量的值
字典	dict	{" 名字 ":" 爱编程 "," 学科 ":" 计算机 "}	

在 Python 编程中，字符串类型数据用 str 表示，整数型类型数据用 int 表示，浮点数型数据用 float 表示，布尔值用 bool 表示，元组类型数据用 tuple 表示，列表类型数据用 list 表示，字典类型数据用 dict 表示。这里使用的都是对应的英文前缀，有兴趣的可以查一下英文全称。我们后面学习数据类型转换时会用到。

2.2.7 报错

如果我们在编程时，出现了一些错误，Python 会给予我们一些提示。我们来试一试故意输错，看看会出现什么。

print（" 我爱玩编程 "），我们将英文的小括号输入成中文的小括号，这是初学者经常犯的一个错误，看看会怎么样，如图 2-6 所示。

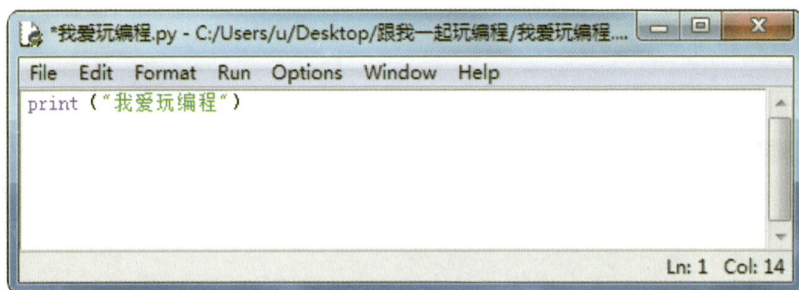

图 2-6　输入代码

Python 会进行"报错"，提示我们：我们输入的字符是无效字符。换句话说，Python 是不认识这个字符的！并且会把无效字符标红，如图 2-7 所示，我们就需要修改这里的错误。

图 2-7　Python 提示出现无效字符

Python 是非常严谨的编程语言，除了这种由于输入法问题造成的字符无效错误以外，我们还会遇到其他的问题，Python 都会仔细地帮助我们检查出来，并且要求我们改正，不会允许程序出现任何错误。所以在编程时，一定要认真，不要让 Python 抓到你的小粗心！

有 Python 这样一位认真负责的"好朋友"，相信你也会变得越来越认真、仔细的。

2.3 变量的妙用

接下来，我们来认识一个非常重要的内容：变量。变量，与我们数学中用到的常量相对应，常量是不能变化的内容，变量可以理解成一个可以随时变化的内容。

变量用于存储数据，是我们编程时常用的工具。我们可以把变量当作一个空的"盒子"，把任何数据放到这个"盒子"中存储起来。之后的编程过程中，想要使用这个数据时，就可以直接把"盒子"拿过来用，开启"打包—调用"的功能，并且"盒子"里的内容也是可以变化的。

比如，我们输入一个字符串（"一起玩Pyhon编程"），然后将这条字符串放到一个变量中，我们把这个过程叫作"赋值"，用等于号"＝"来表示赋值。我们还可以给变量起一个名字，作为"盒子"的标签，比如变量名称是a，如图2-8所示。

图 2-8 变量与数据存储示意图

最后写完如图 2-9 所示。

图 2-9 输入代码

这个过程就叫作：把字符串赋值给变量 a。

然后我们打印变量 a，如图 2-10 所示。

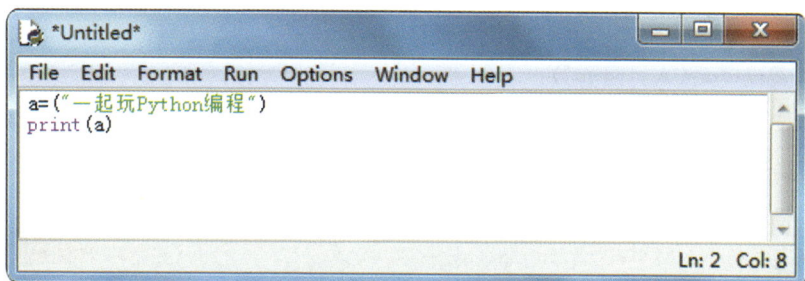

图 2-10　打印变量 a

最后打印的结果，如图 2-11 所示。

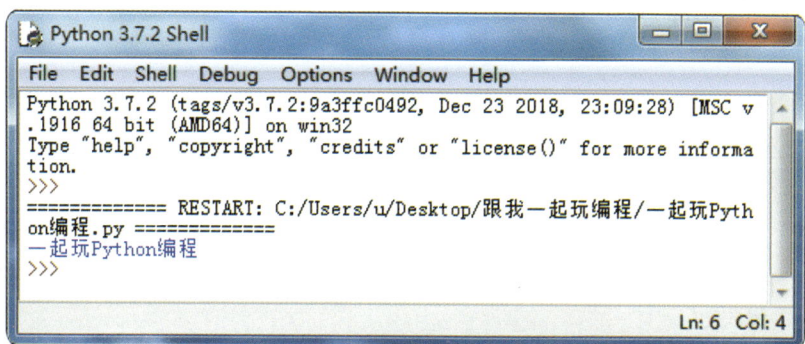

图 2-11　运行结果

我们会发现，Python 会把我们变量中的字符串打印出来。

变量的命名要遵循一定的规则。首先，在使用变量前必须要赋值；其次，变量名只能由字母和数字组成，并且 Python 只喜欢唯一一个特殊符号，那就是下划线；再次，变量名不能是中文，且第一个字母也不能是数字。所以，像 1a，a^b，a+b 等这种变量名，Python 语言都是不识别的；最后，我们设置变量名时，应该尽量有一定的"标签属性"。正如生活当中的标签可以告诉我们很多信息，比如，食品的标签可以告诉我们食品的成分、价钱，衣服的标签可以告诉我们材质、号码等。那么，我们给变量设置变量名时，也应该符合变量的内容，比如，我们希望用一个变量表示时间时，变量名最好是 time，而尽量不要用 abc 这类简单的字母表示，否则不方便我们阅读程序。

如何理解变量是可以变化的呢？我们来做一个实验，比如，正在阅读本书的你可能是一名学生，那么利用 Python 编程出来的代码就是：

```
reader=("a student")
print(reader)
```

如果这个时候我们运行，得到的结果如图 2-12 所示：

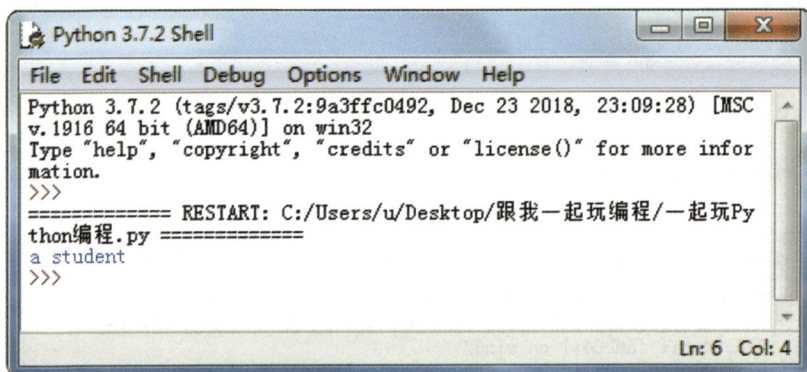

图 2-12　运行结果

但是，阅读本书的除了学生，还有可能是老师，所以我们再给变量 reader 进行赋值，代码如下：

```
reader=("a student")
reader=("a teacher")
print(reader)
```

你会发现，我们把两个字符串都赋值给了同一个变量，先是 "a student"，后是 "a teacher"。这时我们运行，猜一猜打印出来的 reader 是谁呢？如图 2-13 所示。

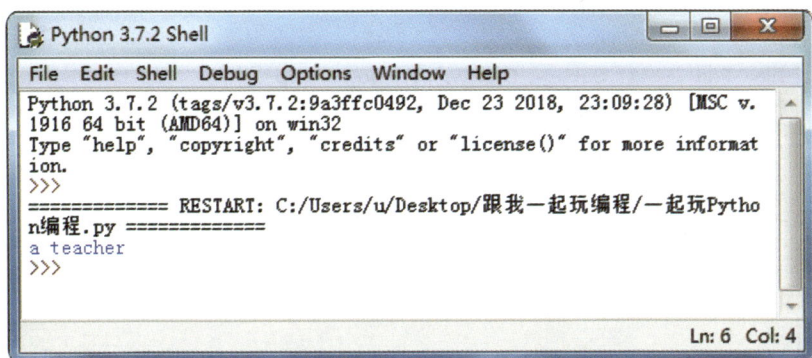

图 2-13　新的运行结果

　　这次打印出来的字符串是 a teacher。我们先把 a student 这个字符串数据放到了变量 reader 里，又把 a teacher 这个字符串数据放到同一个变量里，这时，Python 会打印出最后一个数据，就好像我们把一个物体放到一个盒子中，又把另一个物体放到同一个盒子里，那么这个盒子会自动把第一个物体覆盖，只留下最后一个放入的物体。怎么样，明白了吗？所以在赋值时，如果不希望被覆盖掉，一定不要用同一个变量去赋值哦！另外，在 Python3.7 版本中对字符串进行赋值时，是可以不需要加括号的，只需要加引号就可以。比如，我们刚才的程序，也可以写成：

```
reader="a student"
reader="a teacher"
print(reader)
```

　　是不是又方便了很多？

　　如果我们把空值赋值给变量，会怎么样呢？例如：我们让变量 a=" "，字符串里什么都不放，代码如下：

```
a=" "
print(a)
```

　　运行一下，如图 2-14 所示。

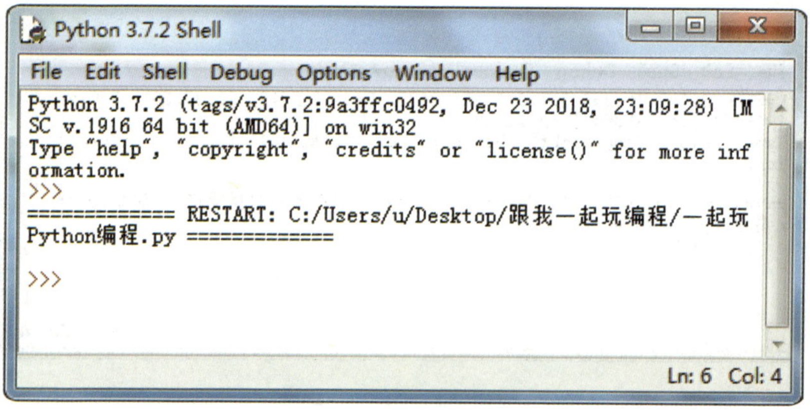

图 2-14　运行结果为空

也就是说，我们运行的结果也是空的！

除了空字符串以外，空格也可以以字符串的形式输出。比如：我们输入一个字符串，"1　　2"，中间有 3 个空格，然后我们运行一下可以发现，1 和 2 中间的三个空格，也被打印出来，空格也会占用字符位置。所以这个字符串，实际上是由 5 个字符组成的。

关于字符串的用法，你学会了吗？

2.4 与 Python 一起做数学游戏吧

2.4.1 算术运算符

Python 作为先进的编程语言，可以帮助我们进行数学运算。在编程开始前，我们需要了解一个概念，叫作：算术运算符。算术运算符，顾名思义，就是帮助我们进行算术运算的符号，见表格 2-2。

表 2-2　常用的算术运算符

运算	符号	样例
加	+	7+4=11
减	−	7−4=3
乘	*	7×4=7*4=28
除	/	7÷4=7/4=1.75
指数运算	**	7×7×7×7=7**4=2401
取整	//	7//4=1
求余	%	7%4=3

是不是有些跟数学中的符号是一样的，如加法、减法的符号？因为我们输入的代码需要让计算机能够识别，在数学中常用的"×""÷"等符号，计算机是不能识别的，所以需要换成"*""/"才可以。

在使用算术运算符进行数学运算时，比如，我们想要计算 3×5 的结果，代码如下：

```
print(3*5)
```

运行，Python 就会显示出结果，如图 2-15 所示。

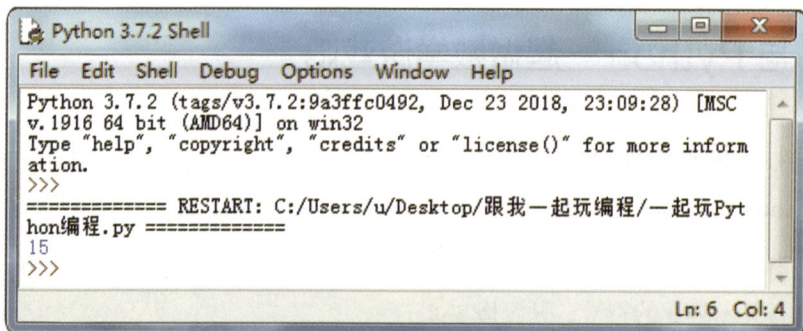

图 2-15　运行结果为 15

看！是不是很快就算出结果了？

我们再来试试除法运算吧！例如：8÷4，在 Python 中代码如下：

```
print(8/4)
```

运行结果如图 2-16 所示。

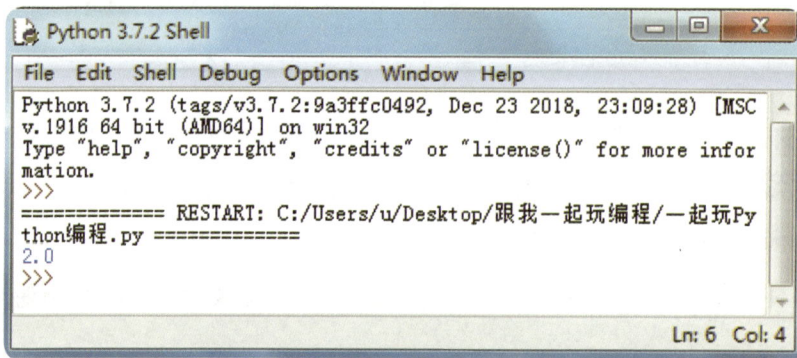

图 2-16　运行结果为 2.0

看到这个运行结果，你可能会问：8÷4=2，为什么是 2.0 呢？因为在 Python 中，不管是不是整除，结果都是以浮点数形式表示出来的。这个很重要，一定要记住呀！

我们再来计算一下 9÷3，Python 的输出结果也是 3.0，而不是 3，这与数学上的结果有所区别。如输入下面的代码：

```
print(9/3)
```

运行结果如图 2-17 所示。

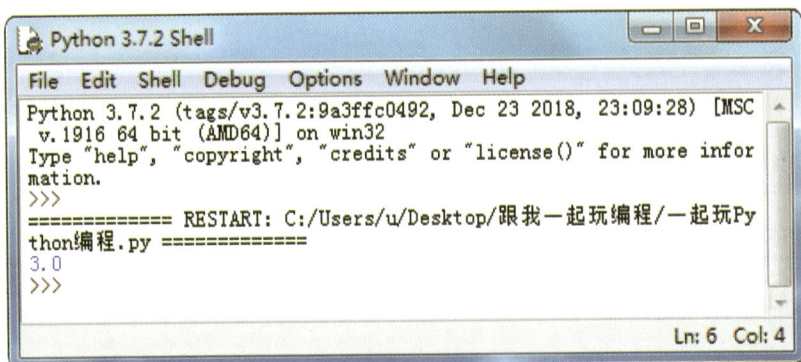

图 2-17　运行结果

我们都在数学运算中学习过加、减、乘、除，那么后面的指数运算、取整运算、求余运算又是什么意思呢？

（1）指数运算

指数运算就是指我们常说的幂运算。比如，我们想知道 $3 \times 3 \times 3 \times 3$ 的结果，它可以写成指数形式，3 的 4 次方，表示出来是 3^4，这里的 3 是指数运算的底数，4 是指数运算的指数。那么，我们想要用 Python 来计算指数运算，就可以用到算术运算符的 "**"，代码如下：

```
print(3**4)
```

运行结果如图 2-18 所示。

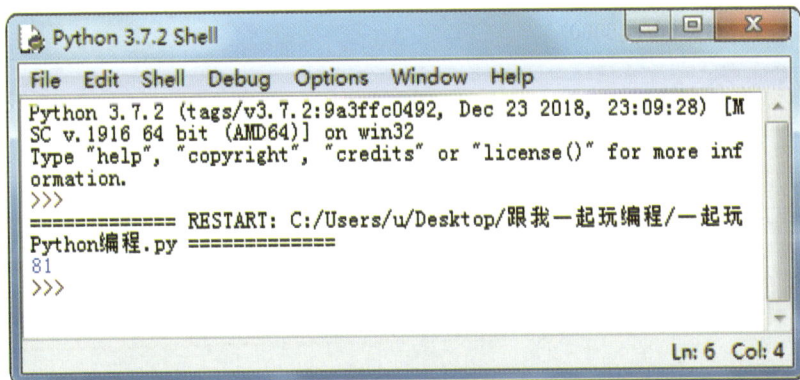

图 2-18　运行结果

使用时一定要记住，"**"前面的是底数，后面的是指数，千万不要写反了。

(2) 取整运算

取整运算是指：当我们做除法而无法整除时，我们只想得到整数部分，而舍弃余数部分的运算。比如，13÷5=2 余 3，那么，如果我们只想得到整数结果 2，这时我们就可以使用取整运算"//"，代码如下：

```
print(13//5)
```

这时得出的结如图 2-19 所示。

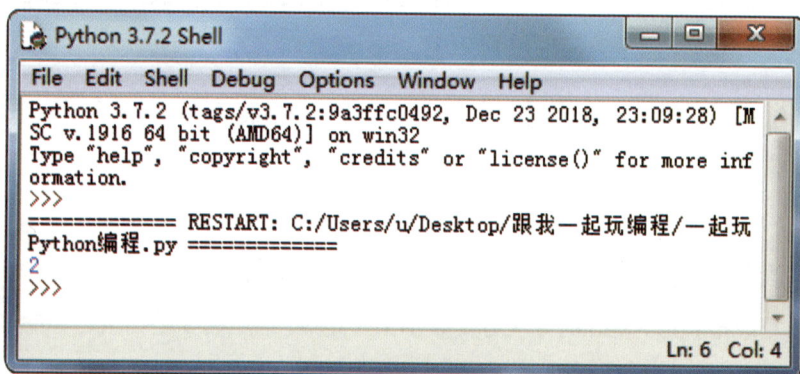

图 2-19　运行结果

结果是 2，只取了整数部分，而舍弃了余数部分。

同样，如果我们想对位数较多的整数取最高位数，也可以使用取整运算。比如，我们想要对 16756 这个整数取万位，可以让 16756 对 10000 取整，输入代码：

```
print(16756//10000)
```

运行结果如图 2-20 所示。

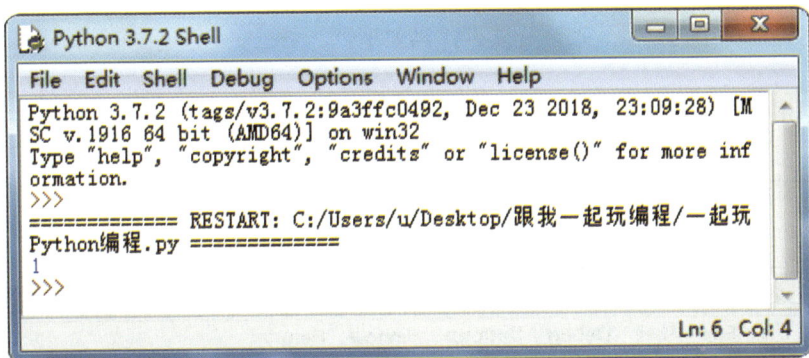

图 2-20　运行结果

可以获取到最高万位数，即 1。

（3）求余运算

求余运算与取整运算恰好相反。当除法运算不能整除时，我们想要只获得余数部分，而舍弃整数部分的运算，叫作求余运算。例如：我们还是进行 13÷5=2 余 3 的运算，这次我们来取余数，代码如下：

```
print(13%5)
```

运行结果，如图 2-21 所示。

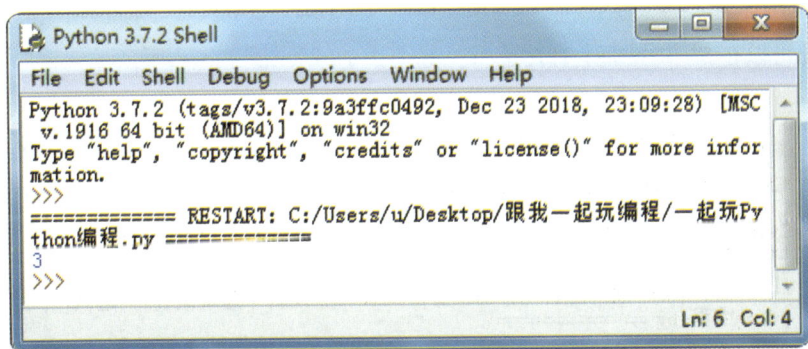

图 2-21　运行结果

瞧！是不是只把余数 3 显示出来了？

有了这些算术运算符，我们就可以进行数学运算了，相信有的同学要提出问题了，"如果我想算 13÷5=2.6，最终以小数形式显示出来结果，应该怎么做呢？"

这个算式看上去既没有取整，也没有取余，就是一个简单的除法运算，那么我们用算术运算符中的"/"来试一试，代码如下：

```
print(13/5)
```

看看结果是什么？如图 2-22 所示。

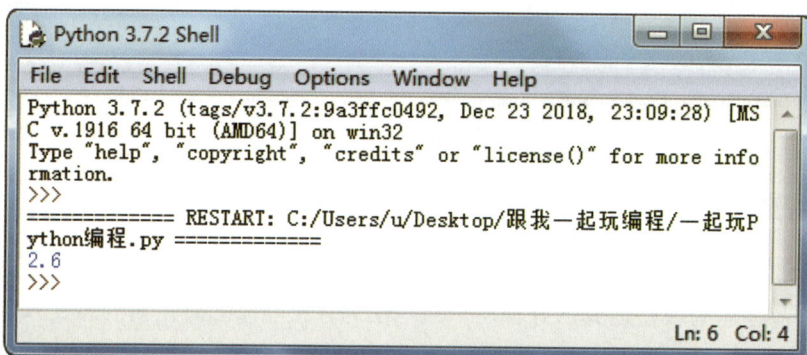

图 2-22　运行结果

结果是 2.6，所以使用除法运算是可以直接显示出最终结果的。

那如果除法无法除尽呢？比如，10÷3，结果是一个无限小数，在 Python 上会如何显示呢？这里因为我们的程序只有一条简单代码，所以我们可以直接在 Shell 界面上输入运算式，然后点击"Enter 回车键"来运行。后面的一些简单程序，都可以在 Shell 界面上直接运行，如图 2-23 所示。

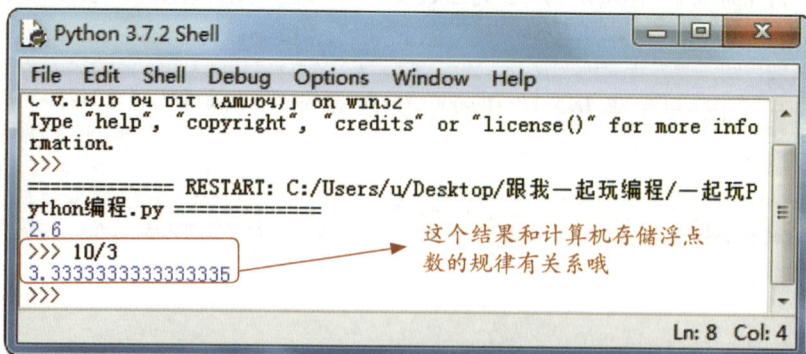

图 2-23　直接在 shell 界面上运行并得出结果

原来 Python 语言对待无法除尽的结果，会精确到小数点后好多位，是不是足够我们进行平常的数学运算了？

同学们，算术运算符会用了吗？我们刚才进行的加、减、乘、除都是整数型的运算。如果是浮点数型运算，会怎么样呢？比如，我们计算 2.6×7，如图 2-24 所示。

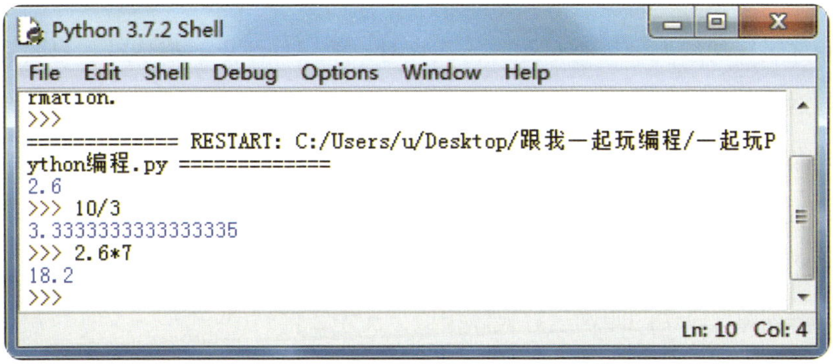

图 2-24　直接在 shell 界面上运行并得出结果

结果是 18.2，正好是一个浮点数。那么，如果浮点数的乘法运算的结果是一个整数呢？比如，2.4×5，我们都知道结果是 12，那么 Python 会显示出 12 吗？如图 2-25 所示。

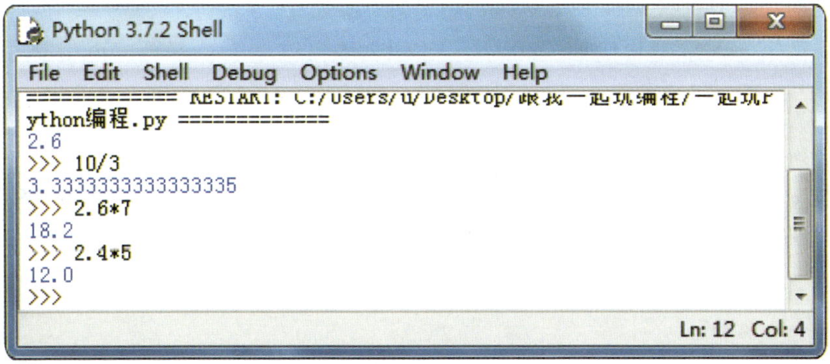

图 2-25　运行结果为 12.0

结果是不是和你想的不太一样？为什么是 12.0 呢？

还记得之前讲数据类型时说过的吗？整数型和浮点数型，对于 Python 来说是两种不同的数据类型，因此，在进行运算时，浮点数的运算不论运算结果是整数还是浮点数，一定要以浮点数的形式显示出来。所以**在进行浮点数运算时，一定要把结果也表示成浮点数**。再试试浮点数的加法、减法、除法吧！

练习1

2.5+2.5   18.5−1.5   20.5/0.5

和你运算的结果一样吗？在进行运算时，要记住浮点数很特殊。**只要有浮点数参与运算之中，结果一定是浮点数**。

就像我们做数学题一样，除了有简单的运算外，还会有四则混合运算。我们做四则混合运算时，会考虑到优先级问题，知道要"先乘除，后加减"，那么在 Python 中是否有运算优先级问题呢？答案是肯定的！在 Python 的算数运算符中，优先级排列跟数学中的四则运算大体相似，优先级排列是：

优先级高 ↑   指数运算 **

                    乘法 ×，除法 ÷，取整 //，求余 %

优先级低 | 加法 +，减法 -

优先级越高，越优先进行计算。指数运算优先级是最高的。

来做道练习题吧！例如：80.5//4**2%3，先自己用笔算一算，再用 Python 运行一下，看看结果一样吗？运行结果如图 2−26 所示。

```
Python 3.7.2 Shell
File  Edit  Shell  Debug  Options  Window  Help
2.0
>>> 10/3
3.3333333333333335
>>> 2.6*7
18.2
>>> 2.4*5
12.0
>>> 80.5//4**2%3
2.0
>>>
                                           Ln: 14  Col: 4
```

图 2-26　运行结果

运行结果一样吗？一定要记住，浮点数运算的结果一定是浮点数。我们来看看是怎么算的吧，如图 2-27 所示。

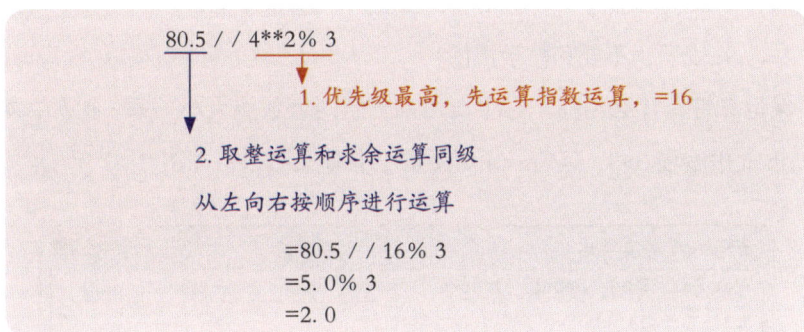

80.5 / / 4**2 % 3

1. 优先级最高，先运算指数运算，=16

2. 取整运算和求余运算同级

从左向右按顺序进行运算

=80.5 / / 16 % 3
=5.0 % 3
=2.0

图 2-27　运算步骤

怎么样，同学们会算了吗？我们再来做一道练习题吧！看看能不能准确地算出结果！

练习2

40.5//10+6**3%8.0

2.4.2 关系运算符与逻辑运算符

除了算术运算符以外，Python 语言编程还会用到关系运算符和逻辑运算符。关系运算符，也称比较运算符，用来判断两者的大小关系；逻辑运算符用来判断逻辑对错。

首先，我们来看一下关系运算符都有哪些，如表格 2-3 所示。

表 2-3　Python 的关系运算符

关系运算符	符号
等于	==
大于	>
小于	<
大于等于	>=
小于等于	<=
不等于	!=

是不是很熟悉！就是我们数学上的大于号和小于号。这里要注意，两者数值相等，在数学中我们用一个"等于号 ="表示，但是在代码中，一个"等于号 ="叫作赋值，如果想表示两个数值相等，需要用"连等号 =="。同样的，不等于号是用"！="来表示，不要和数学混淆！

关系运算符有什么用呢？它主要用来判断两者数值大小关系。比如，如果我们在 Python 中编程 5>3，运行一下，看看会有什么结果？如图 2-27 所示。

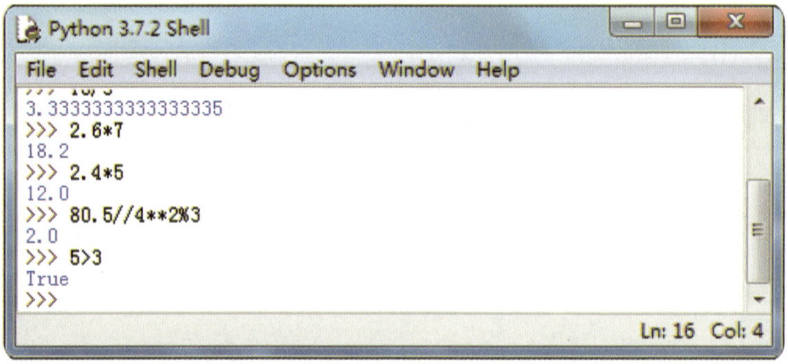

图 2-27　直接在 shell 界面中输入代码并运行出结果

显示结果是 True，正确的意思！输出的结果有没有很眼熟？对了，这就是我们之前讲数据类型时提到的布尔值，所以关系运算符，判断输出的结果会以布尔值输出出来。我们再试一个程序：这次我们新建一个程序，输入以下代码：

```
a=8
print(a>10)
```

这个结果会输出什么？能想到吗？结果如图 2-28 所示。

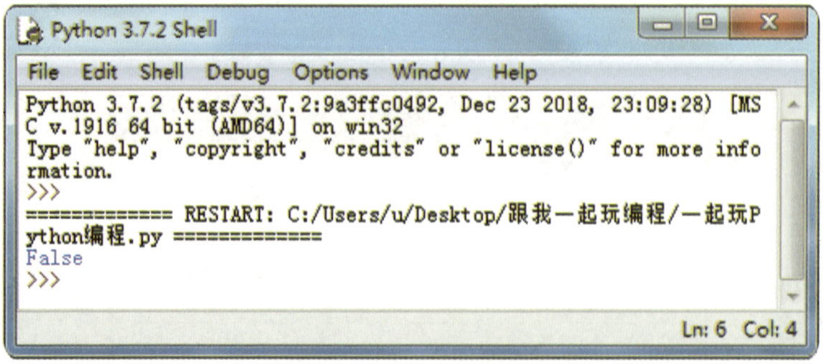

图 2-28　运行结果

结果输出的是 False，错误！因为我们把 8 的值赋给了 a，这时 a 就等于 8 了，8 当然比 10 要小，所以 8>10 这个关系是错的！关系运算符是不是很简单？

"=="表示等于，这是数字含义的比较大小，与一个等号（＝）的赋值要区分开，我们可以用"等于"来判断一个逻辑的正确性。比如：2==2，就表示数学上的等式。

Print(2==2)　表示数字相等，输出结果为 True。

看一看下面这个程序，输出结果是什么？

```
print("2"==2)
```

如果我们运行一下，会发现输出结果为 False。为什么呢？

因为左边的 2 是一个字符串型数据，右边的是一个整数型数据，这两个数据类型是不一样的，所以不能进行比较，那么也就不存在等于（==）的关系，所以输出结果就是 False。

那么如果是这种情况呢？

```
print(2.0==2)
```

一个浮点数与一个整数进行比较，我们运行一下会发现，结果是 True！这是因为浮点数与整数都属于数字的范围，与数学相同，是可以进行数字间大小的比较的。

```
print("2"!=2)
```

结果是不是 True 呢？

！＝表示不等于。我们把刚才的程序改一下，这个输出结果就是 True。因为字符串不能与整数进行比较，所以字符串当然不等于整数了！

自己判断一下下面的程序：

```
a=8
b=12
c=20
print(a+b!=c)
```

结果应该是 False！ a+b=20，c=20，所以 a+b==c。不应该是不等于！＝。

下面，我们来思考一个问题，除了数字外，字符是否可以使用关系运算符比较大小呢？我们动手试一试！如图 2-29 所示。

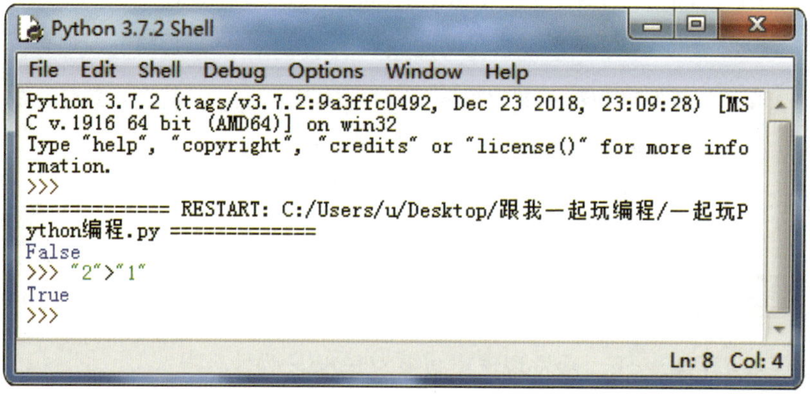

图 2-29 运行结果

首先通过判断，我们可以知道 2>1 是 True，说明字符是可以判断大小的，并且可以推理出 9>8>7>6>5>4>3>2>1>0，这一点跟数字相同。那么我们再试着比较一下字母大小，如图 2-30 所示。

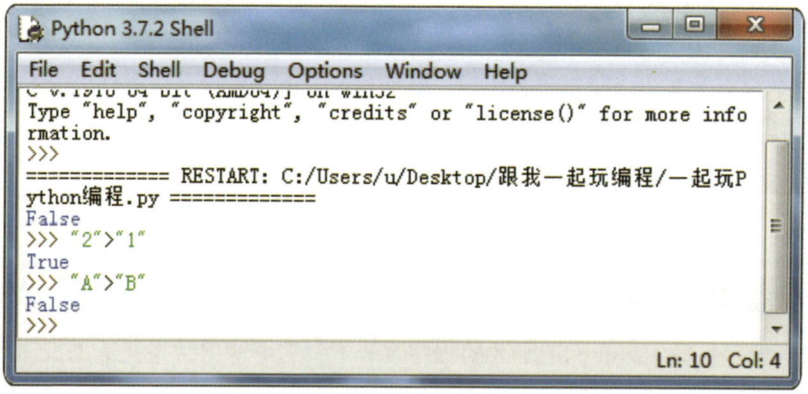

图 2-30 运行结果

我们发现 A>B 是错误的，也就是 A<B。这样我们可以推理出 A<B<C<D……<Z。那么，小写字母之间的大小关系呢？如图 2-31 所示。

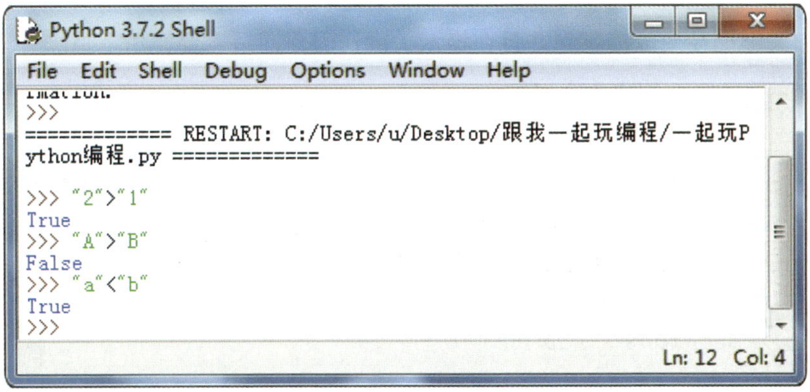

图 2-31 运行结果

结果是 True，说明跟大写字母一样，关系是 a<b<c<d……<z。瞧！字符也是可以运用关系运算符比较大小的！是不是没想到！

思考题："A…Z"与"a…z""0…9"三者之间又是什么关系呢？自己探究一下答案吧！

说完关系运算符，我们接着来介绍一下逻辑运算符。逻辑运算符共有三种：与，或，非，如表 2-4 所示。

表 2-4　逻辑运算符

逻辑运算符名称	关键词	意义
与	and	两个条件同时满足，输出结果为 True
或	or	两个条件至少要满足其中一个，输出结果为 True
非	not	与原运算结果相反

逻辑运算又叫布尔运算，是对真和假两种布尔值进行运算，它的运算结果也是一个布尔值。现在，我们来学习一下应该如何使用逻辑运算符。

当我们使用逻辑运算符时，会使用 and、or 和 not 三个关键词。当我们正确输入后，关键词会变成橙色，并且在输入关键词时，前后需要使用空格隔开，否则关键词不会变色，程序也会报错。

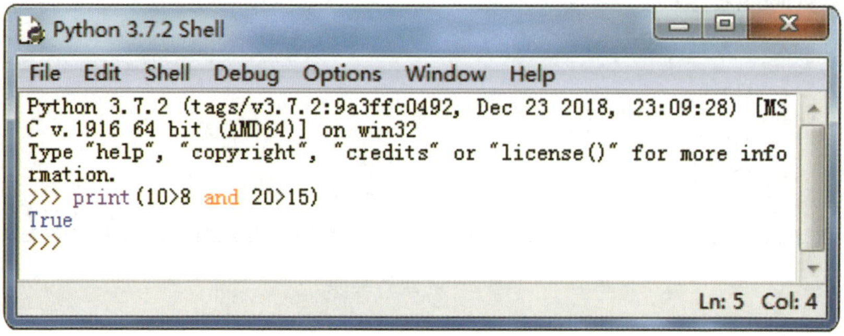

图 2-32　Python 的"与"运算

2.4.3　and（与）运算

我们可以看出，上图 2-32 程序是一个"与"运算，10>8 逻辑判断结果是 True，20>15 逻辑判断结果也是 True。两个条件都满足，那么这个"与"运算，结果就是 True。

"与"运算，如果有一个条件不满足，则输出结果为：False，如图 2-33 所示。

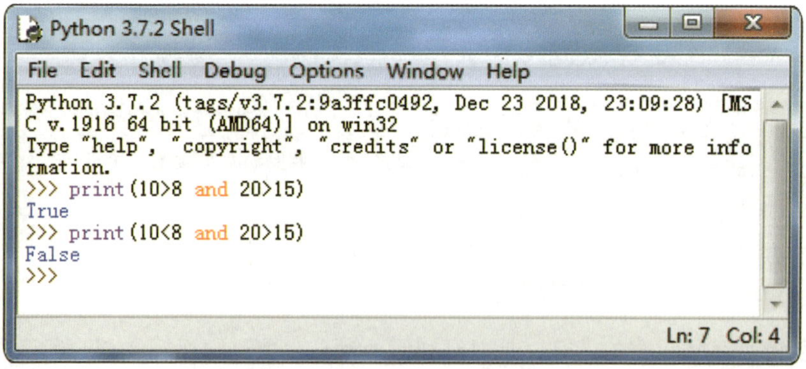

图 2-33　Python 的"与"运算

如果是"或"运算，结果会是什么样子的呢？

```
print(10<8 or 20>15)
      False    Ture
           或
```

2.4.4　or（或）运算

"或"运算，两个条件至少有一个满足就可以输出 True，所以运行结果是 True，如图 2-34 所示。

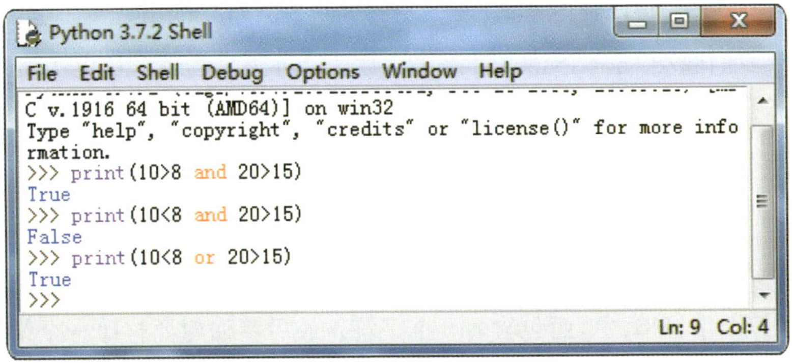

```
Python 3.7.2 Shell
File  Edit  Shell  Debug  Options  Window  Help
C v.1916 64 bit (AMD64)] on win32
Type "help", "copyright", "credits" or "license()" for more info
rmation.
>>> print(10>8 and 20>15)
True
>>> print(10<8 and 20>15)
False
>>> print(10<8 or 20>15)
True
>>>
                                              Ln: 9  Col: 4
```

图 2-34　Python 的"或"运算

"或"运算，只有两个条件全部都是 False 时，输出结果才是 False！如图 2-35 所示。

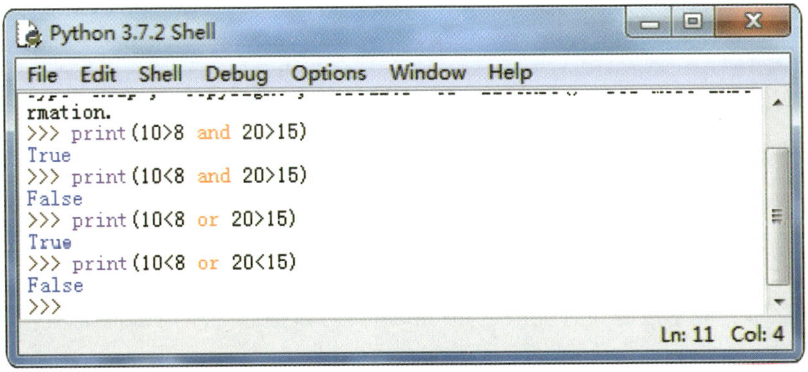

```
Python 3.7.2 Shell
File  Edit  Shell  Debug  Options  Window  Help
rmation.
>>> print(10>8 and 20>15)
True
>>> print(10<8 and 20>15)
False
>>> print(10<8 or 20>15)
True
>>> print(10<8 or 20<15)
False
>>>
                                              Ln: 11  Col: 4
```

图 2-35　Python 的"或"运算

2.4.5 not（非）运算

"非"运算的输出结果与原结果正好相反，原结果是 True，那么"非"运算结果就是 False；原结果是 False，那么"非"运算输出结果是 True。例如：

```
print (not  10<8)
       非   False
```

原结果是 False，所以"非"运算结果是 True。

同时，我们还可以利用"非"运算进行判断，例如：not in表示不包含在……中。如果我们输入"a=("Python","语文","数学","外语","物理","历史")，print("化学" not in a)"，代码如下：

```
a=("Python","语文","数学","外语","物理","历史")
print ("化学"not in a)
```

a 是一个字符串，里面包含着 6 个字符，最后我们想要打印一个结果，是判断字符"化学"不属于字符串 a，很明显是不属于的，所以输出结果正确，为 True！

如果写成以下代码：

```
a=("Python","语文","数学","外语","物理","历史")
print ("化学"in a)
```

则输出结果为 False。

我们后面在学习字符串下标知识时，还会用到 in 和 not in 来判断字符是否包含在字符串内，这里不再详细介绍了。

现在，自己尝试做一个输出结果是 False 的"非"运算吧！

怎么样？算术运算符、关系运算符和逻辑运算符这三种 Python 编程中常用的运算符是不是很有意思？你学会了吗？

练习3

在方框内填入合适的布尔值。

```
a=25

b=37

c=50

d=76

print (a+b>d and a+b>c)  ⟶  [          ]

print (a+c>d or a+b<c)   ⟶  [          ]

print (not a+b>b+c)      ⟶  [          ]
```

2.5 字符串拼接

我们之前讲过的赋值运算，是将字符串赋值给变量，那么能否将整数型、浮点数型也赋值给变量呢？答案是可以的，我们来试一试。

我们将整数 6 赋给变量 number_1，整数 8 赋给变量 number_2，然后将 number_1+number_2 的结果赋给 number_3，最后打印出 number_3 的结果，代码如下：

```
number_1=6
number_2=8
number_3=number_1+number_2
print(number_3)
```

结果输出，是 6+8=14，运行结果如图 2-36 所示。

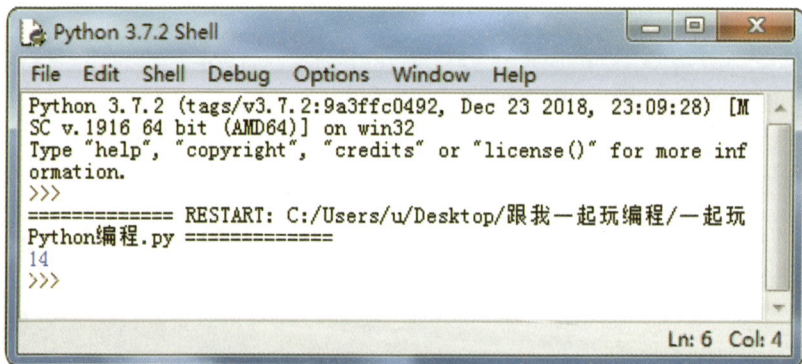

```
Python 3.7.2 Shell                                          

File  Edit  Shell  Debug  Options  Window  Help
Python 3.7.2 (tags/v3.7.2:9a3ffc0492, Dec 23 2018, 23:09:28) [M
SC v.1916 64 bit (AMD64)] on win32
Type "help", "copyright", "credits" or "license()" for more inf
ormation.
>>>
============== RESTART: C:/Users/u/Desktop/跟我一起玩编程/一起玩
Python编程.py ==============
14
>>>
                                                    Ln: 6  Col: 4
```

图 2-36　运行结果

整数、浮点数可以进行算术运算，那字符串是否可以进行运算呢？比如，我们将之前的字符串 "Hello,Python!" 拆成两个字符串，然后试着加起来。看看会怎么样？代码如下：

```
a="Hello,"
b="Python!"
print(a+b)
```

输出结果，如图 2-37 所。

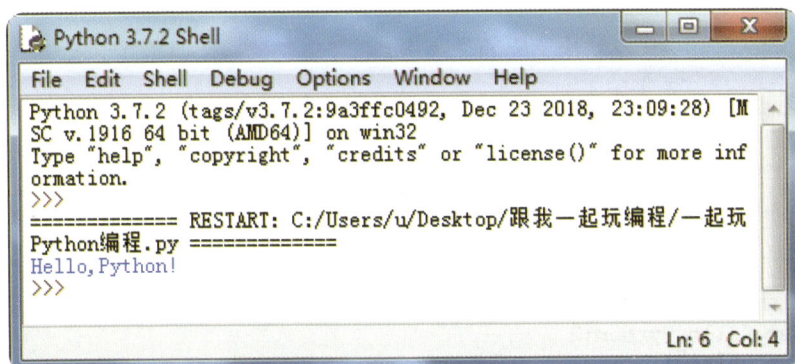

图 2-37　运行结果

　　显示结果表明，字符串被连接起来了！说明字符串通过加法运算，是可以进行拼接的！字符串的拼接与整数的加法是不同的！我们来做一个比较，帮助我们更好地理解拼接的意思，代码如下：

```
print("5"+"6")
print(5+6)
```

　　这是两条利用加法运算符完成的代码，如果我们运行，你猜猜输出结果分别是什么？如图 2-38 所示。

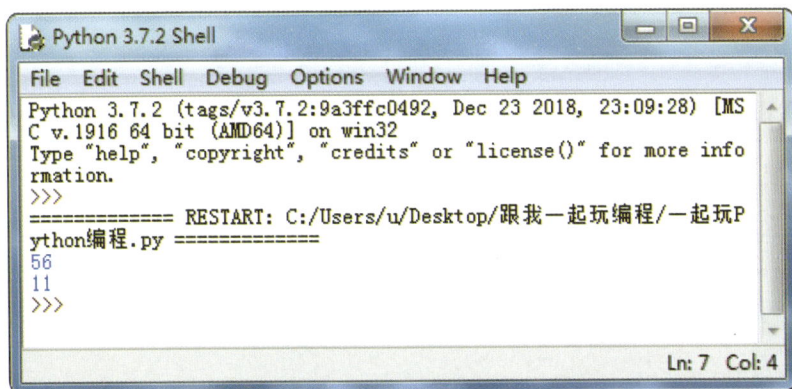

图 2-38　运行结果

　　输出结果分别是 56 和 11，这是因为第一行代码代表的是字符串 5 和字符串 6 拼起来，拼成的 56 就好像是两个号码连起来一样，所以输出的 56 并不是一个数字，而是一个字符串，我们可以理解成一个新拼成的号码。第二行才是 5+6=11，整数加法得到的结果。现在，知道拼接和加法的区别了吗？

我们已经知道了字符串之间的加法代表拼接，那么减法、乘法、除法呢？

试过之后我们会发现，减法、乘法、除法运算都会报错，这就说明：字符串本身是不能进行运算的，即使加法可以，也并不是传统的数学运算，而是字符串的连接而已。不过，我们可以试试这样做：让字符串与整数型数据进行乘法运算，会得到什么结果呢？输入以下代码：

```
a="Hello,Python!"
print(a*5)
```

结果如图 2-39 所示。

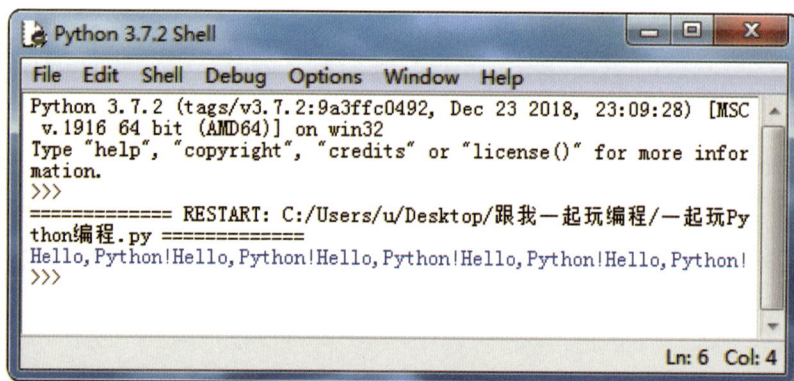

图 2-39　运行结果

"Hello,Python!"这个字符串被打印了 5 次！说明字符串与整数进行乘法时，表示重复打印！

那么，字符串和整数是否可以进行其他运算呢？我们再来试一试，让字符串"2"与整数 2 相加，看看会得到什么结果，直接在 Shell 界面输入以下代码：

```
print("2"+2)
```

运行一下，如图 2-40 所示。

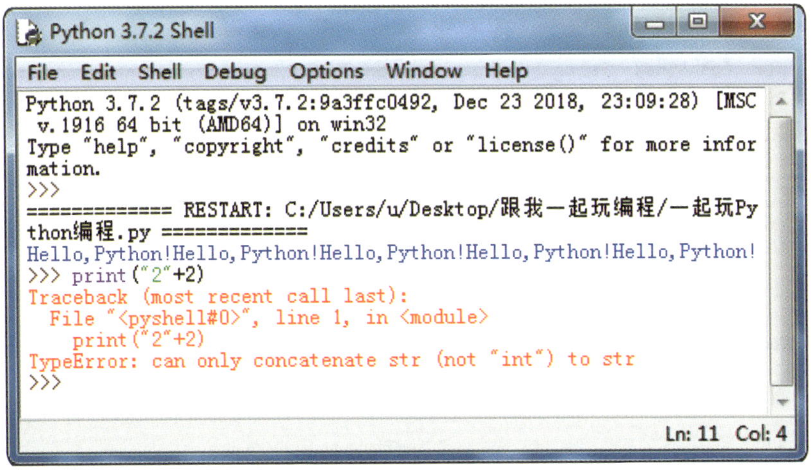

图 2-40　运行结果

　　程序出现了报错信息，第一行指出了错误代码的位置，下一行指出了错误原因：只能进行 str 字符串（不是 "int" 整数型）之间的计算。我们可以暂时记住这一点，后面我们讲数据类型转化时会详细讲解，这里不再赘述。

　　总之，我们可以知道，字符串和整数是无法进行加法运算的。

　　概括来讲就是，在字符串运算中，字符串 + 字符串表示拼接。字符串 × 整数表示重复打印！其他的运算都无法进行！利用 Python 语言这个性质，我们可以做出很多好玩的效果，跟着我来试试吧！

　　比如，输入以下代码：

```
people="张三"
time="下午5点"
place="在家"
do="做饭"
print (people+time+place+do)
```

这个打印出来的结果会是什么样子的呢？如图 2-41 所示。

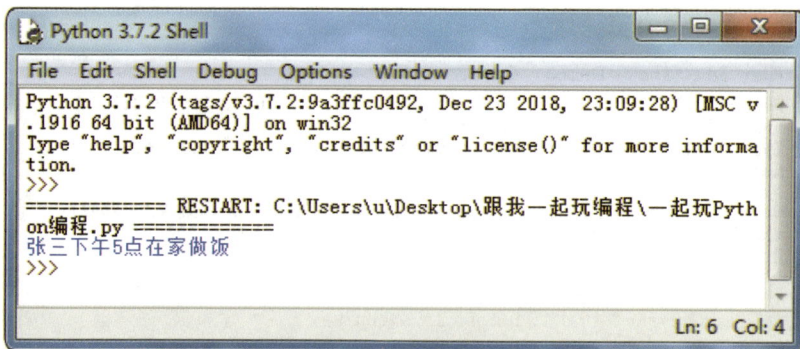

图 2-41 运行结果

字符串连接起来，组成了一段话！我们还可以省去赋值的过程，简写成以下代码：

```python
print("张三"+"下午5点"+"在家"+"做饭")
```

结果是相同的！

那么，接下来这个打印出来的结果会是什么呢？代码如下：

```python
sport="play basketball"
print("我喜欢的运动是"+sport)
```

我们将字符串"play basketball"赋值给变量 sport，下面输出时，直接调用变量 sport，运行结果如图 2-42 所示。

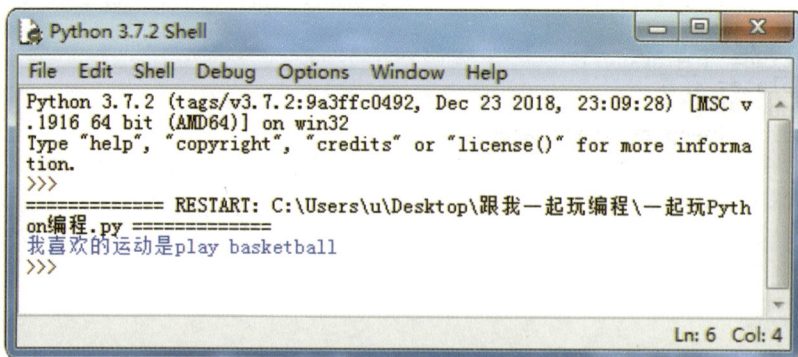

图 2-42 运行结果

结果会直接把字符串打印出来！是不是很有意思？

我们来做两个练习吧！输入以下代码，看看会出现什么样的结果。

练习4

```
number=6
result=number+7
print(result)
```

练习5

```
fruit1="苹果"
fruit2="香蕉"
print("我想要吃1个"+fruit1+",但是我更喜欢吃"+fruit2)
```

2.6 注释与转义字符

本节我们来讲两个简单的符号用法，另一个是注释，一个是转义字符。现在，请跟我一起学习一下吧！

2.6.1 注释

注释就是标注解释的意思。比如，我们敲了一行代码，想在代码后面加入一些解释的文字，让代码含义更加清晰，就可以用到注释。例如：我们输入一行代码，希望打印出一句英语：I want to learn Python quickly。代码如下：

```python
print("I want to learn Python quickly")
```

但是，你不明白这句英语是什么意思，现在告诉你这句话的意思是：我想快速地学会 Python。这回你虽然知道了，但是怕忘记，怎么办呢？我们就可以把这句翻译放到 Python 代码中，作为一种注释。之前我们讲过，Python 是不识别中文的呀！这可怎么办呢？我们可以使用注释符号——#（井号），来添加注释：

```python
print("I want to learn Python quickly") #我想快速地学会Python
```

我们在想要注释的地方加上 #，然后在后面打上我们要注释的内容，这时候，注释的内容是不会被 Python 运行的，相当于只有我们自己可以看到注释内容，Python 是看不到的，不信我们可以试一试！运行结果如图 2-43 所示：

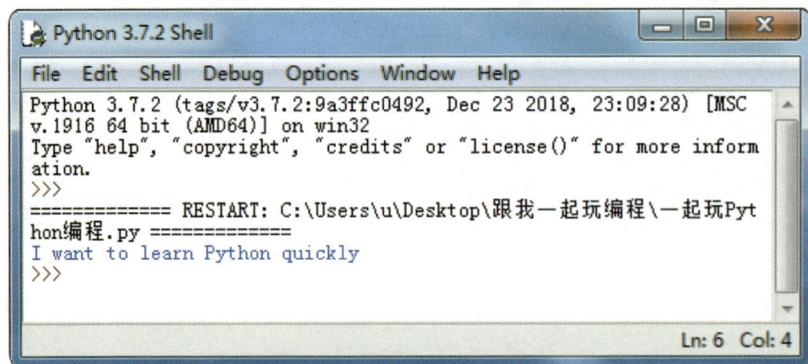

```
Python 3.7.2 Shell
File Edit Shell Debug Options Window Help
Python 3.7.2 (tags/v3.7.2:9a3ffc0492, Dec 23 2018, 23:09:28) [MSC
v.1916 64 bit (AMD64)] on win32
Type "help", "copyright", "credits" or "license()" for more inform
ation.
>>>
============== RESTART: C:\Users\u\Desktop\跟我一起玩编程\一起玩Pyt
hon编程.py ==============
I want to learn Python quickly
>>>
                                                              Ln: 6 Col: 4
```

图 2-43　运行结果

结果是正常打印出来字符串，添加的注释并不会影响我们的运行结果！是不是很方便？是不是再也不怕看不懂程序了？

注释除了可以作为解释说明添加到代码上，还有一个巧妙的用法！例如，输入以下代码：

```
print("我语文考了80分")
print("我数学考了100分")
```

打印这两条字符串时，我们发现，数学分比较高，语文分比较低，所以不希望 Python 把语文成绩打印出来，但是又不想把第一行代码删掉，该怎么办呢？这时也可以用注释 #。我们知道注释的内容，Python 是不识别的，就像这样：

```
#print("我语文考了80分")
print("我数学考了100分")
```

我们把第一行代码注释了以后，再运行，结果如图 2-44 所示：

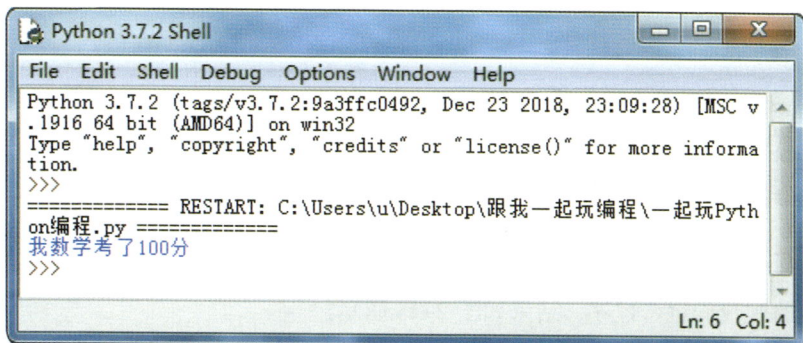

图 2-44　注释后运行结果

第一行代码是不是没有打印出来？而且省掉了我们删除代码的时间，很方便吧！

但是，利用"#"添加注释也有不方便的时候，因为 # 注释，一般只能注释掉一行，如果遇到这种情况：

```
print("我喜欢打游戏")
print("我喜欢看电视")
print("我喜欢玩手机")
print("我喜欢打篮球")
print("我喜欢学Python")
```

我只希望 Python 打印最后一行，之前的 4 行代码都不想打印出来，如果我们用 # 进行注释，需要每一行前面都加入 #，就像这个样子：

```
#print("我喜欢打游戏")
#print("我喜欢看电视")
#print("我喜欢玩手机")
#print("我喜欢打篮球")
print("我喜欢学Python")
```

那么，有没有更简单的方法，可以直接注释掉多行代码呢？当然有！Python 的功能可是非常强大的！我们可以用"多行注释符"来完成这个任务，多行注释符使用起来也很方便，就像这样：我们只需要在想要注释的内容的起始行和终止行前各加入 3 个单引号就可以了！见下面代码：

```
'''                             ← 多行注释符号 ←
print("我喜欢打游戏")
print("我喜欢看电视")
print("我喜欢玩手机")
print("我喜欢打篮球")          ← 被注释的内容
'''
print("我喜欢学Python")
```

这时候我们运行程序，结果如图 2-45 所示。

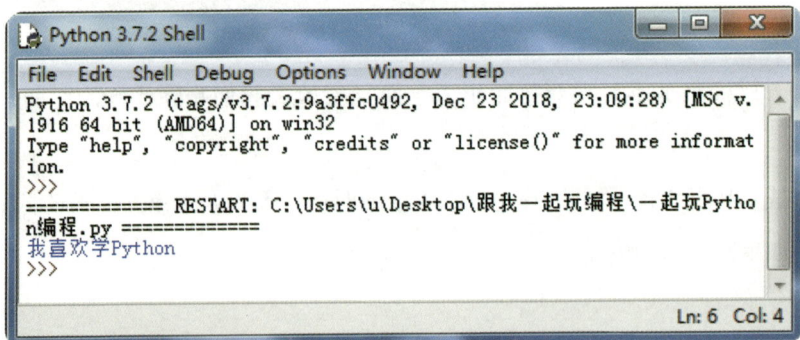

图 2-45　添加多行注释符后的运行结果

只打印出了最后一行，之前的都没有运行出来。所以，我们可以使用多行注释符号来完成多行注释，是不是更方便了？

TIP 　其实添加注释是一个非常好的学习编程方式，就好像我们上学时记的笔记一样。初步学习 Python 编程时，我们可以在每次学习的代码后面加上注释，这样，在我们查阅或复习时，就可以立刻想起所学的知识。所以，一定要养成添加注释的好习惯，也别忘了记课堂学习笔记哦。

2.6.2 转义字符

转义字符，顾名思义就是具备转换含义功能的字符。Python 中常用的转义字符——\（反斜杠）。

比如，我们之前学过，字符串需要用 "" 表示。那么，如果我们想要把这句话用字符串形式打印出来，应该怎么完成呢？肯定会有人说，太简单了！直接 print 就可以了！像这样：

```
print("字符串需要用""表示。")
```

有同学说，我们之前学习的，想要打印出字符串，把它放到引号里就行了。现在，我们运行一下，结果如图 2-46 所示。

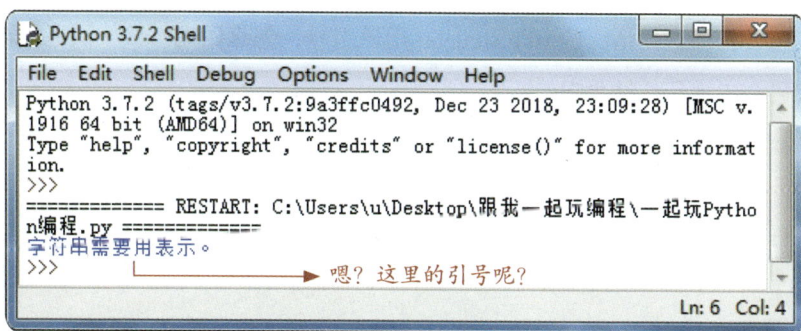

Python 3.7.2 Shell

File　Edit　Shell　Debug　Options　Window　Help

```
Python 3.7.2 (tags/v3.7.2:9a3ffc0492, Dec 23 2018, 23:09:28) [MSC v.
1916 64 bit (AMD64)] on win32
Type "help", "copyright", "credits" or "license()" for more informat
ion.
>>>
============= RESTART: C:\Users\u\Desktop\跟我一起玩编程\一起玩Pytho
n编程.py =============
字符串需要用表示。
>>>
```
嗯？这里的引号呢？

Ln: 6　Col: 4

图 2-46　运行结果

这是我们想要的运行结果，我们一起想想为什么会这样？

```
print("字符串需要用""表示。")
         ①        ②
```

原来如此，Python 误会了我们的意思，它把这句话当成了两个字符串了！你看明白了吗？这可怎么办呢？我们希望中间的两个引号，并不是字符串的含义，这就用到了转义字符！我们可以用转义字符，改变中间的引号的含义就可以了。我们可以在需要转义的符号前面加入 \ ，像这样：

```
print("字符串需要用\"\"表示。")
```

在两个引号前加入转义字符 \ ，就改变了它们本身代表字符串的含义，这时候我们再运行，结果如图 2-47 所示：

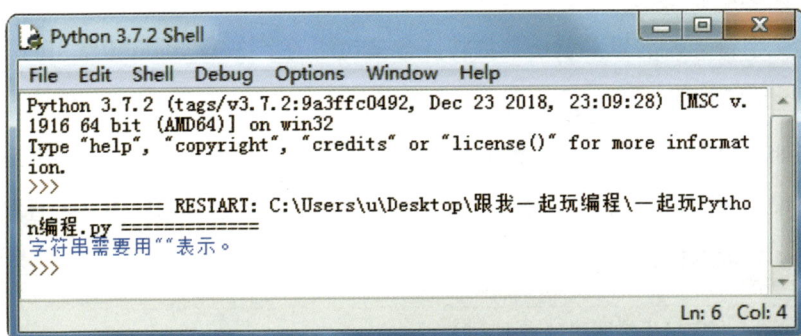

```
Python 3.7.2 Shell
File  Edit  Shell  Debug  Options  Window  Help
Python 3.7.2 (tags/v3.7.2:9a3ffc0492, Dec 23 2018, 23:09:28) [MSC v.
1916 64 bit (AMD64)] on win32
Type "help", "copyright", "credits" or "license()" for more informat
ion.
>>>
============ RESTART: C:\Users\u\Desktop\跟我一起玩编程\一起玩Pytho
n编程.py ============
字符串需要用""表示。
>>>
                                                              Ln: 6  Col: 4
```

图 2-47 加入转义字符后的运行结果

现在，我们成功了！

我们之前说过，在 Python 中，字符串可以用双引号，也可以用单引号，那如果我们想要打印这句话：I'm a student. 用单引号，怎么做呢？试一试吧！输入下面的代码会出现什么结果呢？

```
print('I'm a student.')
```

运行一下，结果如图 2-48 所示：

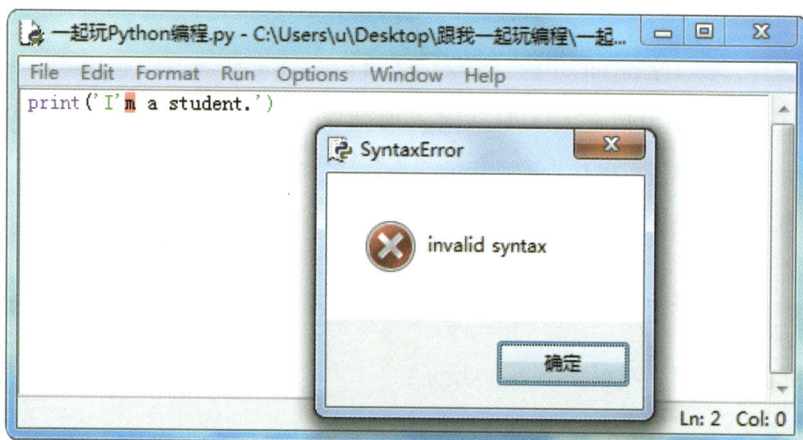

图 2-48　运行结果有误

啊！还记得这个提示窗是什么意思吗？报错了！这个报错提示是指我们的语法是有问题的。换句话说，就是 Python 这个"外国人"看不懂你的程序！问题出在标红的地方：

```
print('I'm a student.')
```

Python 把这个地方识别成了字符串，后面部分就没有办法打印了。这里的第二个单引号，它不是字符串符号的含义，所以我们需要使用转义字符 \。我们来改一下：

```
print('I\'m a student.')
```

结果如图 2-49 所示：

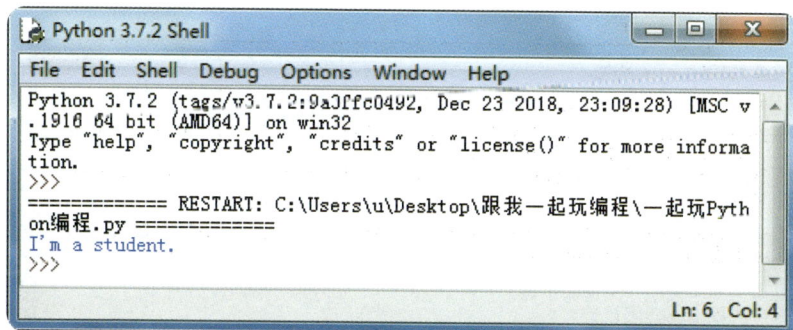

图 2-49　加入转义字符后的运行结果

这回就成功了!

怎么样,转义字符 \ 的用法,你学会了吗?

除了 \ 可以作为转义字符外,\ 与其他符号一起使用,还有神奇的作用。比如,\n 可以表示换行,也是我们常用的一个转义字符哦!

例如:我们输入一行字符串:

```python
print("今天早晨我吃了面包和牛奶;今天中午我吃了米饭和牛肉;今天晚上我想吃饺子。")
```

我们运行之后,结果如图 2-50 所示:

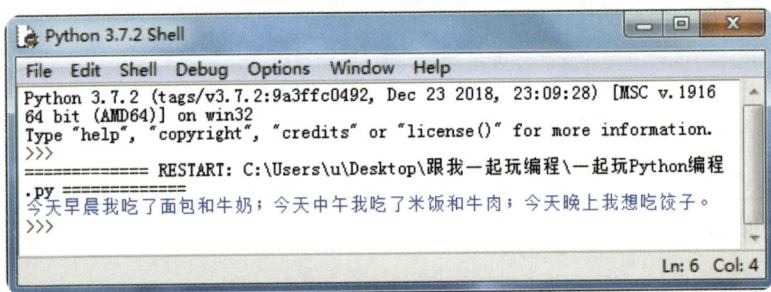

图 2-50　运行结果

非常长的一行字,那么我们希望能够分成三行显示,就可以用到 \n 进行换行操作,就像这样:在想要换行的位置前,加入 \n;

```python
print("今天早晨我吃了面包和牛奶;\n今天中午我吃了米饭和牛肉;\n今天晚上我想吃饺子。
```

运行,我们来看一下效果,如图 2-51 所示。

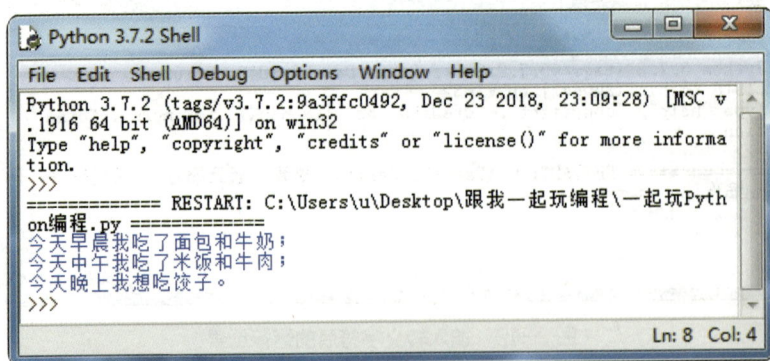

图 2-51　运行结果

换行成功！

除了 \n 可以作为换行功能外，我们还可以用 3 个单引号（'''）来进行换行，注意和之前的注释是不一样的哦！例如：

```
print('''今天早晨我吃了面包和牛奶；\n今天中午我吃了米饭和牛肉；\n今天晚上我想吃饺子。'''
```

我们用 3 个单引号把字符串括起来，这时，字符串内容就可以直接用回车（Enter）来换行，像这样。

```
print('''今天早晨我吃了面包和牛奶；
今天中午我吃了米饭和牛肉；
今天晚上我想吃饺子。''')
```

然后我们运行，结果如图 2-52 所示。

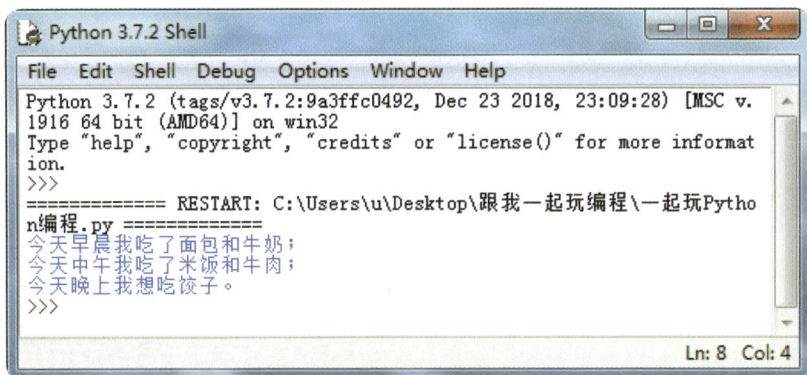

图 2-52 运行结果

换行结果和之前使用 \n 是一样的！你学会了吗？

转义字符，我们最常用的就是 \ 以及 \n 进行换行操作，一定要记住呀！

练习6

在 Python 中，打印出字符串"我们使用 \n 进行换行操作"。

总结

1. 了解常用的数据类型——字符串、整数、浮点数。

2. 算术运算符的用法。注意：浮点数运算结果是浮点数；除法运算结果是浮点数。

3. 字符串与字符串进行加法运算，表示字符串拼接在一起；字符串与整数进行乘法，表示重复打印。除此之外，字符串无法进行其他算术运算操作。

4. 关系运算符和逻辑运算符结果都是布尔值——True 或 False。

5. 学会加注释的两种方法。

6. 掌握转义字符的用法 \ 和 \n 换行。

第 3 章

Python 的控制输入用法

我们之前一直要使用 print()，让 Python 把我们想输出的内容打印出来，显示内容的位置我们把它叫作控制台。但是，使用 print() 输出的内容是我们自己预设好的，相当于我们自己打上去的内容。

3.1 使用控制台输入 input ()

我们现在来学习一下，如何让控制台自动获取我们输入的内容。是不是听着有点拗口，不容易明白？举一个例子就懂了，我们在登录邮箱或游戏时，都需要输入用户名、密码等信息，这时候计算机会提示我们输入信息。只有按照提示把需要的内容输入，计算机才会获取我们输入的内容，如图 3-1 所示。

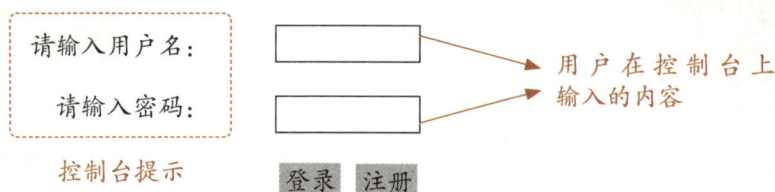

图 3-1　用户登录示意图

这个过程就叫控制台输入，我们只需要编辑用户输入的内容提示信息，然后等待用户输入信息后，Python 就会自动获取用户输入的信息内容。

要想通过编程完成这个任务，需要使用 input() 语句。input() 语句用于从控制台上获取用户输入的信息。比如，我们希望获取用户的名字，那么可以输入以下代码：

```
input("请输入用户名：")
```

input()，括号内就是显示在控制台上的给用户的提示。用户按照提示输入内容即可，但是这样 Python 是无法运行的。因为用户会按照你的提示输入信息，我们需要找到一个变量来储存这个信息，所以完整的代码应该是把 input() 获取到的信息赋值给一个变量，就像这样：

```
name=input("请输入用户名：")
```

这样我们就将用户按照提示输入的信息，放在了一个名字叫 name 的变量里，然后我们输出这个变量即可：

```
name=input("请输入用户名：")
print(name)
```

我们运行一下这个程序，结果如图 3-2 所示。

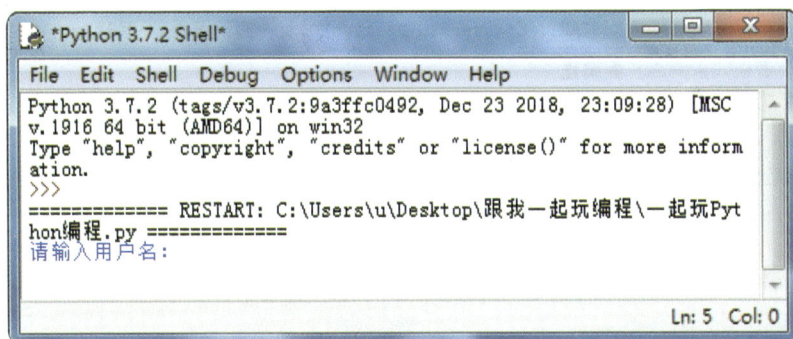

图 3-2　运行结果

这时候我们发现，input() 里的提示信息显示出来了，我们只需要按照它的提示，来填写信息就可以，我们输入"爱编程"，如图 3-3 所示。

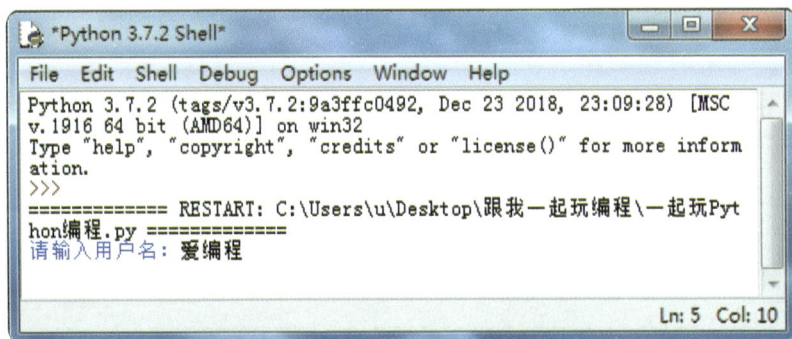

图 3-3　在 shell 中输入"爱编程"

然后点击 Enter 键，效果如图 3-4 所示。

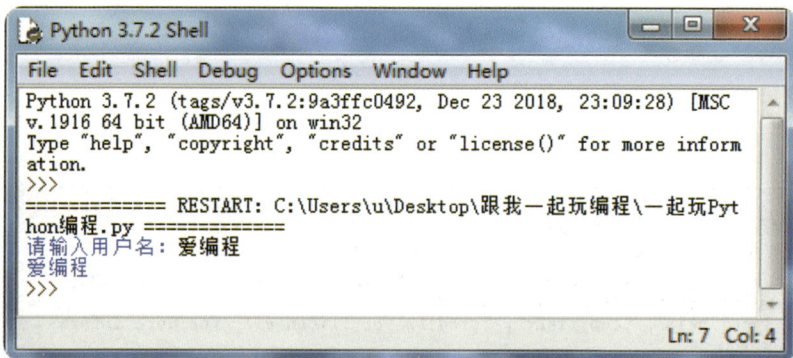

图 3-4　打印效果

我们输入的信息被 Python 获取到，并且打印出来了！

这就是 input() 的一个简单用法。我们还可以把这个程序完善一下，变成一个我们常见的登录系统，一般在输入用户名后，会提示我们一句话："您好，×××，欢迎登录。"我们也可以做出这种效果，这需要用到我们之前学的字符串拼接：

```
name=input("请输入用户名：")
print("您好，"+name+"，欢迎登陆")
       字符串1  字符串2   字符串3
```

利用 +（加号），把我们要输出的字符串拼接起来就可以了！这里需要我们记住一个重要的内容：使用控制台输入 input() 时，输出内容的数据类型是字符串型！这点很重要，我们后面还会用到这个知识点！

我们运行一下这个程序，结果如图 3-5 所示。

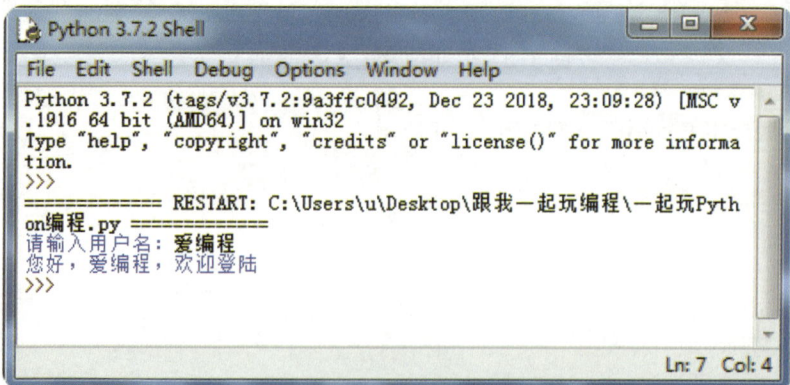

图 3-5　运行结果

瞧，当我们输入了用户名后，Python 开始和我们打招呼了！

利用控制台输入 input()，可以做很多有意思的效果，比如输入以下代码：

```python
name=input("请输入您的姓名：")
gender=input("请输入您的性别：")
print("您的名字叫"+name+"，"+gender+"性。")
```

试一试这个运行结果，如图 3-6 所示。

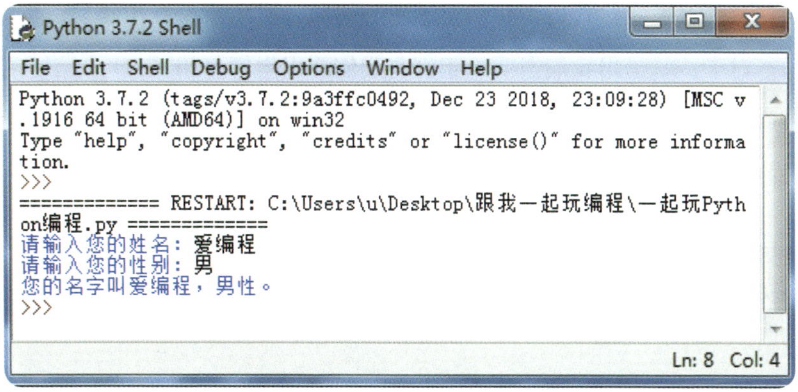

图 3-6　运行结果

是不是感觉 Python 更智能了一些呢？

现在，我们来做一个小练习，接下来的学习内容会更精彩的！

练习1　做一个家庭成员名单，输出家中所有人的名单。试一试吧！

3.2 数据类型转换

我们上一节讲的控制台输入 input()，提到了一个重要知识是使用控制台输入 input()，输出内容的数据类型是字符串型。如果我们输出的信息不是字符串类型，该怎么办呢？比如，我们想根据出生年份算出年龄，然后让 Python 输出正确的年龄，该怎么做呢？首先，我们要思考如何通过出生年份算出年龄，你能想到办法吗？对了，就是用我们当前的年份与我们的出生年份相减就可以了！所以我们可以这么来编程：为了更清楚地看懂程序，可以在每条代码后添加一个解释说明的注释，如输入以下代码：

```
birth=input("请输入您的出生年份：")#控制台输入，将录取的年份信息
                                 #赋值给变量birth.
age=2019-birth#通过运算，用今年的年份2019-存有出生年份信息的变量birth,
              #将运算结果再赋值给新的变量age。
print("您今年"+age+"岁")#打印出结果。
```

看上去程序没有什么问题，我们试着运行一下：跳出了控制台输入的提示信息，如图 3-7 所示。

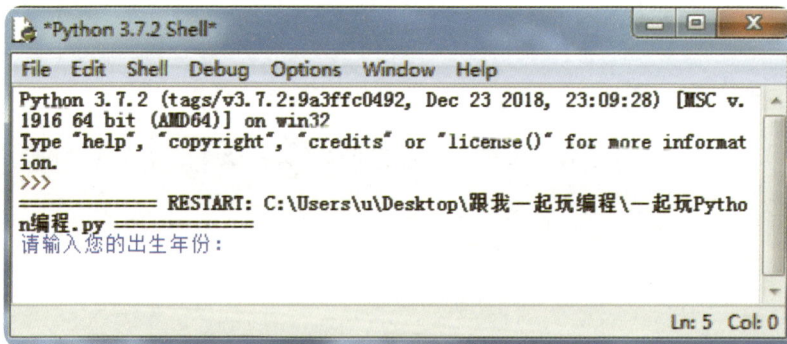

```
*Python 3.7.2 Shell*
File  Edit  Shell  Debug  Options  Window  Help
Python 3.7.2 (tags/v3.7.2:9a3ffc0492, Dec 23 2018, 23:09:28) [MSC v.
1916 64 bit (AMD64)] on win32
Type "help", "copyright", "credits" or "license()" for more informat
ion.
>>>
============ RESTART: C:\Users\u\Desktop\跟我一起玩编程\一起玩Pytho
n编程.py ============
请输入您的出生年份：

                                                          Ln: 5  Col: 0
```

图 3-7　第一次运行后输出结果

提示我们输入出生年份，我们输入一个年份，如 2010，敲回车键，结果如图 3-8 所示。

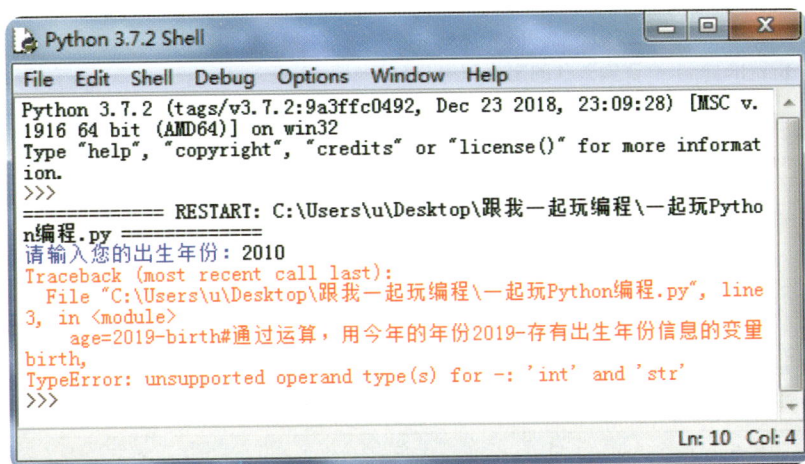

图 3-8　运行结果出现错误

哦？又出现了我们不想见到的一个内容！最下一行是一句报错信息，它告诉我们程序在运行过程中有错误。

这是为什么呢？看来我们程序的某些环节出现了错误，这时候我们要像电影里的侦探一样，仔细地检查我们的程序。来吧，小侦探，跟着我一起仔细分析一下这个程序，找出错误在哪里。

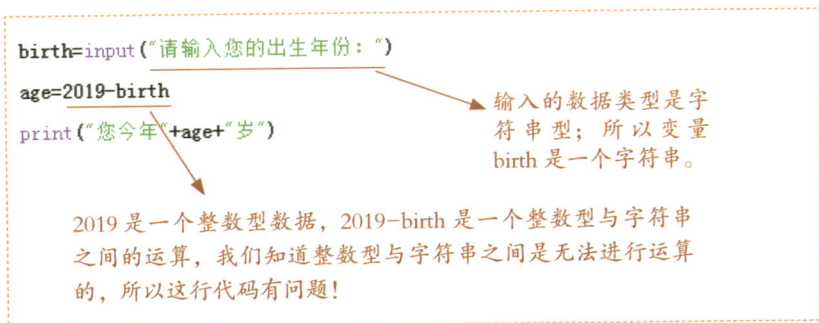

```
birth=input("请输入您的出生年份：")
age=2019-birth
print("您今年"+age+"岁")
```

输入的数据类型是字符串型；所以变量birth是一个字符串。

2019 是一个整数型数据，2019-birth 是一个整数型与字符串之间的运算，我们知道整数型与字符串之间是无法进行运算的，所以这行代码有问题！

通过分析，我们发现了问题。我们知道，变量 age 是我们想要通过计算得到的一个年龄，它需要的是一个整数型数据。那么想要得到一个整数型，就需要通过整数型算术运算，所以我们需要转换变量 birth 的数据类型，把它从一个字符串变成一个整数。该怎么做呢？想想我们之前学习的数据类型的表格，里面就提到了类型的前缀。

在程序上，我们可以这么做：在需要转换数据类型的变量前，加入要转换成的数据类型字符前缀就可以！例如：

```
birth=input("请输入您的出生年份：")
age=2019-int(birth)
print("您今年"+age+"岁")
```

变量 birth 本身是一个字符串，我们想把它转换成整数型数据，只需要在变量 birth 前加上整数型前缀 int。这时变量 birth 就变成了一个整数，age 就变成了一个简单的整数减法运算了！

改完的程序，是不是就万无一失了呢？我们可以再运行一次，结果如图3-9所示。

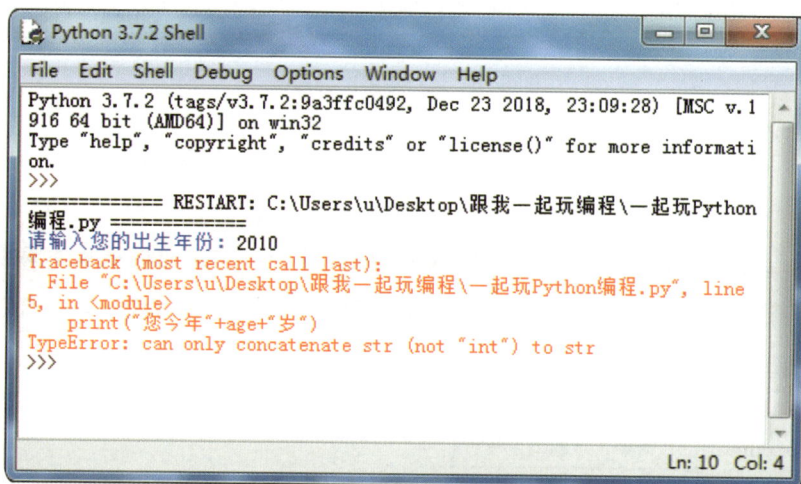

图3-9　运行结果仍然有误

运行结果还是有错误！并且这句错误提示信息很眼熟呀！我们在讲字符串的拼接时，是不是遇到过？还记得是什么意思吗？忘记了就翻到前面去复习一下吧！

这是提示我们，数据类型错误：字符串只能和字符串进行拼接，不能和 int 整数型数据进行拼接！看来我们最后一行代码有问题，细心的你能够自己发现问题出在哪儿吗？

```
birth=input("请输入您的出生年份：")
age=2019-int(birth)        →整数
print("您今年"+age+"岁")      →变量 age 是一个整数型
```
字符串 + 整数　✗

　　我们要输出的是由三个字符串利用加号进行拼接，形成一行完整的字符串，但是其中好像混入了"奸细"。对，就是变量 age，因为我们刚才通过转换数据类型，输出的变量 age 是一个整数型。我们之前学习过，整数型数据是不能和字符串进行拼接的！因此，我们需要将 age 转换成字符串：在变量 age 前加入字符串前缀 str，如以下代码：

```
birth=input("请输入您的出生年份：")
age=2019-int(birth)                    字符串 + 字符串  ✓
print("您今年"+str(age)+"岁")
```

　　这次我们再运行一下看看效果，如图 3-10 所示。

图 3-10　运行结果正确

　　成功！经过两次更改，我们终于完成了这个小程序，怎么样，你学会了吗？

练习2　11 月份共有 30 天，制作一个控制台输入程序，通过已度过的天数，计算出 11 月份剩余的天数。

3.3 格式化字符串

通过上一节的内容，我们知道了 Python 程序中保证数据类型的统一是非常重要的。尤其是进行字符串拼接以及整数、浮点数算术运算时，更要保证数据类型的统一，Python 才能正确运行，避免报错。但是每次都要考虑数据类型，考虑哪里加 str，哪里加 int，非常不方便。尤其是当我们输出的字符串比较长时，更容易漏掉 str，程序读起来也非常烦琐。所以，本节我们学习一个非常有用的字符串书写方式，叫作格式化字符串。它是利用 f-string 的语法方式，不管输出的数据类型是什么，都会自动转化成字符串格式。我们来看一看是怎么做的吧！比如，我们希望 Python 打印出这样一个字符串。

```
name="小派"
age=15
birth=2004
month=1
day=1
print(name+"出生于"+birth+"年"+month+"月"+day+"日，今年"+age+"岁了")
```

我们知道这样输入一定是错误的，因为其中有整数型数据，是不能直接和字符串拼接的。所以，要按照我们之前学过的方式，应该使用 str 进行数据类型转换，我们修改后是这样子的。

```
name="小派"
age=15
birth=2004
month=1
day=1
print(name+"出生于"+str(birth)+"年"+str(month)+"月"+str(day)+"日，今年"+str(age)+"岁了")
```

哎呀，这个字符串好长呀，而且还有很多的 str()，万一少敲一个，就会报错了！现在，我们来试一试格式化字符串吧！

第一种格式化字符串的方式是：f" 字符串 { 其他数据类型 } 字符串 "。它的使用格式是利用 f 和 {}（大括号）来完成的。比如，上面的程序，我们可以把字符串以外的数据类型变量用 {} 括起来，然后在整个字符串前加 f，就可以了。

```
name="小派"
age=15
birth=2004
month=1
day=1
print (name+f"出生于{birth}年{month}月{day}日，今年{age}岁了")
```

大括号里的变量会统一变成字符串，不需要我们再人为地增加 str，同时字符串最前面的 f，就是格式化字符串的前缀。这样写出来，是不是又清晰，又简短，方便很多呢？

我们再运行一下，效果如图 3-11 所示。

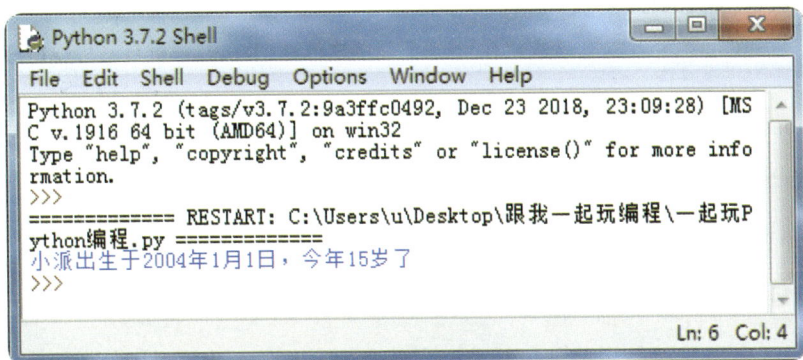

图 3-11　运行结果

如果我们想把下面的字符串也用格式化字符串的方式进行转化，该怎么做呢？

练习3　　将下列程序打印结果用格式化字符串方式显示出来。

```
tel1=13812345678
tel2=13912345678
print("小派爸爸的电话是:"+str(tel1)+",小派妈妈的电话是:"+str(tel2))
```

怎么样？你做对了吗？需要强调一点，这种格式化字符串的方法，只适合高于 Python3.6 版本以上使用。比如，我这里使用的是 Python3.7 版本，就可以使用。如果你的 Python 版本低于 3.6，是无法使用这个方法的。那么有没有其他格式化字符串的方式呢？当然！我们来讲第二种方法，跟第一种一样简单方便，同时可以使用在 Python 所有版本里。

第二种格式化字符串的方式是："字符串 {} 字符串 ".format(变量)，跟第一种相比，第二种格式化字符串不需要在字符串前加 f，大括号内也不需要写入变量名，只需要使用大括号 {} 作为占位符，并在字符串结尾加 .format(变量名)。我们用刚才练习中的字符串进行举例：

```
tel1=13812345678
tel2=13912345678
print("小派爸爸的电话是:"+str(tel1)+",小派妈妈的电话是:"+str(tel2))
```

我们可以把这个字符串写成：

```
tel1=13812345678
tel2=13912345678
print("小派爸爸的电话是：{},小派妈妈的电话是:{}".format(tel1,tel2))
```

.format(变量名)，按照字符串中显示的顺序，小括号内的变量名用逗号（,）隔开就可以，是不是很方便？

我们再来练习一下：

练习4　将下面的字符串用格式化字符串的方式显示出来吧！（2019 年 10 月 1 日是祖国的 70 周年生日）

```
year=2019
month=10
day=1
print(year+"年"+month+"月"+day"日是祖国的70周年生日")
```

以上两种格式化字符串的方式都是经常使用的，一定要记住哦！学会了这些方法，以后编程会更加方便简单！

3.3.1 while True 与缩进

如果我们想再运行一次这个程序，就需要重复运行的过程，让这个程序循环执行，我们就可以多次输入不同的信息了。让程序循环有很多种方法，我们会在后面详细讲解不同的循环语句，现在只需要知道使用 while True 进行无限循环就可以了。现在，我们可以把 while True 加入想要循环的程序中：

```
while True:
    birth=input("请输入您的出生年份：")
    age=2019-int(birth)
    print("您今年"+str(age)+"岁")
```

我们先输入 while True，并且要注意 while True 后面接一个冒号（：），然后按下回车键（Enter），你会发现会自动换行到下一行代码，并且会自动缩进！然后把我们要循环的代码敲上就可以了。我们也可以人为操作进行缩进，点击键盘空格键，就可以完成语句缩进动作了（不建议通过空格键或者 TAB 制表符键完成缩进，按照顺序完成代码，回车换行最正规）。运行结果如图 3-12 所示。

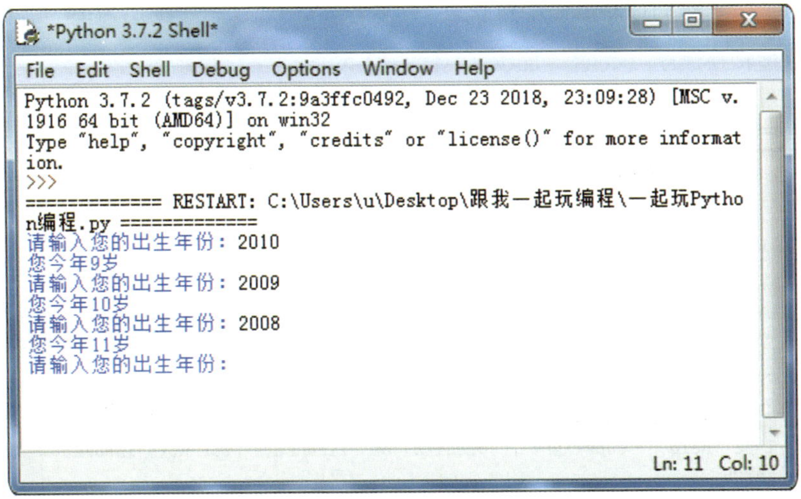

图 3-12　循环运行结果

我们可以多次输入年份信息，程序会循环执行下去。

3.3.2 缩进

缩进是 Python 中表示"语句块"的唯一方法，或者叫作显示程序运行级别的唯一标识。比如这个程序，缩进后的三行代码是属于循环内的程序，我们可以把它理解为属于包含在 while True 循环里面的程序，即 while True 循环级别最高，下一级别的语句就需要缩进，同一级别的语句块缩进必须相同。而冒号（：）可以理解为循环的语句内容，所以是不能少的！空行对 Python 没有影响，但是空格缩进对 Python 是很关键的。

```
while True:
    birth=input("请输入您的出生年份：")    →  语句块
    age=2019-int(birth)
    print("您今年"+str(age)+"岁")
```
缩进

等我们学习条件判断 if…else 语句时，再详细讲解缩进的知识。

我们除了能在整数和字符串之间转换以外，还可以与其他数据类型进行转换。比如，以下代码。

```
a=6
b=8
print(a+b)
```

这个结果我们都知道，是整数型 14。如果我们想让结果输出为 14.0，就可以把整数型转换成浮点数型，加 float，代码如下。

```
a=6
b=8
print(float(a+b))
```

这时我们运行的结果，如图 3-13 所示。

图 3-13 运行结果为浮点数型

练习5　妈妈带着 1000 元钱去超市买东西。这时，需要你制作一个程序，能够帮助妈妈算一算，当输入买东西花掉的金额后，会自动显示出余款，单位精确到"角"。

练习6

小派刚刚结束期末考试，一共三个科目，每科满分 100 分。需要你帮忙设计一个程序，当小派输入每科扣掉的分数时，会自动显示出总得分。

3.4 条件语句

大部分编程语言的程序结构，都有 3 种最基本结构：顺序结构，循环结构，分支结构。比如，我们前面学习的控制台输入 input()，用到了 while True，可以让程序循环运行，就是一种循环结构；再往前，我们学的一些基本程序，都是从上向下按照顺序执行，执行到程序结尾就结束了，属于顺序结构。这两种程序结构如图 3-14 所示。

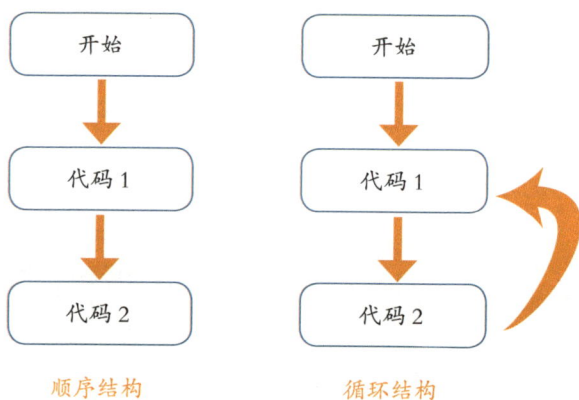

图 3-14　顺序结构与循环结构流程图

但是，我们生活中常常有很多时候需要我们做出"选择"，比如，每天早晨会在起床和赖床之间做出选择；放学回家后会在吃饭和写作业之间进行选择。这时候由于选择的条件不同，就会造成两种不同的结果：如果选择起床，就有时间舒舒服服地吃早点，准时上学；如果选择赖床，造成的后果就是迟到。这种情况也可以利用 Python 来完成。但是仅仅依靠顺序结构和循环结构两种结构，是无法解决这种"选择性"问题的。比如，当 Python 面对一个特定条件时，满足条件和不满足条件会执行两种不同的程序，这时就需要引入分支结构，我们也可以把这种结构叫作条件语句，如图 3-15 所示。

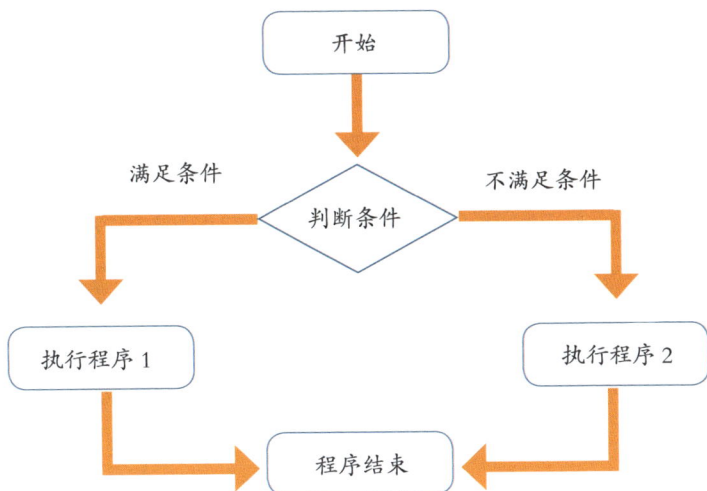

图 3-15　分支结构流程图

比如，我们期末考试的满分为 100 分，如果考到 90 分以上，妈妈会奖励我们一顿大餐；如果考到 90 分以下，就没有奖励。如果用分支结构表示，见图 3-16 所示。

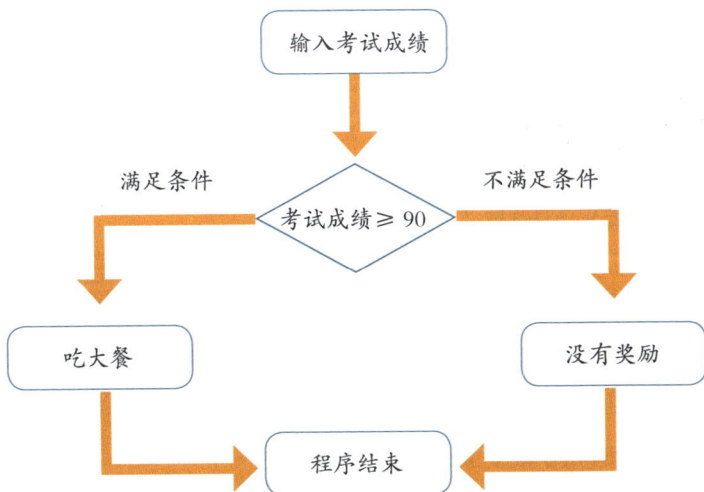

图 3-16　考试成绩奖励与否分支结构图

这时，就产生了一个条件，同时有两种情况需要进行判断，在代码中我们可以使用 if…else 语句来完成，基本格式如图 3-17 所示。

```
if    满足条件：
                执行程序 1
else：
                执行程序 2
```

图 3-17   if…else 基本格式

这里要注意，if 后面与条件之间要有一个空格，这时 if 属于程序的关键词，会变色，最后要有一个冒号，代表满足条件时，有要执行的程序；下一行满足条件时执行的程序需要进行缩进，代表运行级别低于 if 的运行级别，是包含在 if 里的语句。else 代表另一种情况，与 if 是同一级别，所以不需要缩进，又因为判断条件是"非此即彼"，即两者选其一的关系，所以 else 后不需要再把条件写出来，可以直接加冒号：，然后回车完成缩进；下一行语句块是包含在 else 里的，所以必须要缩进。if 和 else 两个执行程序又是同一级别的语句块，所以缩进格数必须一致。我们来看看用 Python 编程如何完成这个程序：这里我们需要使用控制台输入 input() 来输入成绩，同时要在循环结构中使用条件语句，代码如下。

```
while True:
    score=input("输入成绩")
    score=int(score)
    if score>=90:
        print("吃大餐")
    else:
        print("没有奖励")
```

同一级别的语句块，缩进需要一致

变量 score 本身是字符串格式，无法与整数进行关系运算符判断，所以需要进行数据类型转换，把字符串类型数据转换成整数型数据，然后重新赋值给变量 score，我们可以理解为从变量 score 中把字符串类型的数据拿出来，转换成整数型数据，又重新放回到变量 score 里。

运行一下程序，我们可以看到效果，如图 3-18 所示。

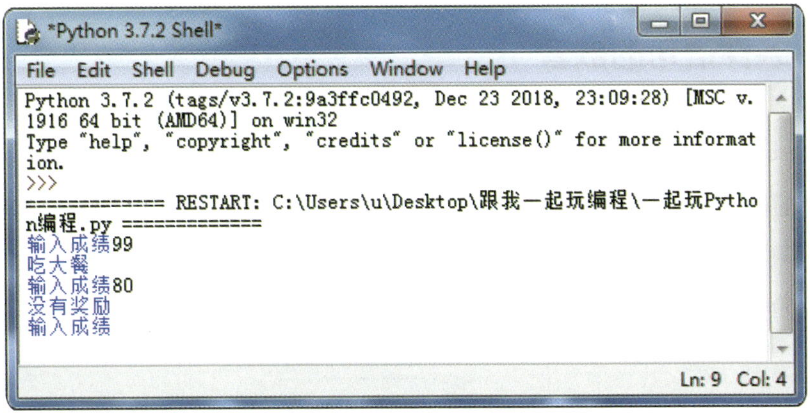

图 3-18　运行结果

　　这就是一个简单的条件语句，根据条件不同，执行不同的程序。条件语句的关键在于条件是否正确，同时要注意冒号和缩进。

练习7　上节结束时有一道帮助妈妈算剩余金额的练习题，现在我们可以把程序进行改进，让程序具备消费提醒功能，当剩余的钱低于 500 元时，会提醒我们消费的太多了，要注意节省；高于 500 元则属于正常消费。该怎么进行修改呢？

练习8　制作一个程序，用来判断一个整数是奇数还是偶数。

提示：能整除 2 的整数叫作偶数，不能整除 2 的整数叫作奇数。

练习9　输入一个年份，判断一下这个年份是平年（2 月是 28 天，一年 365 天）还是闰年（2 月是 29 天，一年是 366 天，每 4 年一次闰年。）

提示：可以被 400 整除的年份或者可以被 4 整除但是不能被 100 整除的年份，都是闰年。

3.5 条件语句的嵌套

if…else 还可以嵌套使用，用于多重条件判断。比如，想要判断一个整数是否能被 2 整除，同时还想判断出这个整数能在被 2 整除的情况下能否同时被 3 整除。

如果用流程图来表示这一个程序（流程图真是个理解程序的好工具），具体如图 3-19 所示。

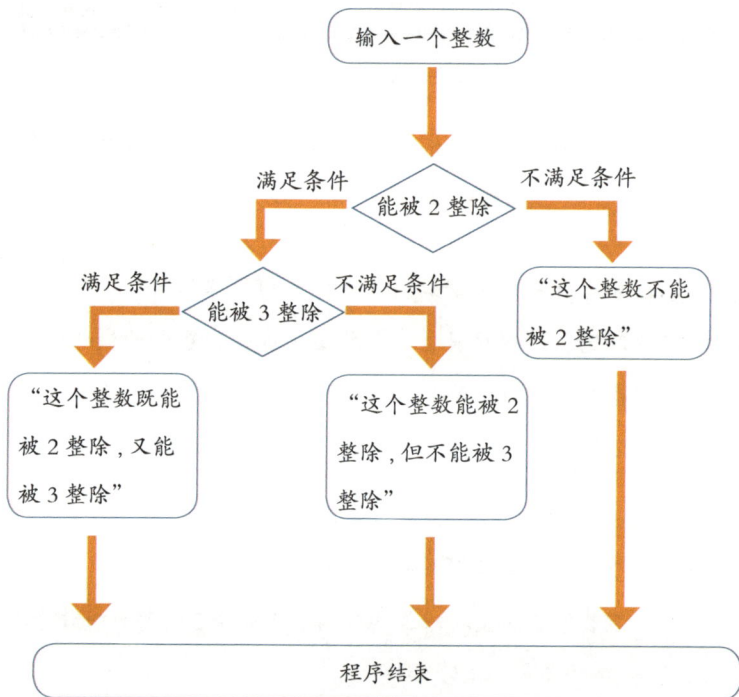

图 3-19　判断一个整数是否能被 2 与 3 整除的执行流程

通过流程图可以看出，能被 3 整除这个条件，是包含在第一个被 2 整除的条件里的，所以如果想用条件语句来完成这个程序，我们就需要用到 if…else 的嵌套，同时需要思考一下条件该如何写：能被 2 整除，换一个说法就是一个整数除以 2 没有余数，那么我们可以用算术运算符中求余 % 运算，让这个整数对 2 求余，余数为 0 就可以了。代码如下：

```
while True:
    number=input("输入一个整数")
    number=int(number)
    if number%2==0:                          嵌套
        if number%3==0:
            print("这个整数既可以被2整除，又可以被3整除")
        else:
            print("这个整数只能被2整除，不能被3整除")
    else:
        print("这个整数不能被2整除")
```

缩进1　缩进2　缩进1

Ln: 11　Col: 0

从程序可以清楚看出，第二个条件是嵌套在第一个判断条件之中的，所以嵌套的程序运行级别要低于第一个 if，嵌套的程序要进行再一步缩进。

但是这个程序有一定的缺陷，比如我们输入数字 9，你会发现它输出的结果是 9，不能被 2 整除。其实 9 是可以被 3 整除的，但由于两个条件是嵌套关系，Python 会先判断第一个条件，如果不满足，就直接跳过第二个条件输出结果。这就是 if…else 嵌套的运行方法，学会了吗？

练习10　输入一个整数，判断一下它是否可以被 7 整除，同时还能够被 8 整除。

3.6 多个并列条件判断

与 if…else 嵌套语句相比，还有一种情况就是多个条件判断，但是条件是并列关系，而不是嵌套关系，这时，if…else 语句只能判断一个条件，即"非此即彼"的关系不再适用，我们就需要引入 if…elif…else 语句来完成任务，elif 是 else if 的简写，流程如图 3-20 所示。

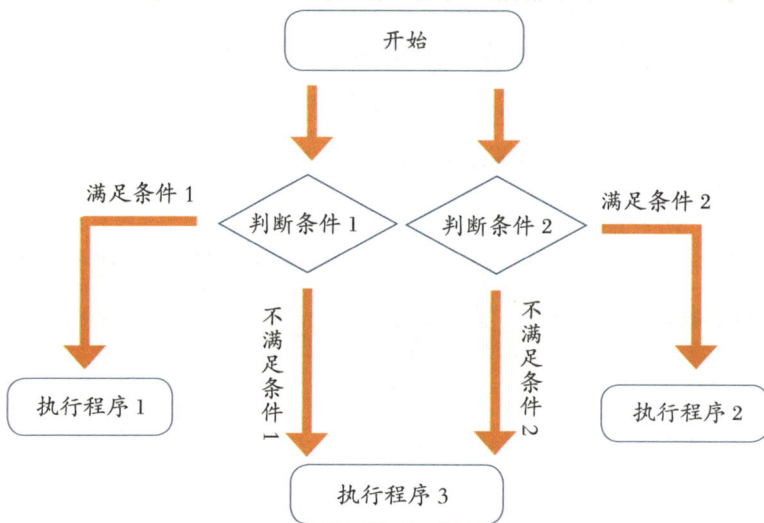

图 3-20 if…elif…else 语句的流程图

现在，把上节的一个例子做一下修改，我们输入一个整数，来判断一下这个整数是否可以被 2 整除或者被 3 整除。这里"被 2 整除"与"被 3 整除"两个条件是一个并列关系，不再是嵌套关系。代码如下：

```
while True:
    number=input("输入一个整数")
    number=int(number)
    if number%2==0:                    判断条件1
        print(f"{number}可以被2整除")
    elif number%3==0:                  判断条件2
        print(f"{number}可以被3整除")
    else:
        print(f"{number}不能被2或者被3整除")
```
缩进

这两个条件是并列关系，所以，if…elif…else 三行代码前的缩进是对齐的，代表三行代码运行级别相同。

　　但是这个程序与之前 if…else 嵌套的程序一样，也有一定的缺陷，运行结果如图 3-21 所示。

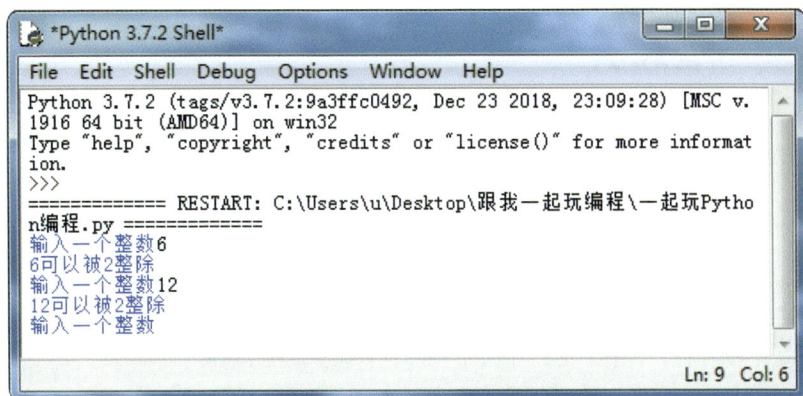

图 3-21　运行结果

　　当我们分别输入 6、12 这种既可以被 2 整除，又可以被 3 整除的数字时，只显示满足第一个条件的结论，也就是说当满足第一个条件时，程序执行完就结束了，不再往后判断，这会造成结论不完整。我们希望输入 6，得到的结论是：6 既可以被 2 整除，也可以被 3 整除。这就要求我们需要在原程序中加入 if…else 的嵌套，来完善程序。想一想，应该怎么做？代码如下：

```python
while True:
    number=input("输入一个整数")
    number=int(number)
    if number%2==0:
        if number%3==0:
            print(f"{number}可以被2整除，也可以被3整除")
        else:
            print(f"{number}可以只能被2整除，不能被3整除")
    elif number%3==0:
        if number%2==0:
            print(f"{number}可以被2整除,也可以被3整除")
        else:
            print(f"{number}可以只能被3整除，不能被2整除")
    else:
        print(f"{number}不能被2或者被3整除")
```

　　if…elif…elif……else 语句，常用来表示根据条件的多少，elif 可以继续添加，所有条件判断完成后，最后 else 结尾即可，如图 3-22 所示。

```
*一起玩Python编程.py - C:\Users\u\Desktop\跟我一起玩编程\一起...

File  Edit  Format  Run  Options  Window  Help

while True:
    if A:
        #执行程序1
    elif B:
        #执行程序2
    elif C:
        #执行程序3
        .
        .
        .
        .
    else:
        #执行程序X

                                            Ln: 15  Col: 0
```

图 3-22　if…elif…elif…else 流程示意图

关于 if 条件语句的内容，我们就学习到这儿，一定要注意两点。

第一，条件的选取和逻辑性很重要。

第二，缩进很重要。

只要掌握这两点，相信你很容易学会 if 条件语句，我们来练习一下吧！

练习11　制作一个游戏防沉迷系统。

喜欢打游戏的孩子，肯定对防沉迷系统不陌生，防沉迷系统是指根据 2010 年 8 月 1 日实施的《网络游戏管理暂行办法》，网络游戏用户需使用有效身份证件进行实名注册。同时为保护未成年人身心健康，未满 18 岁的用户将受到防沉迷系统的限制，即游戏过程中，会提示您的累计在线时间。

1. 累计游戏时间超过 3 小时，游戏收益（经验、金钱）减半。

2. 累计游戏时间超过 5 小时，游戏收益为 0。

提示 1：如果想用 Python 编程完成这个防沉迷系统，需要获取两个条件：玩家年龄和游戏时间，可以用控制台输入 input() 来完成。

提示 2：两个主要条件是年龄是否大于 18 岁：大于等于 18 岁，则不需要进入防沉迷系统；小于 18 岁，则需要进入防沉迷系统。

进入防沉迷系统后又需要进一步判断游戏时间，可以分为小于等于 3 小时、大于 3 小时小于等于 5 小时、大于 5 小时，所以可以使用到 if…else 的嵌套语句。

练习12　简单版推理数字游戏。

设定好一个数字，由朋友或者父母去猜，猜的过大或者过小都会出现相应提示，直到猜中设定的数字，游戏结束。（假设设定好的数字是 16）

练习13　面积公式生成器。

我们在数学中学习过一些公式，比如，计算正方形面积、矩形面积、三角形面积等，利用控制台输入算术运算符，来制作一个帮助我们计算图形面积的程序吧！

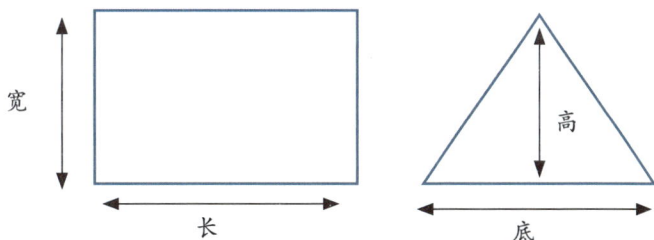

提示：正方形和矩形面积＝长 × 宽。三角形面积＝（底 × 高）÷2

总结

1. 控制台输入 input()，输出的结果为字符串类型，要注意数据类型的转换。

2. str（其他类型）→字符串类型；
   int（其他类型）→整型数据。

3. 格式化字符串的两种方法：① f"字符串{a}"；② "字符串{}".format(a)。

4. 运用条件语句编辑时，注意条件判断、冒号和缩进。

第 **4** 章

下标的使用

　　我们在学习数据类型时，知道了数据类型有整数、浮点数、布尔值、字符串、列表、元组、字典等类型。这一章我们主要学习字符串、列表、元组的下标使用方法，使用下标可以更快地帮助我们处理字符串、列表与元组数据。让我们一起来学习一下吧！

4.1 什么是下标

下标与我们生活中的编号很相似，比如我们有一串由字符 a 到 f 组成的字符串，赋值给变量 s，可以写成：

```
s="abcdef"
```

这时候如果我们想要选取字符串中的某一个字符进行操作，可以先给每一个字符进行编号。编号可以帮助我们选取字符串中的某些字符。这个编号就叫作下标（index）。有点类似于我们在学校中的学号，老师想要了解某个同学，直接查找他的学号就可以了。Python 中我们想要对字符进行操作，直接选取字符对应的下标即可。如图 4-1 所示：第一个字符 a 的下标就是 0，字符 b 的下标就是 1，以此类推。

图 4-1　字符串的下标

注意：Python 中的下标要从 0 开始。

4.2 字符串 str 的操作及下标的使用方法

字符串是我们最常见的一种数据类型，下标可以帮助我们给字符串里的字符进行编号排列，这样可以方便我们对字符串进行计数、查找、增加、修改和删除等操作。

首先，我们选取一个字符串，比如，我们选取字符串 a="Hello,Python"，我们后面的任何操作都以这个字符串为例。你也可以选取一个自己想要的字符串，跟着我一起来进行操作。

4.2.1 对字符串进行计数操作

"计数"一般指计算数量。这里我们可以对字符串进行两种操作，一种是计算字符串的总长，另一种是计算字符串中某一个字符出现的次数。

（1）计算字符串总长

① 计算字符串总长，或者是计算组成字符串的字符总数。我们用 len（字符串变量名）函数来计算字符串的总长度。

比如，我们想计算字符串 a="Hello,Python" 有多长，可以直接使用代码：

```
a="Hello,Python"
print(len(a))
```

运行代码可以得到结果，如图 4-2 所示。

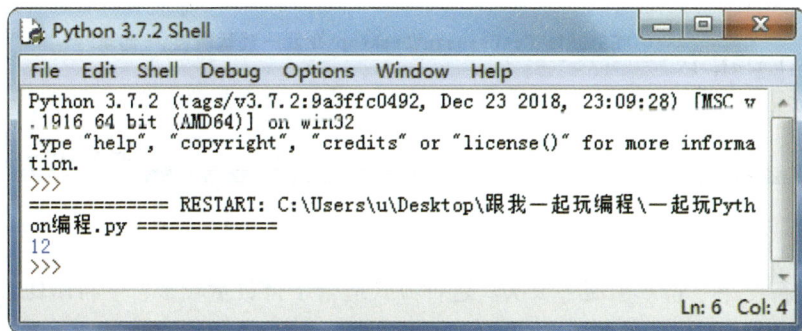

图 4-2　运行结果为 12

这说明字符串 a 一共由 12 个字符组成。说到这里可能有人会问，字符串 a 一共只有 11 个字母组成，为什么会是 12 呢？这是因为逗号也是一个字符，所以也要计算进去。标点符号、空格都会占用字符，所以在计算字符串总长时，一定要计算标点符号和空格哦。

练习1　　计算字符串 a=("Python is an interesting lesson") 的长度。

（2）计算字符串中某一个字符出现的次数

一个字符串中，可能会存在多个字符重复出现的情况，这时我们想要快速计算出某一个字符出现的次数，可以使用函数：字符串变量名count(" 字符 ")的方式，count 表示计数。比如，我们想得到a= "Hello,Python" 中字符 o 的数量，可以写成：

```
a="Hello,Python"
b=a.count("o")
print(b)
```
或者
```
a="Hello,Python"
print(a.count("o"))
```

将获取到的字符串中字符 o 的数量赋值给变量 b，或者直接输出结果。

运行结果如图 4-3 所示。

```
Python 3.7.2 Shell
File  Edit  Shell  Debug  Options  Window  Help
Python 3.7.2 (tags/v3.7.2:9a3ffc0492, Dec 23 2018, 23:09:28) [MSC
v.1916 64 bit (AMD64)] on win32
Type "help", "copyright", "credits" or "license()" for more inform
ation.
>>>
============== RESTART: C:\Users\u\Desktop\跟我一起玩编程\一起玩Pyt
hon编程.py ==============
2
>>>
                                                          Ln: 6  Col: 4
```

图 4-3　运行结果为 2

运行结果字符 o 出现了 2 次。这种方式适合字符数量较多，字符串比较长的时候使用。

练习2

计算字符串 a=("Python is an interesting lesson") 中字符 n 和空格的数量。

4.2.2 对字符串进行查找操作

"查找"，指的是通过字符串下标来查找对应字符和通过字符查找对应下标两种操作。

（1） 通过字符串下标查找字符

我们学习了字符串下标，那么如果我们想知道一个字符串中某一个下标对应的字符是什么，可以使用字符串变量名 [下标] 来查找。比如，字符串 a="Hello,Python"，我们想要查找下标 6 对应的字符，可以写成：

```
a="Hello,Python"
print(a[6])
```

运行结果如图 4-4 所示。

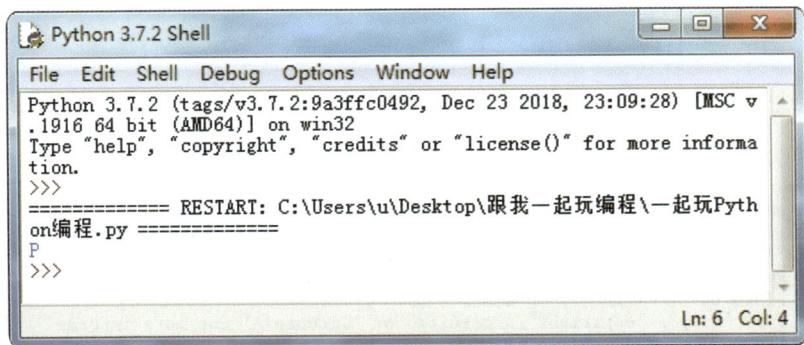

```
Python 3.7.2 Shell
File  Edit  Shell  Debug  Options  Window  Help
Python 3.7.2 (tags/v3.7.2:9a3ffc0492, Dec 23 2018, 23:09:28) [MSC v
.1916 64 bit (AMD64)] on win32
Type "help", "copyright", "credits" or "license()" for more informa
tion.
>>>
============== RESTART: C:\Users\u\Desktop\跟我一起玩编程\一起玩Pyth
on编程.py ==============
P
>>>
                                                              Ln: 6 Col: 4
```

图 4-4 运行结果为 P

这里我们要注意，字符串下标是从 0 开始计算的，那么下标 6 对应的应该是第 7 个字符 P。

a="Hello, Python"
  0 1 2 3 4 5 6 7 8 9 10 11

我们也可以同时查找多个下标对应的字符，只需要通过逗号分隔开即可。例如：我们想要查找下标 5 和下标 8 的字符，可以写成：

```
a="Hello,Python"
print(a[5],a[8])
```

运行结果如图 4-5 所示。

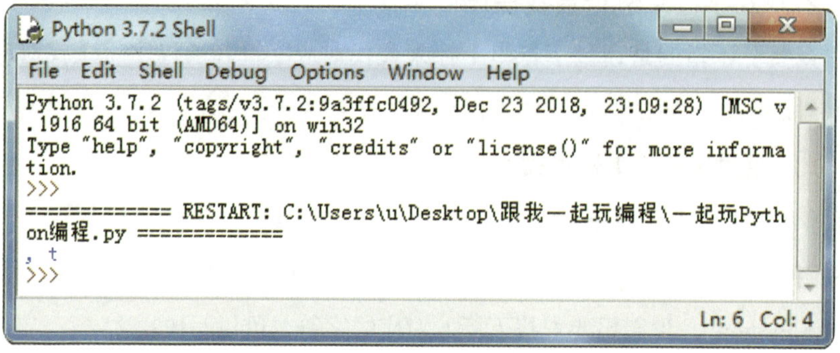

图 4-5　运行结果为, t

我们还可以查找负数下标。比如，我们可以查找 a="Hello,Python" 中 a[-1] 的
字符：

```
a="Hello,Python"
print(a[-1])
```

运行结果如图 4-6 所示。

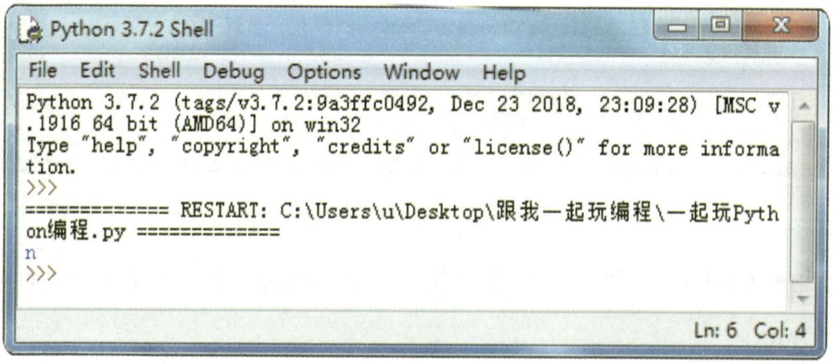

图 4-6　运行结果为 n

这里的负号表示从后往前倒序排列。从前往后是从下标 0 开始，但是从后往
前就变成了从下标 -1 开始。

```
a="Hello,Python"
-12 -11 -10 -9 -8 -7 -6 -5 -4 -3 -2 -1
```

使用下标查找字符时需要注意一点，不能超过字符串下标范围。比如，a="Hello,Python"，下标最大为 11，如果我们查找 a[12]，就超出了范围。

```
a="Hello,Python"
print(a[12])
```

这时运行结果会出现，如图 4-7 所示。

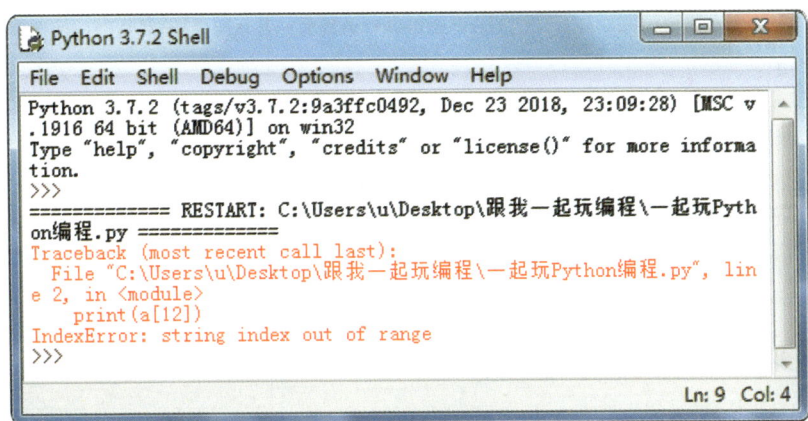

图 4-7　运行结果有误

程序显示下标错误：字符串下标超出了范围。因此，我们要避免这种错误。

练习3　查找字符串 a=("Python is an interesting lesson") 中下标 15，−19,20 对应的字符。

（2）通过字符查找字符下标

如果我们已知一个字符串，想要查找某一个字符的下标是多少，又该怎么做呢？我们可以使用 index 函数：字符串变量名 .index(" 字符 ")，index 表示下标。比如，我们想要查找 a="Hello,Python" 中 y 的下标，可以写成：a.index("y")，代码如下。

```
a="Hello,Python"
b=a.index("y")
print(b)
```

或者

```
a="Hello,Python"
print(a.index("y"))
```

运行结果如图 4-8 所示。

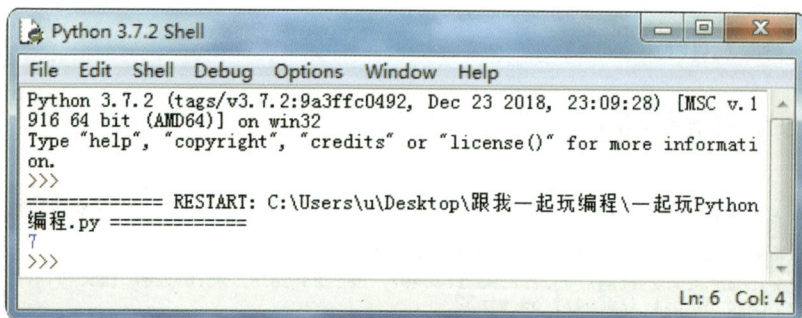

图 4-8　运行结果为 7

可以查找到字符 y 的下标为 7。

我们知道，a="Hello,Python" 中有 2 个字符 "l"，那么如果我们想查找 "l" 的下标，会显示多少呢？我们试一试：

```
a="Hello,Python"
print(a.index("l"))
```

运行结果如图 4-9 所示。

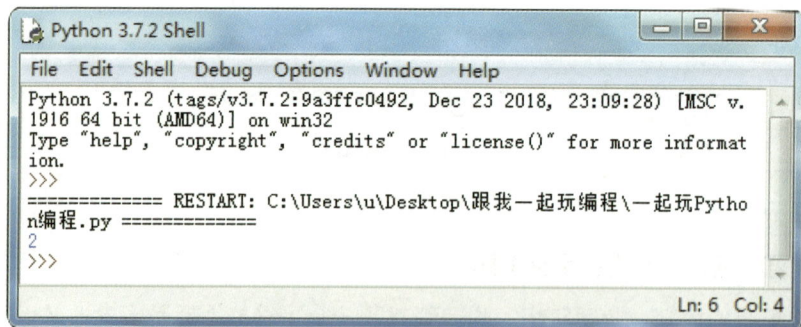

图 4-9　运行结果为 2

我们会发现，当我们查找某一个字符的下标时，显示的是这个字符第一次出现时的下标位置。如果我们查找字符 o 的下标，显示的也是第一个 o 的下标。如：

```
a="Hello,Python"
print(a.index("o"))
```

结果如图 4-10 所示。

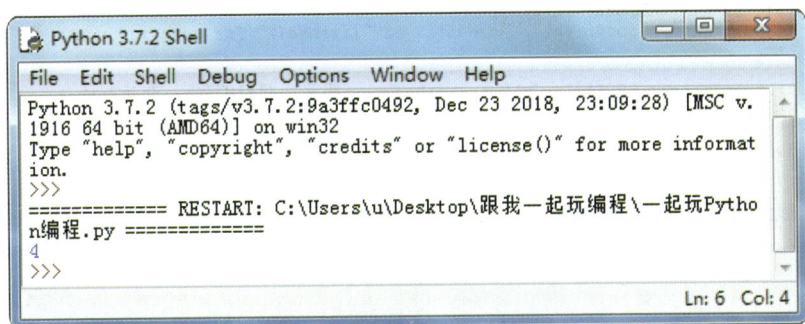

图 4-10　运行结果为 4

除了用字符串变量名 .index(" 字符 ") 来查找字符下标之外，我们还可以使用字符串变量名 .find(" 字符 ") 来查找，使用方法与 index 完全相同。自己试一试吧！

练习4

查找字符串 a=("Python is an interesting lesson") 中字符 t，h，s 的下标。

4.2.3 对字符串进行修改操作

本操作指对字符串进行修改。这个修改主要包括两方面，一是进行替换操作，替换掉字符串中的某个字符；二是对字符串进行截取操作，截取字符串中的某一部分。

（1）替换

如果我们想把字符串中某一个字符替换成另外一个字符，也是可以进行操作的。

我们使用字符串变量名 .replace(" 字符 "," 字符 ") 来进行替换，replace 表示替换，前一个 " 字符 " 表示原字符，后一个 " 字符 " 表示替换的新字符，中间用逗号隔开即可。例如：字符串 a="Hello,Python"，我们想把字符串中字符 l 换成数字 9，可以使用 replace，代码如下：

```
a="Hello,Python"
b=a.replace("l","9")
print(b)
```

或者

```
a="Hello,Python"
print(a.replace("l","9"))
```

运行结果如图 4-11 所示。

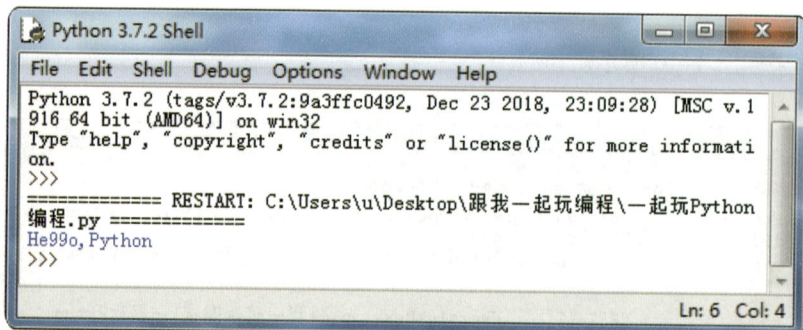

图 4-11 运行结果

我们发现，原来的字符串中的字符 1 都变成了字符 9。这里要注意一点，字符串类型属于不可变数据类型，不允许变量的值发生变化。如果改变了变量的值，相当于建了一个新变量，我们替换完的字符串是一个新字符串 b，原来的字符串 a 并没有发生变化。

利用 replace 除了可以替换字符，还可以进行字符的删除，把要删除的字符与 "" 进行替换。比如，我们想要把字符串 a="Hello,Python" 中的字符 o 全部删除，可以使用 replace：

```python
a="Hello,Python"
print(a.replace("o",""))
```

运行结果如图 4-12 所示。

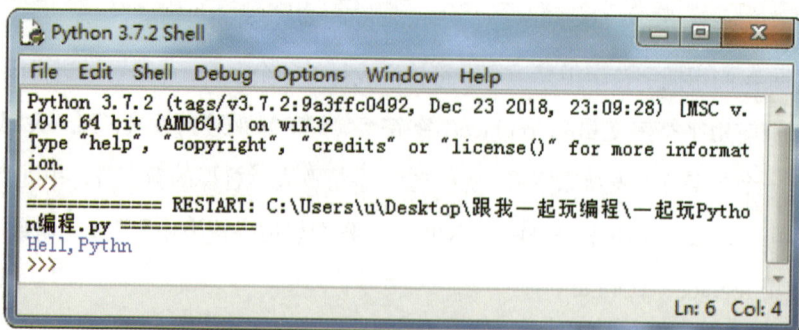

图 4-12 运行结果

运行结果显示，形成的新字符串中，o 已经不见了。

练习5 　将字符串 a=("Python is an interesting lesson") 中的字符 t 全部替换成字符 8。

（2）截取

假如我们有一个字符串，但只要获取这个字符串中某一部分的信息，这就要对字符串进行截取操作。想要截取字符串，需要先确定截取字符串的起始位置和终止位置，所以需要用到字符串下标。

我们使用**字符串变量名 [起始位置下标：结束位置下标]** 来完成字符串截取的功能。

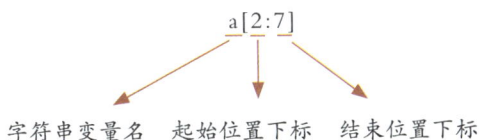

a[2:7]

字符串变量名　起始位置下标　结束位置下标

从 a="Hello,Python" 中截取出 "Hello"，那么需要确认截取起始位置和结束位置下标。起始位置字符 "H" 下标是 0，结束位置字符 "o" 下标是 4。我们按照要求试一下，即 a[0:4]，代码如下。

```
a="Hello,Python"
b=a[0:4]
print(b)
```
或者
```
a="Hello,Python"
print(a[0:4])
```

运行结果如图 4-13 所示。

```
Python 3.7.2 Shell
File  Edit  Shell  Debug  Options  Window  Help
Python 3.7.2 (tags/v3.7.2:9a3ffc0492, Dec 23 2018, 23:09:28) [MSC v
.1916 64 bit (AMD64)] on win32
Type "help", "copyright", "credits" or "license()" for more informa
tion.
>>>
============== RESTART: C:\Users\u\Desktop\跟我一起玩编程\一起玩Pyth
on编程.py ==============
Hell
>>>
                                                              Ln: 6  Col: 4
```

图 4-13 　运行结果

好像有点儿问题，我们打算截取到下标为 4 的字符 "o" 时，但是 "o" 并没有被截取出来，这是因为我们在截取字符串时，只能截取到结束位置下标的前一位，所以我们在设定结束位置下标时，需要往后多设定一位，修改后的程序如下。

```
a="Hello,Python"
b=a[0:5]
print (b)
```

或者

```
a="Hello,Python"
print (a[0:5])
```

运行结果如图 4-14 所示。

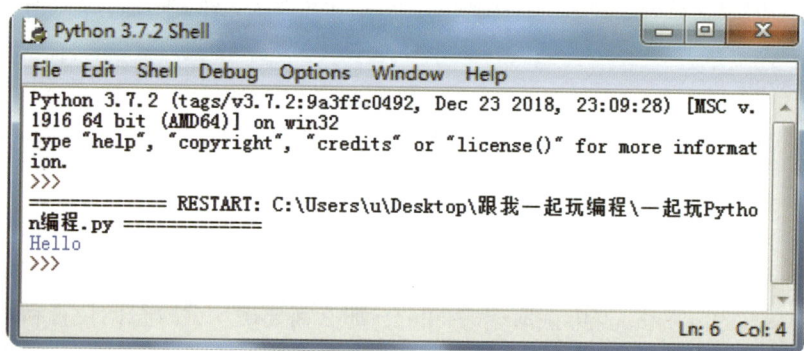

图 4-14   运行结果

在使用字符串截取时，一定要记住：字符串变量名 [起始位置下标：结束位置下标] 结束位置下标多取 1 位即可。另外，如果截取时，起始位置下标为 0 或者结束位置是最后一个字符，都是可以省略不写的。

所以程序还可以写成如下这种。

```
a="Hello,Python"
b=a[:5]
print (b)
```

如果我们想截取出字符 "Python"，该怎么做呢？起始位置字符 "P" 下标为 6，结束位置是字符串最后一个字符，这时结束位置可以省略不写。

```
a="Hello,Python"
b=a[6:]
print (b)
```

或者

```
a="Hello,Python"
print (a[6:])
```

运行结果如图 4-15 所示。

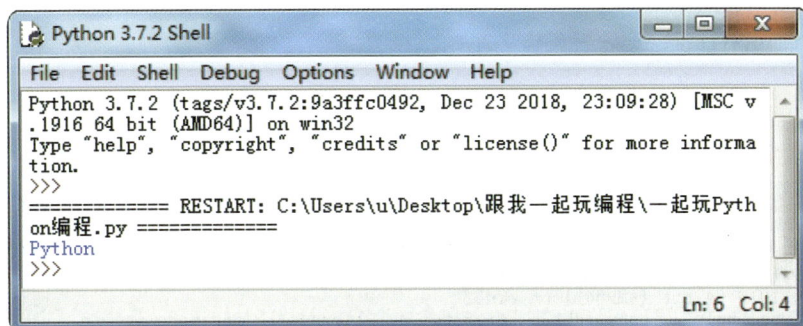

图 4-15 运行结果

如果我们代码写成 a[:] 起始位置下标和结束位置下标都省略不写，就意味着整个字符串全部截取，结果与原字符串相同，代码如下。

```
a="Hello,Python"
print(a[:])
```

输出结果为：Hello,Python，如图 4-16 所示，没有任何变化。

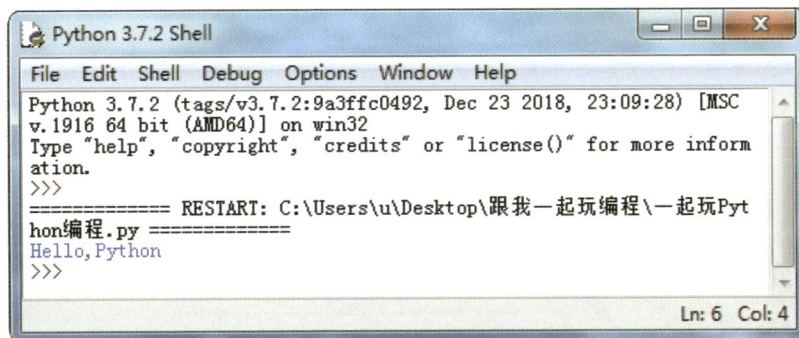

图 4-16　运行结果

（3）间隔步数

除了依靠起始位置下标和结束位置下标来截取字符串以外，我们还可以在后面加入另一个参数：间隔步数。

字符串变量名 [起始位置下标：结束位置下标：间隔步数]。间隔步数是指在间隔几个字符中选取 1 个字符。我们拿一个例子来看：a="Hello,Python"，我们截取整个字符串，在后面加入间隔步数为2，代码可以写成如下所示。

```
a="Hello,Python"
print(a[::2]) ————→ 间隔步数
```

输出结果如图4-17所示。

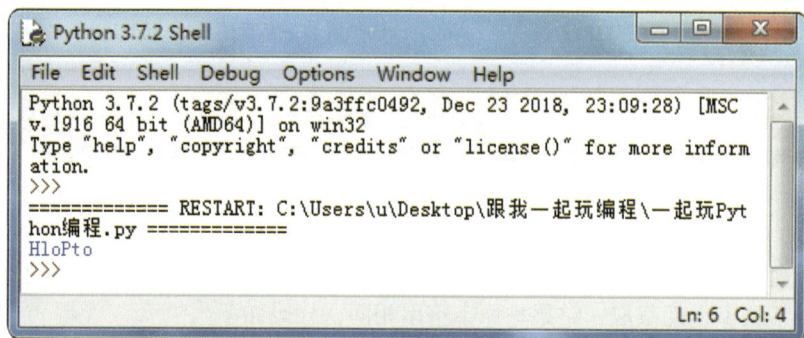

图4-17 运行结果

有没有发现什么规律?

"Hello,Python"

间隔步数设置为2，就意味着两个字符中取一个。这就是间隔步数的一个用法。

我们来思考一个问题，下面这个程序，输出的字符串是什么样子的? 代码如下:

```
a="Hello,Python"
print(a[2:10:3])
```

起始下标为2，对应的字符是"l"，结束下标为10，对应的字符是"o"，但是别忘了我们不能选取到"o"，需要截取到前一位，所以应该是"h"，间隔步数为3，意味着每3个字符中截取1个字符，所以最后结果应该是: l,t。

"Hello,Python"

输出结果如图 4-18 所示。

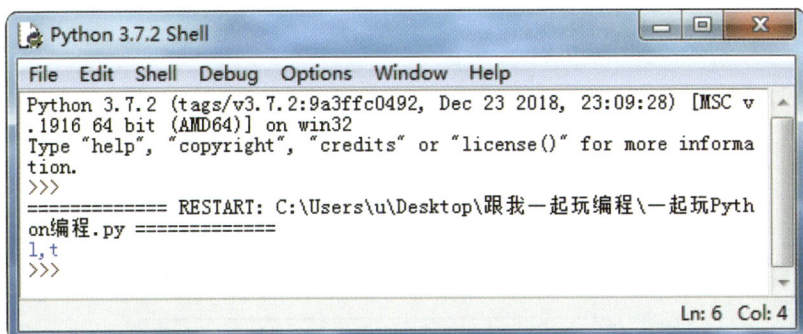

图 4-18　运行结果

如果我们对字符串进行 a[::-1] 截取，结果是什么样子的呢？

```
a="Hello,Python"
print(a[::-1])
```

首先截取起始位置下标和结束位置下标都是省略的，说明我们截取了整个字符串，间隔步数为 -1。间隔步数 1 表示一个字符里取一个，其实就是每个字符都取。我们之前讲过负号（-）表示倒序，即从后往前截取，所以截取结果是整个字符串从后往前排列，结果如图 4-19 所示。

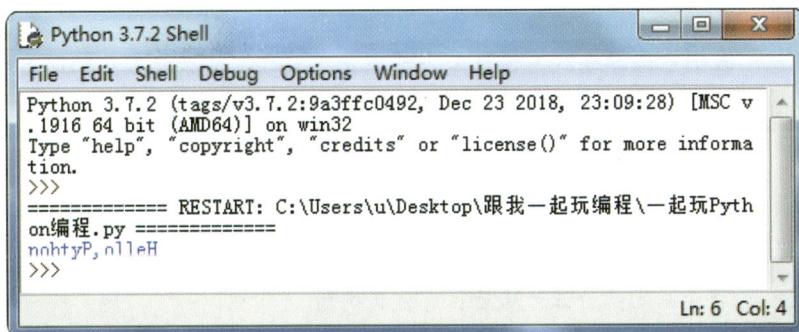

图 4-19　运行结果

字符串截取的方法，你学会了吗？

我们来练习一下！

练习6

我们知道现在实际应用中很多情况下都需要实名制，比如坐火车买票、游戏注册账号等。实名制需要我们提供身份证号，那么你知道身份证号码代表什么吗？

身份证号属于特征组合码，由17位数字本体码和1位数字校验码组成，这18位数字包含着很多信息。比如，前6位是数字地址码，表示你所在的城市地区；中间8位数字表示出生日期码，表示你的出生年月日；之后3位数字是顺序码，最后1位数字是校验码。

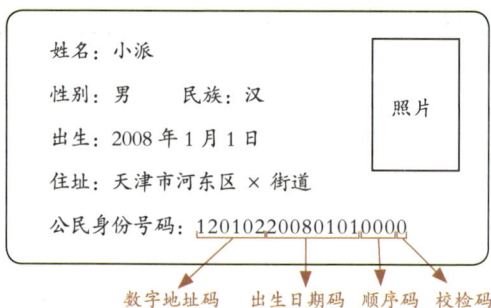

姓名：小派

性别：男　　民族：汉

出生：2008年1月1日

住址：天津市河东区×街道

照片

公民身份号码：120102200801010000

数字地址码　出生日期码　顺序码　校检码

根据上面的身份证号信息，我们来截取一下小派的出生日期码，应该怎么做呢？

提示：首先将出生日期码变成一个字符串，再进行截取。

练习7

我们已经学会从身份证号中截取出生日期，那么能否帮助网络警察制作一个程序，通过身份证号判断年龄是否大于18岁，来完善我们之前制作的防沉迷系统呢？（以2019年1月1日周岁满18岁为基准）

练习8

将小派的身份证号从后往前重新排列。

4.2.4 in 和 not in

我们在前面的逻辑运算符一书中已经见过 in 和 not in 。它们主要用于判断字符是否包含在字符串中，输出结果为布尔值 True 和 False。比如，我们选取新的

字符串水果和蔬菜时。我们使用 in 来判断一下，字符白菜是否包含在字符串 fruit

中呢？结果显示是什么呢？输入如下代码：

```
fruit=("苹果","桃子","西瓜","橘子","香蕉","哈密瓜")
vegetables=("白菜","茄子","胡萝卜","菠菜","洋葱")
print("白菜" in fruit)
```

运行结果如图 4-20 所示。

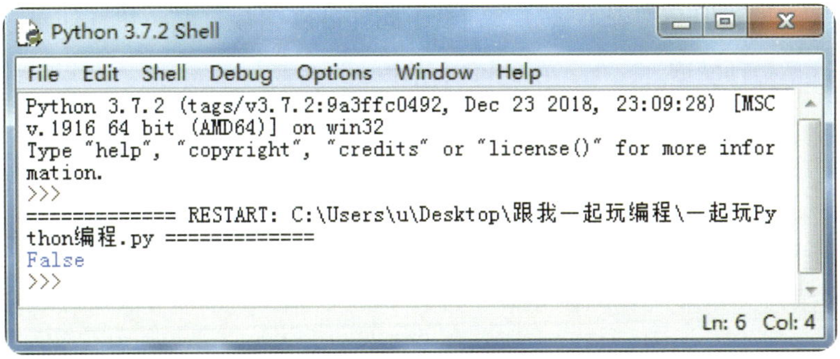

图 4-20　运行结果为 False

这是因为字符串 fruit 中并没有白菜。如果是这样呢？

```
fruit=("苹果","桃子","西瓜","橘子","香蕉","哈密瓜")
vegetables=("白菜","茄子","胡萝卜","菠菜","洋葱")
print("白菜" not in fruit)
```

运行结果如图 4-21 所示。

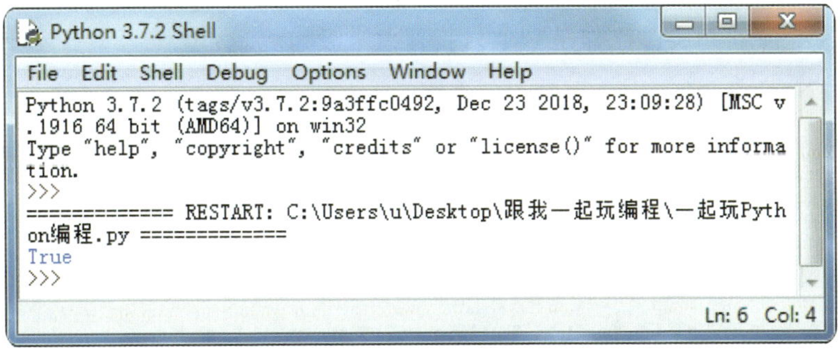

图 4-21　运行结果为 Ture

怎么样，in 和 not in 的用法掌握起来，是不是很简单？

4.3 列表 list 操作及下标的使用方法

我们学习了字符串 str 之后，也学会了对字符串的操作方法，接下来我们来认识另一种非常重要的数据类型——列表 list。

我们知道字符串是由字符组成的，字符串内的每一个数据的数据类型都只能是字符串类型。但是列表不一样，列表中同样可以储存数据，并且列表中储存的数据可以是多种类型。比如，我们可以创建一个列表：

a=["Hello,Python",100,3.14,True,False]

字符串使用 " " 来表示，列表则需要使用中括号 [ ] 来表示。

列表 a 中包含字符串类型、整数类型、浮点数类型和布尔值类型。我们把列表中包含的这些数据类型叫作元素，如图 4-22 所示。表中的元素可以有任意多个类型，每一个元素用逗号隔开。

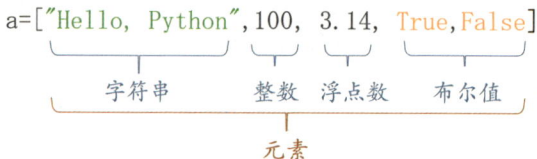

图 4-22 元素示意图

列表本身是可以进行更改的，所以列表属于可变类型数据。

如果把字符串类型比作是一个只装有大米饭的碗，那么列表就相当于一个装了各种菜肴的大盘子。

字符串有下标，列表同样也有下标。列表的下标也是从 0 开始，其中的每一个元素对应一个下标，不管一个元素有多长，都只占用一个下标。如图 4-23 所示。

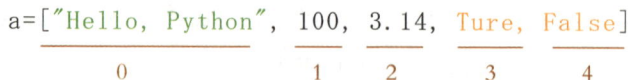

图 4-23 列表的下标示意图

与字符串相同，我们也可以对列表进行"计算、查找、增加、修改和删除"等操作，除此之外，列表还可以做一些不同于字符串的操作。

我们先设定一个简单的列表 a=[3,5,6,3.14,10,5,7,5]，一起学习一下如何对该列表进行不同的操作。

4.3.1　对列表进行计数操作

与字符串相同，对于列表，我们也可以计算两个参数，一个是列表的总长度，另一个是列表内某一个元素出现的次数。

（1）列表总长度

想要获取列表总长度，我们也可以使用 len（列表变量名）函数，比如：

```
a=[3,5,6,3.14,10,5,7,5]
print(len(a))
```

运行结果：8。对应下标为 0 到 7，一共 8 个元素。

（2）计算列表中某一元素出现的次数

与字符串相同，我们可以使用列表变量名 .count（元素）的方式来获取某一元素出现的次数。比如，我们想要获取元素 5 的出现次数，可以使用代码：

```
a=[3,5,6,3.14,10,5,7,5]
print(a.count(5))
```

运行结果：3。元素 5 共出现了 3 次。

如果我们查找一个列表中不存在的元素，结果会显示什么呢？比如我们查找元素 2，并不在列表 a 中。例如：

```
a=[3,5,6,3.14,10,5,7,5]
print(a.count(2))
```

运行结果：0。说明元素 2 在列表中出现次数为 0。

4.3.2　对列表进行查找操作

对于列表，我们也可以有两种查找方式，一种是通过下标查找元素，另一种是通过元素查找下标。此外，还可以查找列表内元素的最大值与最小值，以及重新排列列表元素。

（1）通过元素下标查找元素

我们可以使用列表变量名 [下标] 的方式直接查找对应元素。比如，a=[3,5,6,3.14,10,5,7,5]，我们想要查找下标为 3 的元素，可以使用代码：

```
a=[3,5,6,3.14,10,5,7,5]
print(a[3])
```

运行结果：3.14。下标为 3 的元素是 3.14。

（2）通过元素查找对应下标

我们可以使用列表变量名 .index(元素) 的方式，来查找对应元素的下标。比如，a=[3,5,6,3.14,10,5,7,5]，我们想要查找列表中元素 10 的下标，可以使用代码：

```
a=[3,5,6,3.14,10,5,7,5]
print(a.index(10))
```

运行结果：4。元素 10 的下标为 4。

这里要注意，字符串还可以使用 find 函数来寻找下标，但是列表是不能够使用 find 函数的。

（3）查找列表中最大值，最小值

这是列表具有的一个新功能，我们可以使用 max(列表变量名) 函数和 min(列表变量名) 函数来查找列表内元素的最大值和最小值。比如，a=[3,5,6,3.14,10,5,7,5]，我们想要查找列表 a 内元素的最大值和最小值，可以使用如下代码。

```
a=[3,5,6,3.14,10,5,7,5]
print(max(a))  #max 最大值
print(min(a))  #min 最小值
```

运行结果：10 3。最大值为 10，最小值为 3。当列表元素较多时，我们可以使用 max() 函数和 min() 函数来快速寻找到列表中元素的最大值和最小值。

（4）将列表元素按照顺序重新排列

列表还有一个功能，可以通过函数列表变量名 .sort() 将列表按照从小到大的顺序重新排列。这里要注意，我们不能将重新排列后的列表赋值给新的变量，只能赋值给原来的列表使用的变量。换句话说，重新排列完后，不会产生新列表，而是将原来的列表覆盖。

比如，a=[3,5,6,3.14,10,5,7,5]，我们将 a 列表的元素按照从小到大的顺序重新排列，可以使用如下代码。

```
a=[3, 5, 6, 3.14, 10, 5, 7, 5]
a. sort ()
print (a)
```
而不能写成：
```
a=[3, 5, 6, 3.14, 10, 5, 7, 5]
b=a. sort ()
print (b)
```

运行结果，如图 4-24 所示。

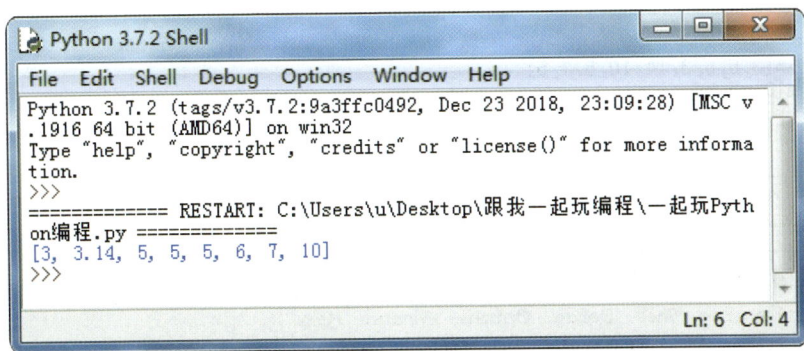

图 4-24 运行结果为 [3, 3.14, 5, 5, 5, 6, 7, 10]

思考题：如果想要从大到小排列，该怎么办呢？（记住这个问题，这样等我们学习下一节列表截取时，就有答案了！）

练习9 对列表 a=[17,4,22,8,30,6,19,3,16]，进行如下操作：

（1）查找下标为 3 的元素。

（2）查找元素 6 的下标。

（3）显示列表 a 中元素的最大值和最小值。

（4）将列表 a 中元素从小到大进行排列。

4.3.3 对列表进行修改操作

列表也可以像字符串一样进行修改操作，包括替换列表中的元素和截取列表。

（1）替换元素

我们学习过字符串的替换，使用的是 replace 函数，那么在列表中如何替换元素呢？在列表中想要替换某个元素，方法更加简单一下，我们不需要新的函数来帮忙，可以直接按照元素下标进行替换，比如，我们希望将列表 a=[3,5,6,3.14,10,5,7,5] 中的元素 3.14 替换成 5.56，确定元素 3.14 下标为 3，我们直接设定 a[3]=5.56 即可，代码如下。

```
a=[3, 5, 6, 3.14, 10, 5, 7, 5]
a[3]=5.56
print(a)
```

运行结果如图 4-25 所示。

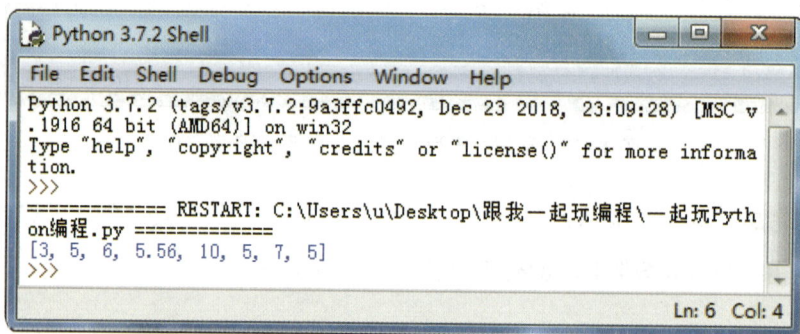

图 4-25　运行结果为 [3, 5, 6, 5.56, 10, 5, 7, 5]

我们发现下标为 3 的元素 3.14 被替换成了 5.56。

使用这种方法，我们可以将列表中任意元素替换成新元素，非常方便。

除了替换新元素以外，我们还可以将列表中的某两个元素进行交换。比如，我们想要将列表 a 的元素 3 和元素 7 交换位置，直接让两个元素的下标交换即可，中间用逗号隔开，a[0],a[6]=a[6],a[0]，代码如下。

```
a=[3, 5, 6, 3.14, 10, 5, 7, 5]
a[0],a[6]=a[6],a[0]          下标为 0 的元素 3 与下标为 6 的元素 7 交换。
print(a)
```

运行结果如图 4-26 所示。

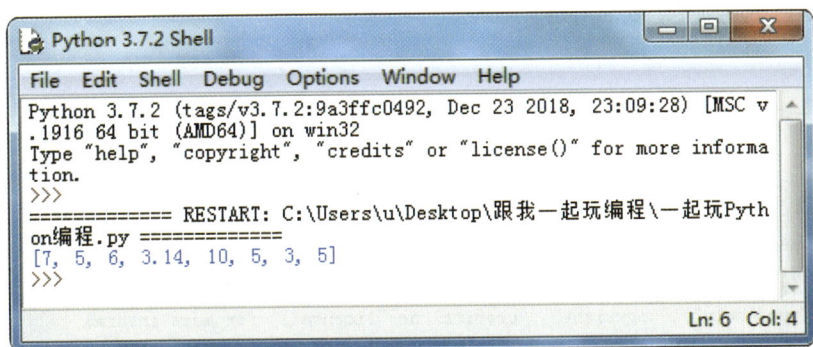

图 4-26　运行结果为 [7, 5, 6, 3.14, 10, 5, 3, 5]

（2）截取列表

截取列表中某些元素的方法和字符串截取完全相同,都可以使用列表变量名 [起始位置下标:结束位置下标:间隔步数] 来完成。

比如,a=[3,5,6,3.14,10,5,7,5],我们想要截取元素 6 到元素 7 的列表,可以使用如下代码。

```
a=[3, 5, 6, 3.14, 10, 5, 7, 5]
print(a[2:7])
```

运行结果如图 4-27 所示。

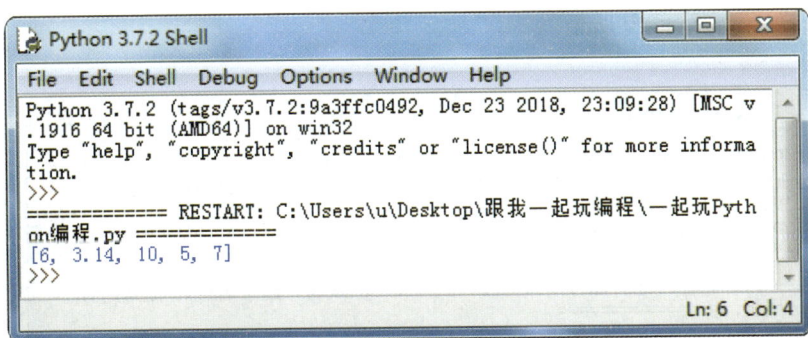

图 4-27　运行结果为 [6, 3.14, 10, 5, 7]

同样的,结束位置下标也要多取一位。我们也可以在最后加入一个参数:设置间隔步数,来间隔选择元素。比如,我们将列表 a 中每两个元素中选取一个元素,可以使用 a[::2],代码如下。

```
a=[3,5,6,3.14,10,5,7,5]
print(a[::2])
```

运行结果如图 4-28 所示。

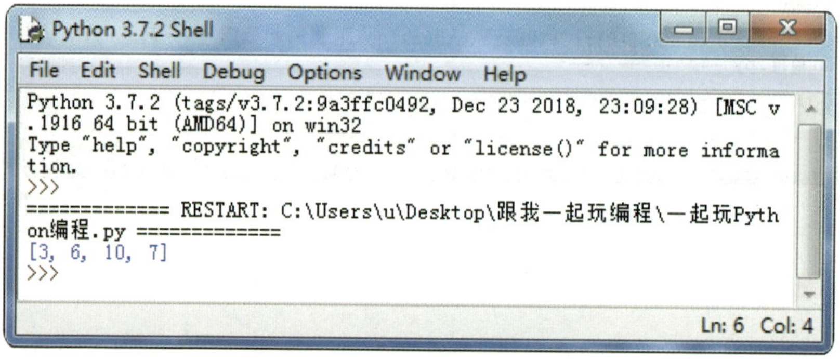

图 4-28　运行结果 [3, 6, 10, 7]

还记得上一节留下的思考题吗？如果想要将一个列表从大到小排列，该怎么做呢？我们可以先将列表 a 使用 sort 函数从小到大排列，再使用列表截取，间隔步数设置为 –1，即从后往前全部截取。使用代码如下。

```
a=[3,5,6,3.14,10,5,7,5]
a.sort()
print(a[::-1])
```

运行结果如图 4-29 所示。

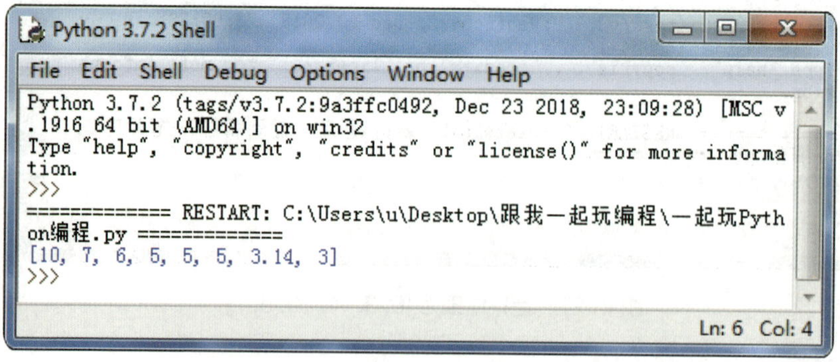

图 4-29　运行结果为 [10, 7, 6, 5, 5, 5, 3.14, 3]

如果把列表反向排序，除了可以使用列表截取 [::–1]，还可以使用 reverse 函数，其基本语法格式为：列表变量名 .reverse()。比如，我们想将列表

a=[3,5,6,3.14,10,5,7,5] 反向排序，代码如下。

```
a=[3,5,6,3.14,10,5,7,5]
a.reverse()
print(a)
```

运行结果如图 4-30 所示。

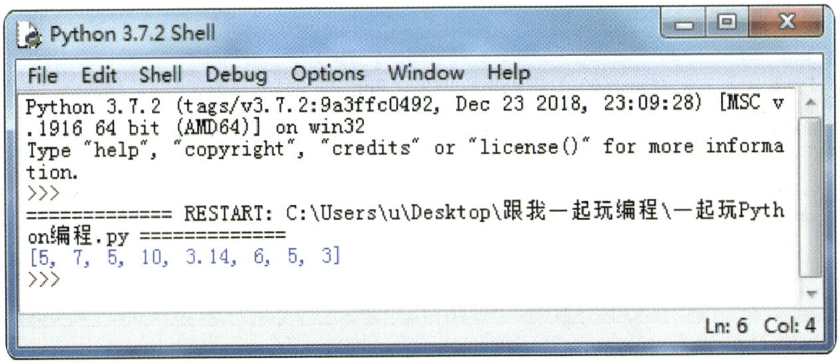

图 4-30　运行结果为 [5, 7, 5, 10, 3.14, 6, 5, 3]

因为列表截取方法和字符串完全相同，所以这里就不再赘述了。

对列表 a=[17,4,22,8,30,6,19,3,16] 进行如下操作。

（1）将元素 22 和元素 19 位置进行交换。

（2）截取元素 4 到元素 3 的部分列表。

（3）将列表元素从大到小排列。

4.3.4　增加列表元素和删除列表元素

除了与字符串相同的操作外，我们再来介绍一下与字符串不同的列表操作——增加列表元素和删除列表元素。

（1）增加列表元素

我们知道字符串可以通过加法进行拼接，也可以通过乘法进行多次复制，这两种功能在列表中也同样适用。例如：a=[3,5,6,3.14,10,5,7,5]，b=[12,13,14,15]，我们使用加法将两个列表进行拼接，代码如下。

```
a=[3, 5, 6, 3.14, 10, 5, 7, 5]
b=[12, 13, 14, 15]
c=a+b
print(c)
```

运行结果如图 4-31 所示。

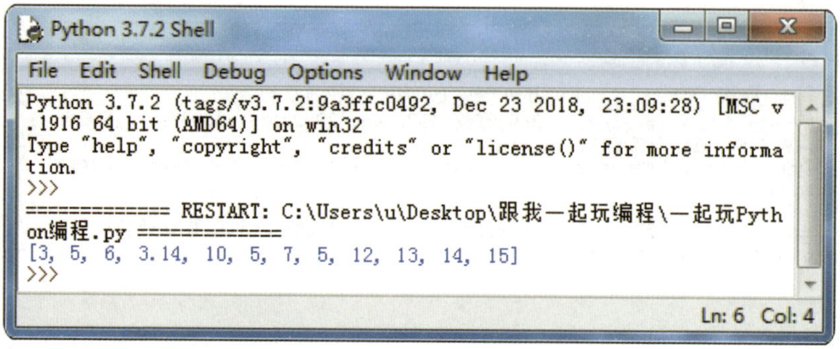

图 4-31　运行结果为 [3, 5, 6, 3.14, 10, 5, 7, 5, 12, 13, 14, 15]

我们再对列表 b 进行乘法复制。例如：b*3，代码如下。

```
b=[12, 13, 14, 15]
print(b*3)
```

运行结果如图 4-32 所示。

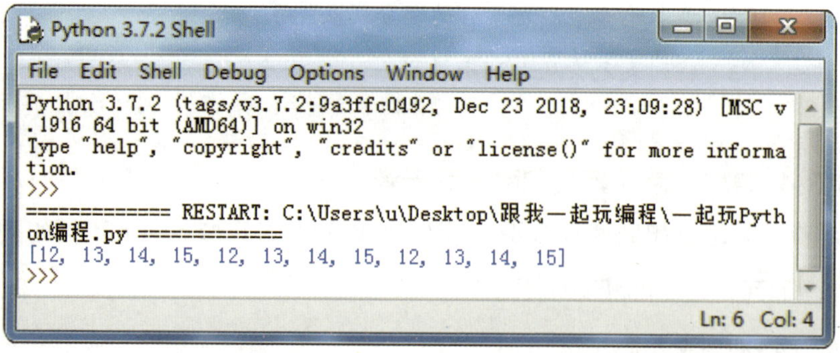

图 4-32　运行结果为 [12, 13, 14, 15, 12, 13, 14, 15, 12, 13, 14, 15]

列表除了以上操作外，我们还可以对列表中任意位置直接加入新元素，方法如下。

a. 如果我们想要在列表末尾增加一个新元素，可以使用列表变量名 .append

（新元素）来完成。

b. 如果我们想要在列表的某个位置插入新元素，可以使用列表变量名 .insert（下标，新元素）来完成。

c. 如果我们想要在列表末尾增加多个元素，除了使用加法外，还可以使用列表变量名 .extend([多个元素]) 来完成。

比如，我们在列表 a=[3,5,6,3.14,10,5,7,5] 的末尾增加一个元素 33，可以使用列表变量名 .append（新元素）函数完成，代码如下。

```
a=[3, 5, 6, 3.14, 10, 5, 7, 5]
a. append(33)
print (a)
```

运行结果：[3, 5, 6, 3.14, 10, 5, 7, 5, 33]。新元素 33 被我们成功地增加到了列表结尾。

如果我们想把新元素 33 增加到元素 3.14 后面，该怎么做呢？我们可以使用列表变量名 .insert（下标，新元素）的方法，代码如下。

```
a=[3, 5, 6, 3.14, 10, 5, 7, 5]
a.insert(4, 33)
print (a)
```

运行结果如图 4-33 所示。

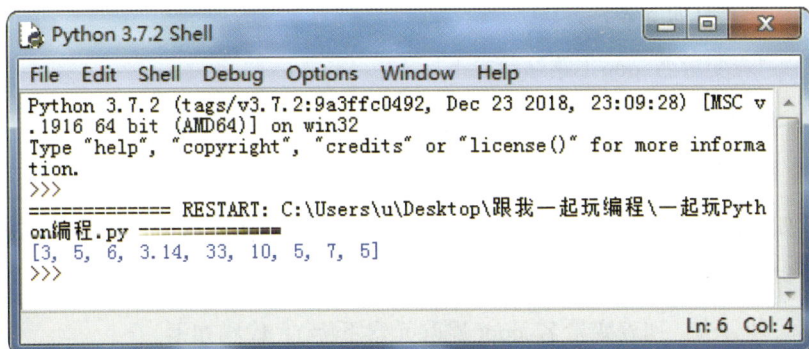

图 4-33　运行结果为 [3, 5, 6, 3.14, 33, 10, 5, 7, 5]

如果我们想要把多个元素直接加入到列表后面，可以使用**列表变量名 .extend**（[多个新元素]）来完成。比如，a=[3,5,6,3.14,10,5,7,5]，b=[12,13,14,15]，我们将列表 b 中的元素都加入列表 a 后面，代码如下。

```
a=[3, 5, 6, 3.14, 10, 5, 7, 5]
a.extend([12, 13, 14, 15])
print(a)
```

或者

```
a=[3, 5, 6, 3.14, 10, 5, 7, 5]
b=[12, 13, 14, 15]
a.extend(b)
print(a)
```

运行结果如图 4-34 所示。

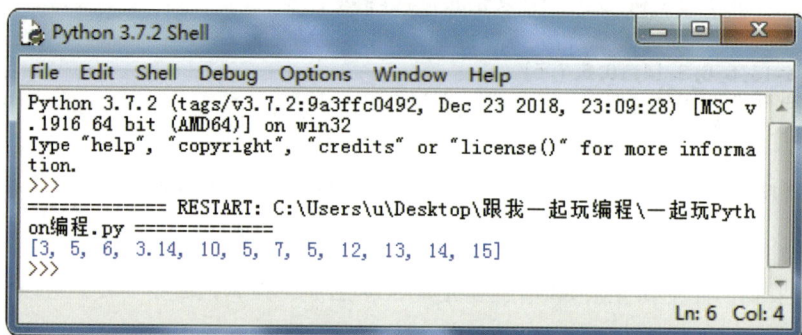

图 4-34　运行结果为 [3, 5, 6, 3.14, 10, 5, 7, 5, 12, 13, 14, 15]

这 3 种列表增加元素的方法，你学会了吗？

（2）删除列表元素

列表的操作除了可以添加我们想要的元素外，还可以删除我们不想要的元素。删除元素一共有如下 3 种方法。

① 列表变量名 .pop（删除元素下标）。

② del 列表变量名 [删除元素下标]。

③ 列表变量名 .remove（删除元素）。

例如：我们想要删除列表 a=[3,5,6,3.14,10,5,7,5] 中元素 3.14，对应的下标为 3，所以可以使用如下方法。

第一种方法：列表变量名 .pop(删除元素下标)，代码如下。

```
a=[3, 5, 6, 3.14, 10, 5, 7, 5]
a.pop(3)
print(a)
```

运行结果如图 4-35 所示。

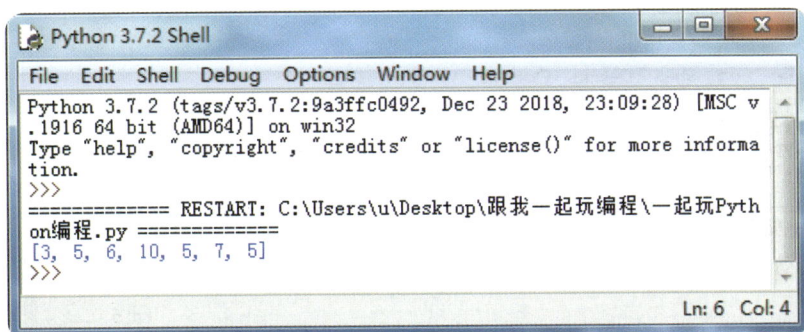

图 4-35　运算结果为 [3, 5, 6, 10, 5, 7, 5]

第二种方法：del 列表变量名 [删除元素下标]，代码如下。

```
a=[3,5,6,3.14,10,5,7,5]
del a[3]
print(a)
```

运行结果如图 4-36 所示。

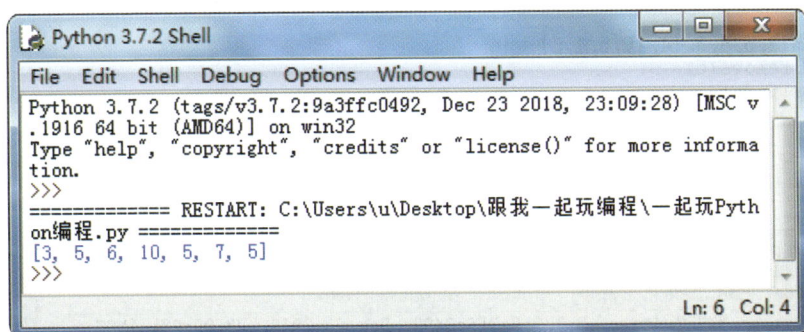

图 4-36　运行结果为 [3, 5, 6, 10, 5, 7, 5]

第三种方法：列表变量名 .remove(删除元素)，代码如下。

```
a=[3,5,6,3.14,10,5,7,5]
a.remove(3.14)
print(a)
```

运行结果如图 4-37 所示。

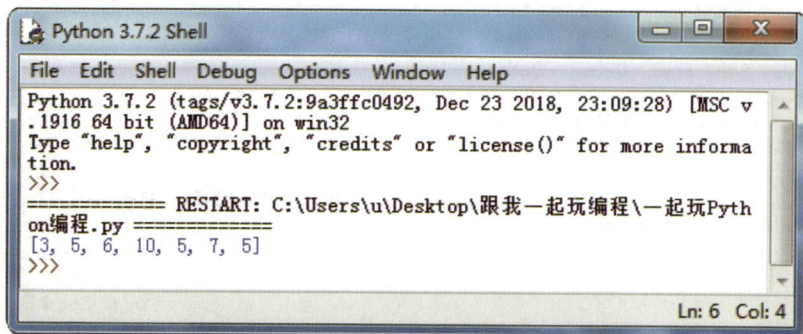

图 4-37　运行结果为 [3, 5, 6, 10, 5, 7, 5]

　　3 种方法中，只有 remove() 函数需要的参数是元素本身，其他两种方法，都只需要下标即可。

　　注意 1：使用 remove() 函数删除元素时，如果删除的元素列表中不止一个，那么使用 remove() 函数进行删除时，只会删除第一个元素。比如，我们想要删除列表 a=[3,5,6,3.14,10,5,7,5] 中的元素 5，代码如下。

```
a=[3, 5, 6, 3.14, 10, 5, 7, 5]
a.remove(5)
print(a)
```

　　运行结果如图 4-38 所示，只有第一个元素 5 被删除了，后面的元素 5 还保留着。

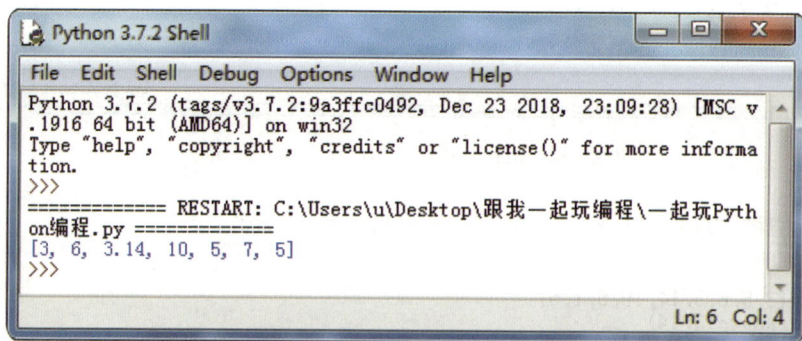

图 4-38 运行结果为 [3, 6, 3.14, 10, 5, 7, 5]

　　注意 2：使用 pop 函数删除元素时，如果括号内不填写任何下标参数，则默认删除最后一个元素。例如 a=[3,5,6,3.14,10,5,7,5]，我们使用 a.pop() 进行元素删除。

```
a=[3, 5, 6, 3.14, 10, 5, 7, 5]
a.pop()
print(a)
```

运行结果如图 4-39 所示，最后一个元素 5 就被删除掉了。

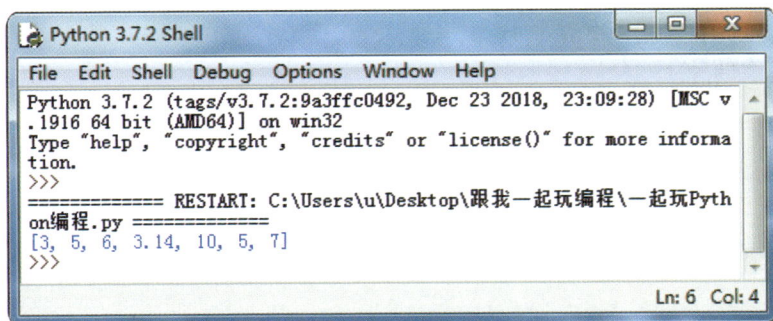

图 4-39　运行结果

4.3.5 split 和 join

列表和字符串也是可以相互转换的。我们可以使用 split() 函数将字符串分割成列表，用 join() 函数将列表转换成字符串。

例如：有一个字符串 a=" 太阳 , 地球 , 土星 , 金星 , 水星 , 木星 , 火星 "，我们可以使用 split 将这个字符串分割成列表，代码如下。

```
a="太阳,地球,土星,金星,水星,木星,火星"
b=a.split(",")
print(b)
```
分隔符

运行结果如图 4-40 所示。

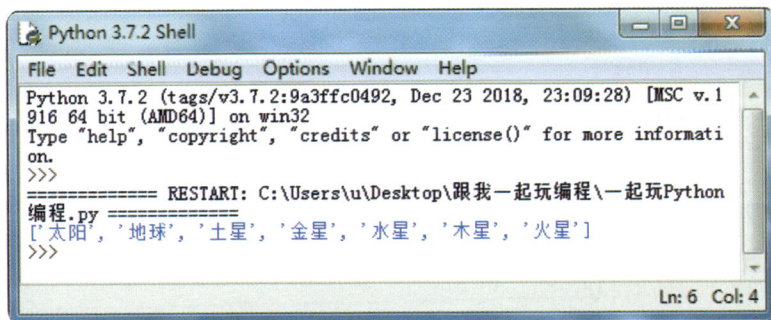

图 4-40　运行结果为 [' 太阳 ',' 地球 ',' 土星 ',' 金星 ',' 水星 ',' 木星 ',' 火星 ']

b=a.split(",")，表示以逗号为分隔符，将字符串 a 分割成列表，将列表赋值给 b。

同样的，我们可以使用 join() 函数将列表转换成字符串。比如，我们在刚才的基础上加入变量 c，使用 c=" ,".join(b)，将列表 b 中的元素用逗号分隔后形成新的列表 c，代码如下。

```
a="太阳,地球,土星,金星,水星,木星,火星"
b=a.split(",")
print(b)                    分隔符

c=",".join(b)
print(c)
```

运行结果如图 4-41 所示。

```
Python 3.7.2 Shell

File  Edit  Shell  Debug  Options  Window  Help

Python 3.7.2 (tags/v3.7.2:9a3ffc0492, Dec 23 2018, 23:09:28) [MSC v
.1916 64 bit (AMD64)] on win32
Type "help", "copyright", "credits" or "license()" for more informa
tion.
>>>
============ RESTART: C:\Users\u\Desktop\跟我一起玩编程\一起玩Pyth
on编程.py ============
['太阳', '地球', '土星', '金星', '水星', '木星', '火星']
太阳,地球,土星,金星,水星,木星,火星
>>>       分隔符
                                                    Ln: 7  Col: 4
```

图 4-41　运行结果

如果我们将分隔符改为其他符号，也会形成新的字符串。比如，我们使用 #号作为新字符串的分隔符 c="#".join(b)，具体代码如下。

```
a="太阳,地球,土星,金星,水星,木星,火星"
b=a.split(",")
print(b)
        分隔符

c="#".join(b)
print(c)
```

运行结果如图 4-42 所示。

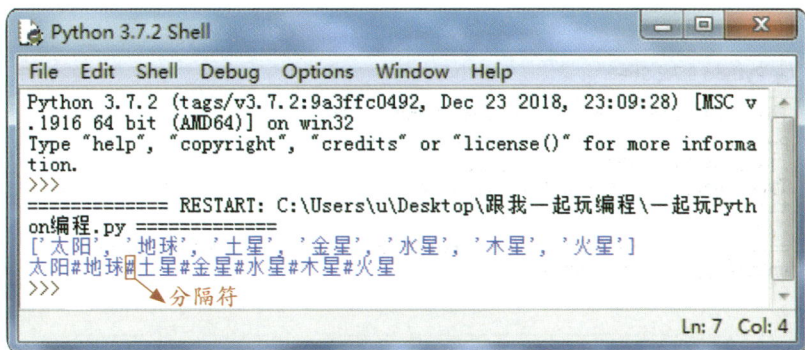

图 4-42　运行结果

4.3.6 列表的嵌套

通过列表的学习，我们学会了列表的"计算、增加、修改、删除和查找"等操作。并且与字符串相比，我们知道列表中的元素可以是任意类型。我们前面使用的列表和元素都是字符串、整数或者浮点数类型。那么问题来了，列表里的元素能否是列表呢？

比如，列表 a0=[1,2,3]，a1= [True,False]，a2= ["Python","world"] ，我们可以看到，列表 a0 的元素是整数，列表 a1 的元素是布尔值，列表 a2 的元素是字符串，现在把这 3 个列表分别作为元素，组成一个新列表 a，如下所示。

a=[[1,2,3],[True,False],["Python","world"]]

这种列表元素本身也是列表的形式，叫作列表的嵌套，或者叫二维列表。跟普通的列表一样，也有对应的下标，也可以对列表进行"计算、增加、修改、删减和查找"等操作。

```
a=[[1,2,3],[True,False],["Python","world"]]
下标    0        1              2
```

当我们想要获取列表 a 中的某一个元素时，可以使用我们讲过的方法。比如，我们想要获取下标为 1 的元素，代码如下。

```
a=[[1,2,3],[True,False],["Python","world"]]
print(a[1])
```

运行结果如图 4-43 所示。

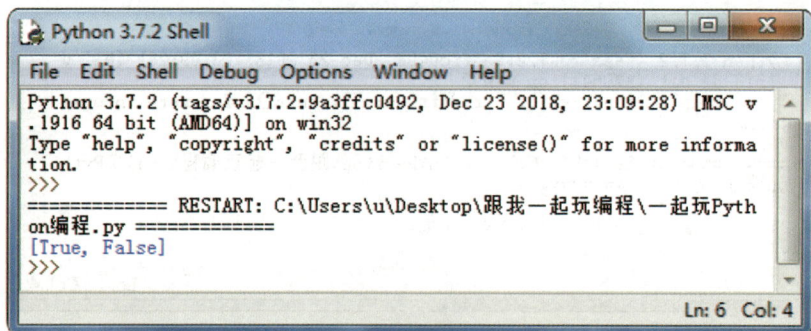

图 4-43　运行结果为 [True, False]

我们现在获取了下标为 1 的元素，也就是元素为布尔值的列表 a1。

```
a=[[1, 2, 3], [True, False], ["Python", "world"]]
        0              1                2
```

那么，如果我们想要获取列表 a1 中的元素 True，应该怎么办呢？

```
a=[[1, 2, 3], [True, False], ["Python", "world"]]
        0              1                2
```

这时，我们可以分两步进行：先获取到列表 a 下标为 1 的元素，也就是列表 a1；再获取列表 a1 的元素 True，就可以了。其具体代码如下所示。

```
a=[[1, 2, 3], [True, False], ["Python", "world"]]
a1=a[1] #获取列表a下标为1的元素[True, False]
a1_0=a1[0] #再获取列表a1中的下标为0的元素True
print(a1_0)
```

运行结果如图 4-44 所示。

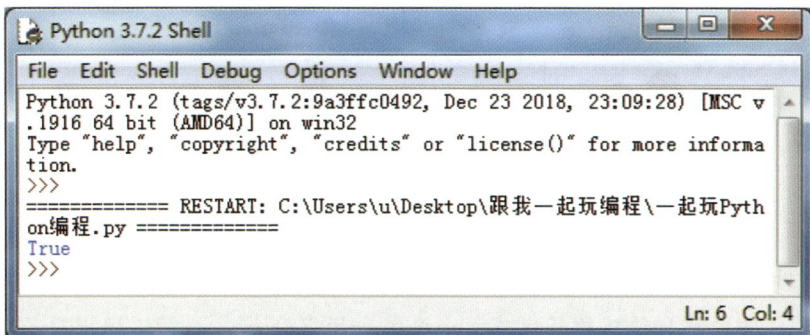

图 4-44 运行结果为 True

这个过程我们可以简写为：a1_0=a[1][0]，完整代码如下。

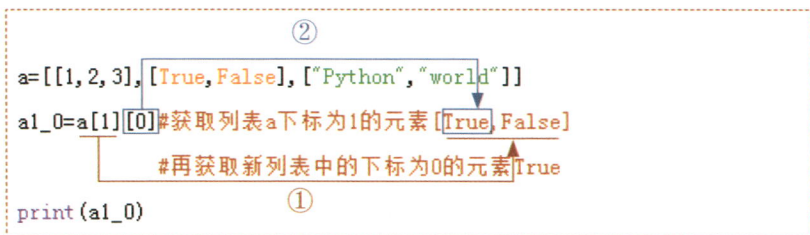

运行结果如图 4-45 所示。

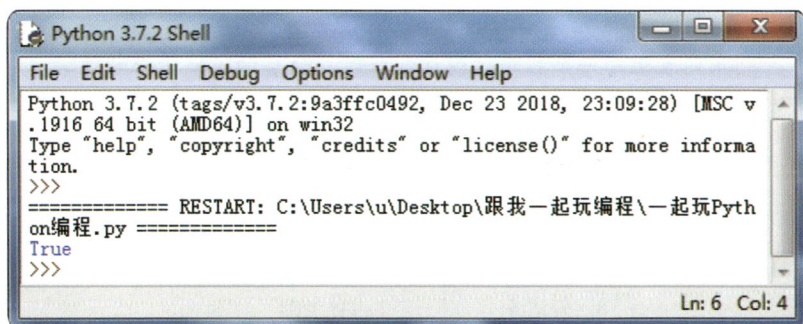

图 4-45 运行结果为 True

整个过程非常像 1 个大箱子里装着 3 个小箱子，每个小箱子里又装着不同的玩具，当我们想拿到某 1 个小箱子里的玩具时，需要分两步进行操作：第一步打开大箱子拿到小箱子，第二步打开小箱子拿到玩具。

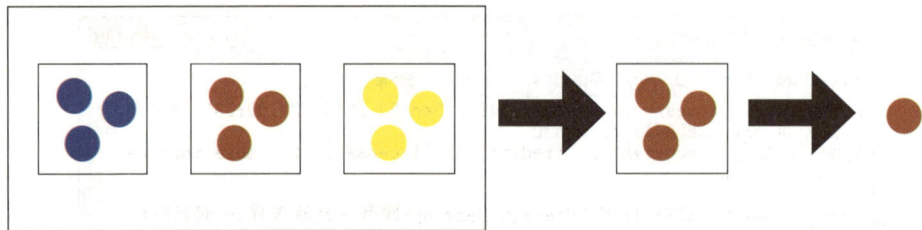

练习11　学校举行篮球投篮比赛，小派第一场得分是 20，第二场得分是 18，第三场得分是 27，第四场得分是 16，第五场得分是 19，第六场得分 10，第七场得分 21。

（1）使用列表来表示小派 7 场比赛的得分。

（2）由于漏判，第二场分数少了 6 分，请改正过来。

（3）最后加赛一场，小派得到了 25 分。

（4）去掉一个最低分，去掉一个最高分。

将更改后的列表显示出来，然后使用控制台输入制作一个程序，当输入场次时，显示出小派的得分。

练习12　利用列表编写一个程序，查询学科时，会自动报出授课教师。

学科	授课教师
1. 语文	赵老师
2. 数学	钱老师
3. 外语	孙老师
4. 编程	李老师

4.4 元组 tuple 的操作及下标的使用方法

元组与列表相同，也是一种可以储存数据的容器。元组数据的表现方式是使用小括号将数据括起来。比如，我们设置一个元组类型数据：a=(1,2,3,4,5,6)，里面的每一个数据与列表相同，也叫作元素。

元组也有下标，我们可以通过下标来查找元组内的某个元素。但是，与列表相比，元组有一个最大的特点，就是元组内的值是不可更改的，我们把这种数据类型叫作不可变类型。所以对于一个元组数据，我们无法像列表一样，对其中的元素进行"删除、添加、更改"等操作，只能进行"计数、查询、截取"操作。而进行这些操作，使用方法与列表完全相同。

我们创建一个元组 a=（1,2,3,4,5,6,2,7,2），然后对其进行操作。

4.4.1 对元组进行计数操作

（1）计算元组总长

我们使用 len() 函数，可以计算出元组的总长。比如，元组 a=(1,2,3,4,5,6,2,7,2)，使用 len () 函数，代码如下。

```
a=(1, 2, 3, 4, 5, 6, 2, 7, 2)
print(len(a))
```

运行结果：9。这说明元组 a 有 9 个元素。

（2）计算元组中某一个元素的出现次数

我们使用 count() 函数，可以计算出元组中某一个元素的出现次数。比如，我们想要计算出元组 a=(1,2,3,4,5,6,2,7,2) 中元素 2 出现的次数，可以使用如下代码。

```
a=(1, 2, 3, 4, 5, 6, 2, 7, 2)
print(a. count (2))
```

运行结果：3。元素 2 共出现了 3 次。

4.4.2 对元组进行查找操作

与列表相同，我们可以在元组中通过元素查找对应下标，也可以通过下标查找对应的元素。

（1）通过元素查找下标

我们使用 index() 函数可以查找元素下标。比如，我们想要查找元组 a=(1,2,3,4,5,6,2,7,2) 中元素 7 的下标，可以使用代码：

```
a=(1, 2, 3, 4, 5, 6, 2, 7, 2)
print(a.index(7))
```

运行结果：7。元素 7 的下标是 7。

（2）通过下标查找元素

我们使用元组变量名 [下标] 的方式，可以查找下标对应的元素。比如，我们想要查找到元组 a=(1,2,3,4,5,6,2,7,2) 下标为 6 的元素，可以使用代码：

```
a=(1, 2, 3, 4, 5, 6, 2, 7, 2)
print(a[6])
```

运行结果：2。元组内下标为 6 的元素是 2。

（3）查找元组中最大值和最小值

这是与列表相同的一个功能，我们可以使用 max（元组变量名）函数和 min（元组变量名）函数来查找元组内元素的最大值和最小值。比如，我们想要查找元组 a=(1,2,3,4,5,6,2,7,2) 内元素的最大值和最小值，可以使用如下代码。

```
a=(1, 2, 3, 4, 5, 6, 2, 7, 2)
print(max(a))
print(min(a))
```

运行结果为 7 1 。元组内最大值为 7，最小值为 1。

4.4.3 对元组进行截取操作

对元组进行截取操作的方法，与对字符串和列表进行截取的方法完全相同。我们可以使用元组变量名 [起始位置下标：结束位置下标：间隔步数] 来完成。比如，我们想要截取 a=(1,2,3,4,5,6,2,7,2) 中从元素 3 到元素 6 的元组，可以使用如下代码。

```
a=(1, 2, 3, 4, 5, 6, 2, 7, 2)
print(a[2:6])
```

运行结果：(3, 4, 5, 6)。

同样的想要倒序元组，也可以使用截取操作：

```
a=(1,2,3,4,5,6,2,7,2)
print(a[::-1])
```

运行结果：(2, 7, 2, 6, 5, 4, 3, 2, 1)。

相信你一定有一个疑问，既然元组和列表那么像，元组又是不可变的，没有列表灵活，那么，为什么要引入元组这个数据类型呢？这是因为当我们需要设定一组关联性很强的数据时，为了防止这组数据被随意更改，就会用到元组数据类型。比如，当我们设定一个坐标（100,200,300），它们对应 x、y、z 三维坐标系，具有很强的相关性，同时我们也不希望这组数据被随意更改，那么我们就可以用元组来储存这组数据。

4.5 利用 type() 来查询数据类型

我们学习了那么多数据类型，如整型、浮点型、布尔值、列表、元组等，知道了整型数据就是整数，浮点型数据有小数点，字符串用""表示，元组用 () 表示，列表用 [] 表示，这些都是我们分辨数据类型的方法。其实还有一种方法，可以让 Python 主动告诉我们输入的数据属于哪种数据类型。这时，我们就需要用到 type() 函数来完成。我们举个例子来看，例如：

a=12　　b=12.5　　c=False

d="Python" e=(1,2,3.14) f=[" 编程 ",2,3,4,True]

通过观察，我们可以知道 a、b、c、d、e、f 分表代表我们学习过的 6 种数据类型。这时我们可以用 type() 来判断它们的数据类型。首先，我们先来判断变量 a 的数据类型。

```
a=12            #整数      int
b=12.5          #浮点数    float
c=False         #布尔值    bool
d="Python"      #字符串    str
e=(1,2,3.14)    #元组      tuple
f=["列表",2,3,4,True]  #列表   list

print(type(a))
```

运行结果如图 4-46 所示。

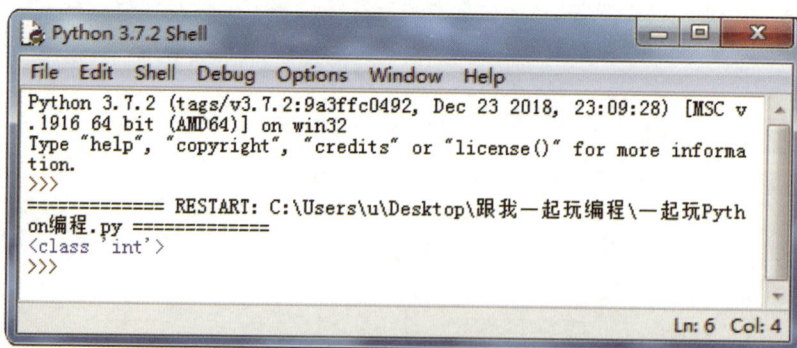

图 4-46　运行结果

通过运行程序，我们可以看到变量 a 是一个 int 型数据，也就是整数型数据。

接着，我们再来判断一下其他类型，看看和你想的一样吗？

```
a=12                      #整数      int
b=12.5                    #浮点数    float
c=False                   #布尔值    bool
d="Python"               #字符串    str
e=(1, 2, 3. 14)          #元组      tuple
f=["列表", 2, 3, 4, True]  #列表      list


print(type(a))
print(type(b))
print(type(c))
print(type(d))
print(type(e))
print(type(f))
```

运行结果如图 4-47 所示。

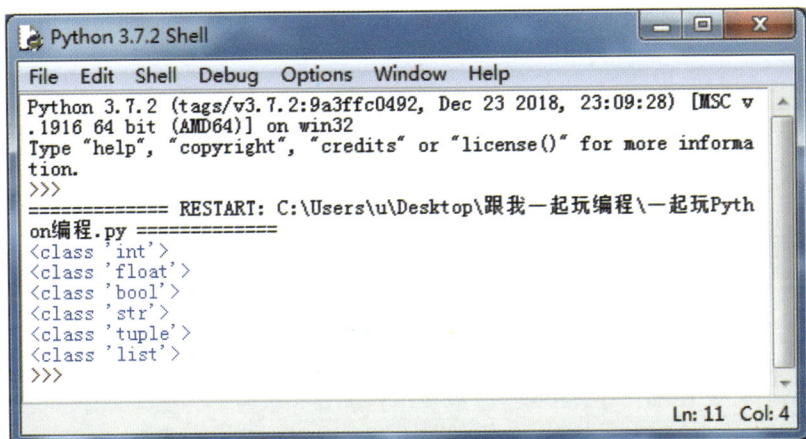

图 4-47　运行结果

这时，Python 控制台上会显示出每一种数据类型。class 代表"类"，class'int' 代表"类"属于整数。

我们也可以不使用变量，直接判断数据类型，代码如下。

```
print(type(12))
print(type(12.5))
print(type(False))
print(type("Python"))
print(type((1, 2, 3.14)))
print(type(["列表", 2, 3, 4, True]))
```

结果与刚才是一样的。

使用 type() 函数可以帮助我们快速地判断出某组复杂数据的类型，从而更好地对数据进行操作。

方法很简单，相信你一定学会了。

由于方法较多，我们可以制作一个表格，如表 4-1 来更直观地进行对比。

表 4-1 字符串、列表与元组对比

	判断数据类型	替换	增加	删减	查找	计数	截取	获取长度
字符串 "a" 由字符组成		a.replace(" 字符 "," 字符 ") 字符替换		a.replace(" 字符 ",) 空字符替换即可删除	a.index（字符）通过字符查找下标 a.find(字符)通过字符查找下标 a[下标]通过下标查找字符	a.count(" 字符 ") 计算字符出现次数		
列表 [a] 由元素组成	type（a）	a[4],a[5]=a[5],a[4] 下标 4 元素与下标 5 元素互换 a[下标]=元素将下标位置改为新元素	a.append(5) 末尾增加元素 a.insert(下标,元素)在下标位置加入元素 a.extend([多个元素])末尾增加多个元素	a.pop() 删除最后一个元素 a.pop(下标)删除下标元素 del a[下标]删除下标元素 a.remove[元素]删除元素	a[下标]通过下标查找元素 a.indel(元素)通过元素查找下标 max(a)查找最大值; min(a)查找最小值 a.sort()列表顺序排列			
元组 [a] 由元素组成		元组不能进行删除元素，增加元素等操作			a[下标]通过下标查找元素 a.index（元素）通过元素查找下标 max（a）查找最大值; min(a)查找最小值	a.count（元素）计算元素出现次数	a[起始:终止:间隔]	len(a)

4.6 认识字典

前面我们学习了主要的几种数据类型：字符串、整数、浮点数、布尔值、列表、元组。其中字符串是存储字符数据的一种容器，可以通过下标对内部储存的字符进行操作；列表和元组也是一种存储数据的容器，存储在列表和元组中的数据叫作元素，并且元素种类可以是多样的，我们也可以使用下标对其中的元素进行操作。

接下来，我们来介绍一种新的存储数据的容器——字典。一说到字典，我们的脑海中闪过的第一个词是什么？查字典！当我们遇到不会读的或者不会写的字，第一反应就是去查字典。而在 Python 中，字典是一种特殊的数据类型。字典与列表相同，属于可变数据类型，内部可以存储任意类型的数据，也可以对内部数据进行"查找、删除、增加、更改"等操作。

但是，字典内部的数据不是一个单独的元素，而是以键值对：Key（键）—Value（值）的形式出现，并且使用大括号 {} 表示。比如，我们可以创建一个字典：d={" 男生 ":25," 女生 ":28} 来表示一个班级中男生与女生的人数。其中 " 男生 "、" 女生 " 两个数据叫作"键"，其后面的 25、28 两个数据叫作"值"，一个键和一个值之间用冒号连接，形成一个"键值对"，如图 4-48 所示。

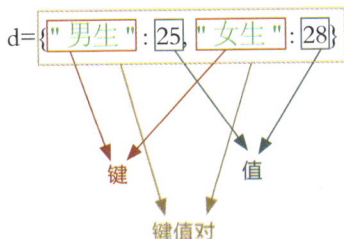

图 4-48　键值对比分析图

所以，字典的格式可以写成：变量名 ={ 键 1: 值 1, 键 2: 值 2, 键 3: 值 3}，其中每一个键不能重复，并且所有键必须是不可变类型（字符串或者元组）。值可以是任意类型。

使用字典，我们不需要再使用下标对字典内的数据进行操作，而是通过键来对值进行"查找、增加、删除、修改"等操作。就好像我们查字典时通过拼音查

找汉字一样。我们创建一个新的字典来表示语文、数学、英语 3 个科目的成绩，

d={" 语文 ":93," 数学 ":97," 英语 ":94}

4.6.1　查找字典内的值

查找字典的值与列表查找元素的操作相同，只不过查找列表元素使用的是下标，而字典查找值使用的是键。比如，当我们想要查找数学成绩的时候，可以使用中括号变量 [键] 来完成，代码如下。

```
d={"语文":93,"数学":97,"英语":94}
print(d["数学"])
```

运行结果如图 4-49 所示。

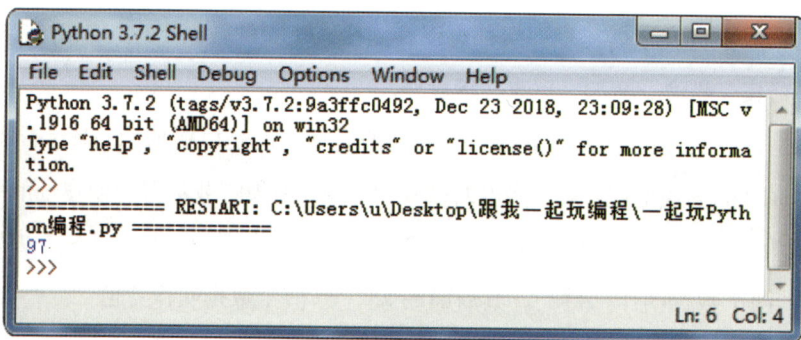

图 4-49　运行结果

4.6.2　更改字典内的值

如果我们想要更改字典中的值，也是通过找到值对应的键，然后直接赋值就可以。比如，我们想要把数学成绩从 97 更改为 100，代码如下。

```
d={"语文":93,"数学":97,"英语":94}
d["数学"]=100
print(d)
```

运行结果如图 4-50 所示。

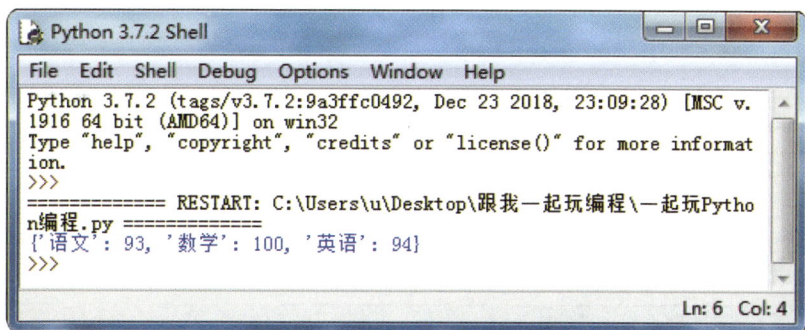

图 4-50 运行结果

4.6.3 增加字典元素

我们想要增加字典内的元素，需要增加的必须也是键值对，而不能是单独的键或者值。增加字典元素的方法也很简单，使用变量名 [新键]= 新值，直接将新的键赋值就可以。比如，我们想要增加一个新的键值对，编程成绩是 99 分，代码如下。

```
d={"语文":93,"数学":97,"英语":94}
d["编程"]=99
print (d)
```

运行结果如图 4-51 所示。

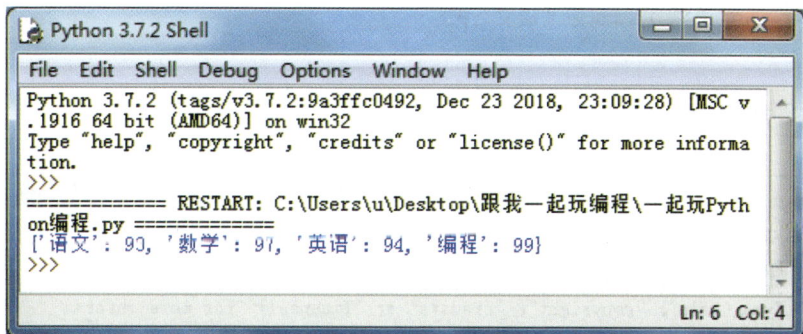

图 4-51 运行结果

新增加的键值对会直接加到字典的末尾。

使用这种方法只能增加一个元素，如果我们想在字典中增加多个元素，可以使用 update() 来完成。比如，我们想要在原字典后加入体育：100，物理：92，化学：

94，我们可以把后加入的 3 个元素当作一个新字典，使用 update() 函数可以将新
字典加入到原字典中。

```
d={"语文":93,"数学":97,"英语":94}
d.update({"体育":100,"物理":92,"化学":94})
print(d)
```

运行结果如图 4-52 所示。

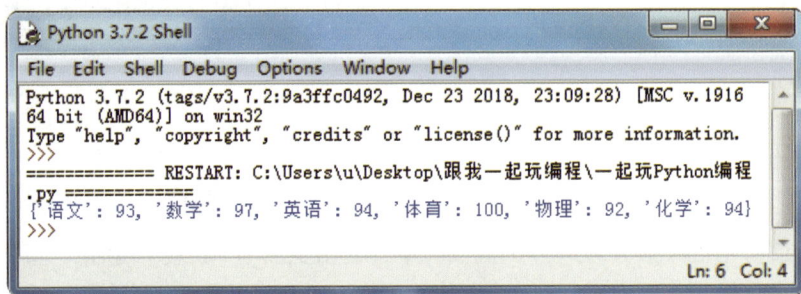

```
Python 3.7.2 Shell

File  Edit  Shell  Debug  Options  Window  Help

Python 3.7.2 (tags/v3.7.2:9a3ffc0492, Dec 23 2018, 23:09:28) [MSC v.1916
64 bit (AMD64)] on win32
Type "help", "copyright", "credits" or "license()" for more information.
=========== RESTART: C:\Users\u\Desktop\跟我一起玩编程\一起玩Python编程
.py ==============
{'语文': 93, '数学': 97, '英语': 94, '体育': 100, '物理': 92, '化学': 94}
>>>
                                                        Ln: 6  Col: 4
```

图 4-52　运行结果

4.6.4 删除字典中的元素

删除字典中的元素，我们只需要删除键，对应的键值对就会全部被删除，我
们可以使用变量名 .pop(键) 来完成。比如，我们想要删除语文成绩。

```
d={"语文":93,"数学":97,"英语":94}
d.pop("语文")   #删除 "语文":93
print(d)
```

运行结果如图 4-53 所示。

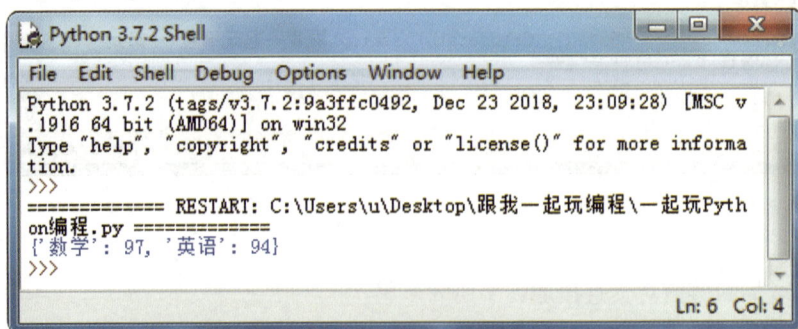

```
Python 3.7.2 Shell

File  Edit  Shell  Debug  Options  Window  Help

Python 3.7.2 (tags/v3.7.2:9a3ffc0492, Dec 23 2018, 23:09:28) [MSC v
.1916 64 bit (AMD64)] on win32
Type "help", "copyright", "credits" or "license()" for more informa
tion.
>>>
=========== RESTART: C:\Users\u\Desktop\跟我一起玩编程\一起玩Pyth
on编程.py ==============
{'数学': 97, '英语': 94}
>>>
                                                        Ln: 6  Col: 4
```

图 4-53　运行结果

但是，在删除字典中元素时，我们删除的元素必须是包含在字典中的，如果我们删除的元素并不在字典中，程序就会报错。比如，我们想要删除生物：90，这个元素并不在原列表中，代码如下。

```
d={"语文":93,"数学":97,"英语":94}
d.pop("生物")
print(d)
```

运行结果如图 4-54 所示。

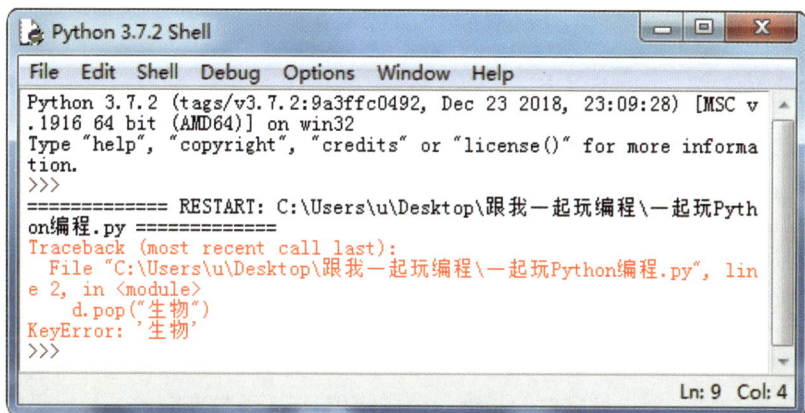

图 4-54　运行结果

Python 会提示我们，KeyError——键错误，说明我们要删除的键是有问题的。所以，在删除字典中某一个元素时，要保证这个元素是包含在字典中的。

如果我们想要删除字典内所有元素，可以使用 clear() 函数来清空字典。比如，我们要清空掉字典，可以直接使用如下代码。

```
d={"语文":93,"数学":97,"英语":94}
d.clear()    #清空字典
print(d)
```

运行结果如图 4-55 所示。

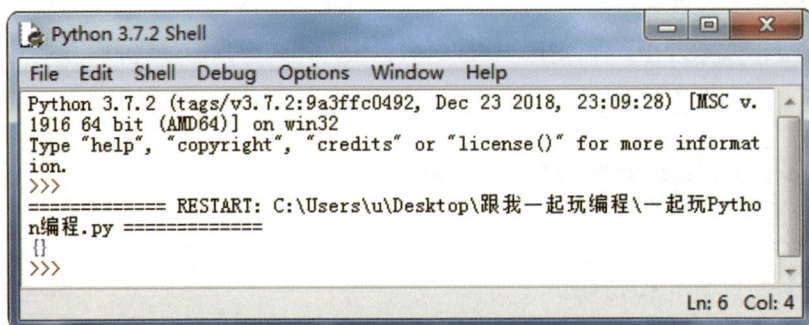

图 4-55　运行结果

经过删除后，我们会得到一个空字典。

通过以上操作，你发现了什么规律吗？在我们使用字典时，无论进行什么操作，都是对字典中的"键"来操作。当我们操作"键"时，对应的"值"会跟着产生变化，我们一直都是通过"键"→"值"。是不是跟我们查字典时，通过拼音查找到汉字的过程很相似？

除了可以对字典进行"查找、更改、增加、删除"等操作外，也可以像字符串、列表、元组一样，来计算字典的长度，同样使用 len() 函数来完成，其代码如下。

```python
d={"语文":93,"数学":97,"英语":94}
print(len(d))      #计算字典总长
```

运行结果如图 4-56 所示。

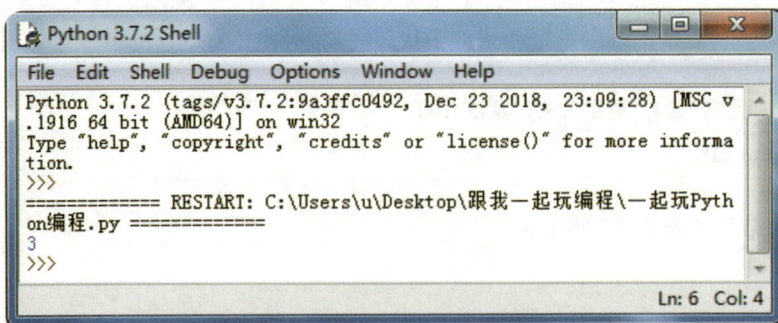

图 4-56　运行结果

因为字典中元素都是以"键值对"出现，所以每一个键值对是一个元素，我们的字典有 3 个键值对，字典总长度是 3。

同样的，**字典也可以通过前缀转换成字符串、列表、元组的数据类型**。比如：

```
d={"语文":93,"数学":97,"英语":94}
print(str(d))          #字典转换为字符串
print(list(d))         #字典转换成列表
print(tuple(d))        #字典转换成元组
```

运行结果如图 4-57 所示。

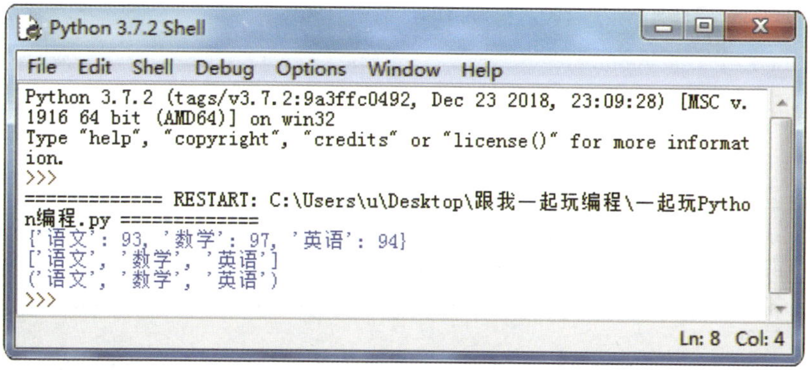

图 4-57　运行结果

最后，我们可以通过 in 或 not in 来判断"键"是否包含在字典中，输出结果是一个布尔值。比如，我们想要判断一下体育是否包含在字典 d 中，可以使用如下代码。

```
d={"语文":93,"数学":97,"英语":94}
print("体育" in d)
```

运行结果如图 4-58 所示。

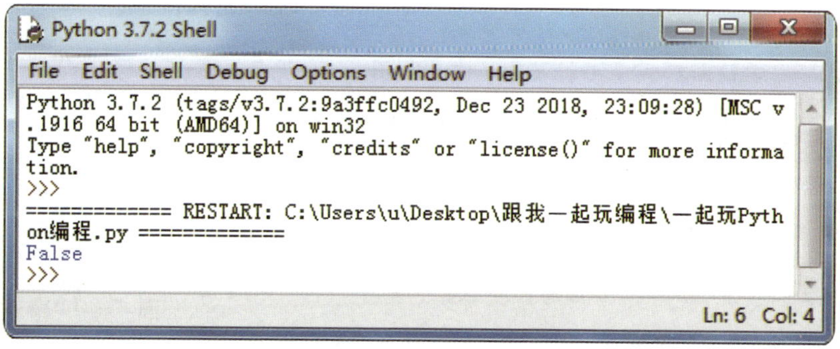

图 4-58　运行结果为 False

因为"体育"这个键是不包含在字典 d 中的，所以输出结果为 False。这可以帮助我们在删除字典中某个元素时，避免删除的元素不包含在字典内而报错，因此我们在对字典内元素进行操作时，可以先用 in 或 not in 进行判断。

我们知道字典的键不能重复，并且只能是不可变类型，那么如果我们的键重复了，会怎么样呢？我们创建字典 d={" 语文 ":93," 数学 ":97," 英语 ":94," 数学 ":90}，可以看到数学这个键是重复出现两次，我们将字典输入控制台上。

```
d={"语文":93,"数学":97,"英语":94,"数学":90}
print (d)
```

运行结果如图 4-59 所示。

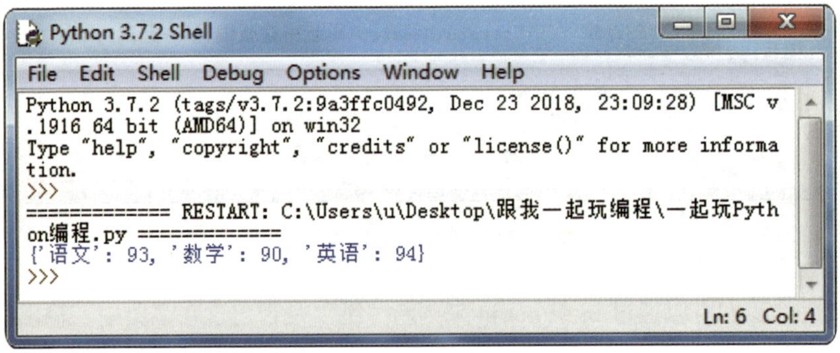

图 4-59 运行结果

通过查看运行结果，如果我们设置的键是重复的，那么后面的键值会把前面的键值替换，导致我们的数学最后只有 90 分！所以，在使用字典时，千万不要出现一样的键名哦。

练习13

学校新购买了一批丛书，信息如图 4-60 所示。制作一个字典，显示这批丛书的信息，然后进行如下操作。

（1）将页数修改成 260 页。

（2）添加一个信息：字数：5 万字。

（3）删除册数信息。

（4）改书名为《一起玩编程》。

书名：《一起学编程》

页数：220 页

册数：300 册

定价：50 元

图 4-60　图书信息

练习14

《三国演义》是我们"四大名
著"之一，讲述了东汉末年群
雄割据逐鹿中原，乱世英雄辈
出的故事，其中刻画了很多著
名的英雄人物，如曹操、刘备、
孙权、诸葛亮、周瑜、关羽、
张飞、赵云等。其中，关羽是
一个非常重要的角色，在整本
书中有着浓墨重彩的一笔，关
羽过五关斩六将，斩颜良诛文
丑，水淹七军，刮骨疗毒，最后大意失荆州，败走麦城，英雄一世。

"过五关，斩六将"是关羽被后人津津乐道的英雄事迹，关羽为了见
刘备，带着嫂嫂闯过曹操的五个关卡，斩杀了曹操六员大将，最终与
刘备会和。已知这五个关卡和六员大将分别如表 4-3 所示。

表4-3　五关六将对应表

五关	六将
东岭关	孔秀
洛阳城	韩福，孟坦
汜水关	卞喜
荥阳	王植
黄河渡口	秦琪

使用字典制作一个程序，输入关卡，可以得到关羽斩杀的将领信息。

总结

　　我们这部分主要学习了字符串、列表、元组 3 种具有储存数据功能的数据类型。字符串由字符组成，列表和元组都是由元素组成，并且元素可以是任意类型数据。字符串和元组属于不可变类型，列表属于可变类型。我们还学习了对字符串、列表和元组 3 种数据类型的操作方法，包括利用下标对字符串、列表、元组进行计算、增加、更改、删除和查找等操作，这些方法可以更快更好地帮助我们对数据类型进行处理。同时需要掌握 type() 函数判断数据类型的方式，type() 函数以类（class）的形式显示在控制台上。

　　另外，还要了解字典这种特殊的数据类型，明白键对值的含义，熟悉查找、增加、删除和修改的操作。

第 **5** 章

让你的程序循环起来！

　　通过之前的学习，我们知道了程序的 3 种基本结构，它们分别是顺序结构、循环结构和分支结构。其中我们使用过了 while True 来实现程序循环执行的效果。

　　分支结构我们用条件语句来完成，而循环结构我们需要用到循环语句。循环语句除了 while True 以外，还可以使用 for 循环函数和 while（条件）来完成。我们本章将重点介绍循环语句的用法，学会之后，可以让你的程序功能更加丰富。现在跟着我一起来认识它们吧！

5.1 认识 range

　　我们要认识的第一个函数是 range()，range 本意是范围的意思。使用 range() 可以帮助我们快速获取一个范围内的数值，那么它在 Python 中有什么用呢？我们之前学过列表和元组，假如我希望能够创建一个列表 a，元素是 0、1、2、3、4、5、6、7、8、9，你能做出来吗？太简单了！直接写出来就是了：a=[0,1,2,3,4,5,6,7,8,9]。那如果我想创建一个列表 b，元素分别是 0 到 20 呢？可以写成 b=[0, 1, 2, 3, 4, 5, 6, 7, 8, 9, 10, 11, 12, 13, 14, 15, 16, 17, 18, 19, 20]。如果我想创建一个列表 c，元素是 0 到 100 呢？如果仍是按照上面的方法，把所有元素都写出来就太复杂了！那么，有没有简单的方法能够完成这个任务呢？当然！这就用到了今天认识的新函数——range()。

　　我们先来举一个简单的例子，如果想要将 0 到 9 的元素组成的列表 a 显示出来，可以使用 range 编程来完成，代码可以写成如下所示。

```
a=range(10)    #显示元素0,1,2,3,4,5,6,7,8,9
a=list(a)      #转换成列表类型
print(a)       #打印列表a
```

　　我们使用 range() 函数，可以确定一个取值范围，range(10) 代表范围是 0—9，这里要注意是不取 10 的。这里的第一行代码只是取值，将取到的值赋给变量 a，a 并不是一个列表，想要形成列表，需要使用数据类型转换的方法，加 list 前缀。这一点与第三章我们学过的 str 转换成字符串类型、int 转换成整数类型的方法相同。这时再打印出来的 a 才是一个列表，元素是 0 到 9，运行结果如图 5-1 所示。

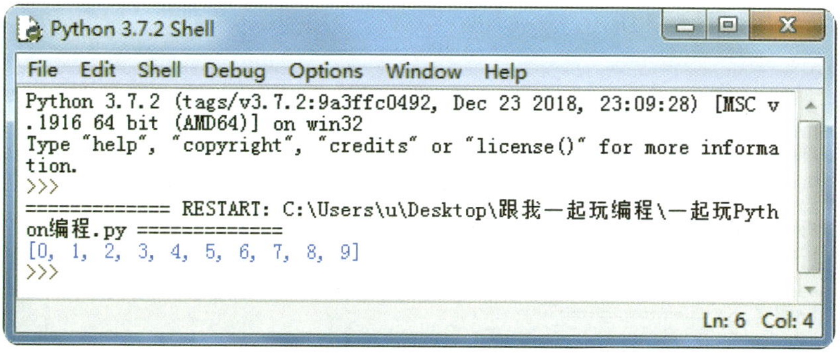

图 5-1 运行结果

我们可以看出来，这是一个列表类型。

我们也可以用 type 来判断 a 的数据类型。

```python
a=range(10)      #显示元素0,1,2,3,4,5,6,7,8,9
a=list(a)        #转换成列表类型
print(a)         #打印列表a
print(type(a))   #判断变量a的数据类型
```

运行结果，如图 5-2 所示。

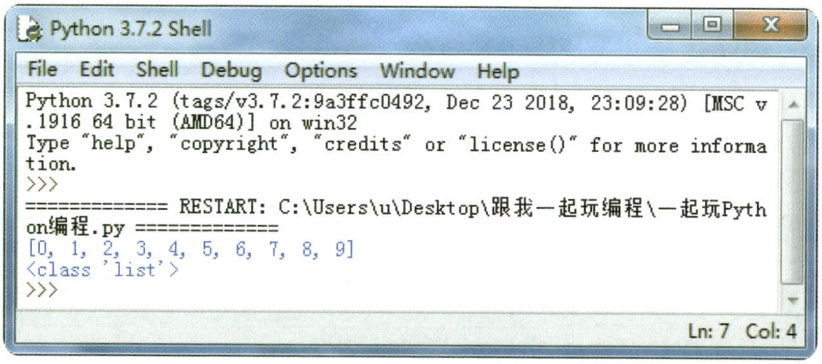

图 5-2 运行结果

变量 a 的确是一个列表 list 类型。

我们也可以把这个数值集合变成一个元组类型数据，只要把 list 换成 tuple 就可以，例如：

```python
a=range(10)
a=tuple(a)       #转换成元组类型
print(a)
print(type(a))
```

运行结果如图 5-3 所示。

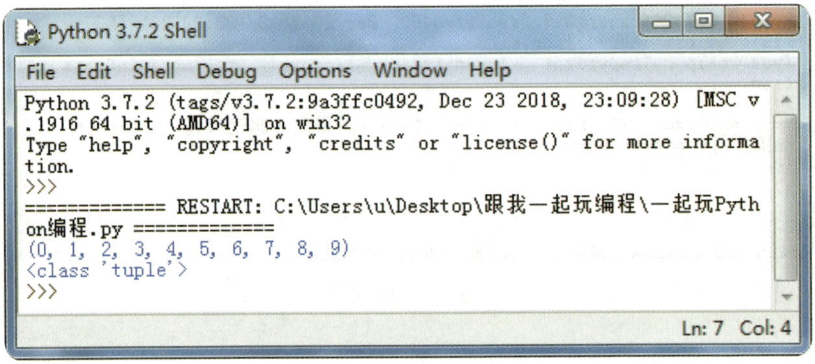

图 5-3　运行结果

变量 a 就变成了一个元组 tuple 类型。转换成其他数据类型，方法也是一样的，即只需要改变对应的数据类型的前缀即可。

程序也可以进行简化，最终可以写成如下所示。

```
a=list(range(10))  #显示元素0,1,2,3,4,5,6,7,8,9,并组成一个列表
print(a)           #打印列表a
```

按照这个方法，我们可以试着把列表 b 显示出来。

```
b=list(range(21))  #显示元素0-20,并组成一个列表
print(b)           #打印列表b
```

运行结果如图 5-4 所示。

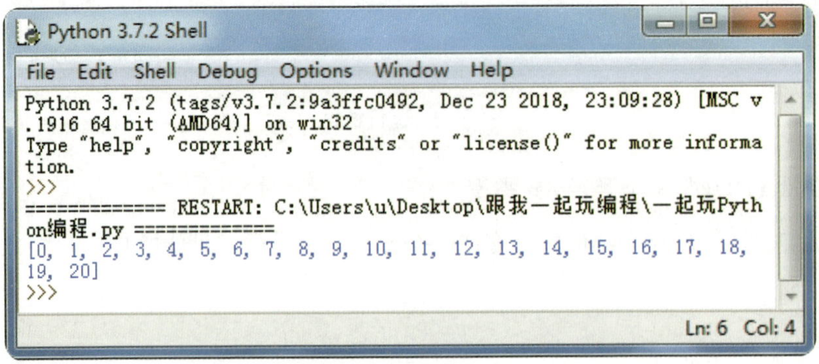

图 5-4　运行结果

还是要注意：range(21)，是取元素 0—20，不取 21 的。

列表 c 该如何写呢？代码如下。

```
c=list(range(101))  #显示元素0-100，并组成一个列表
print(c)            #打印列表c
```

运行结果如图 5-5 所示。

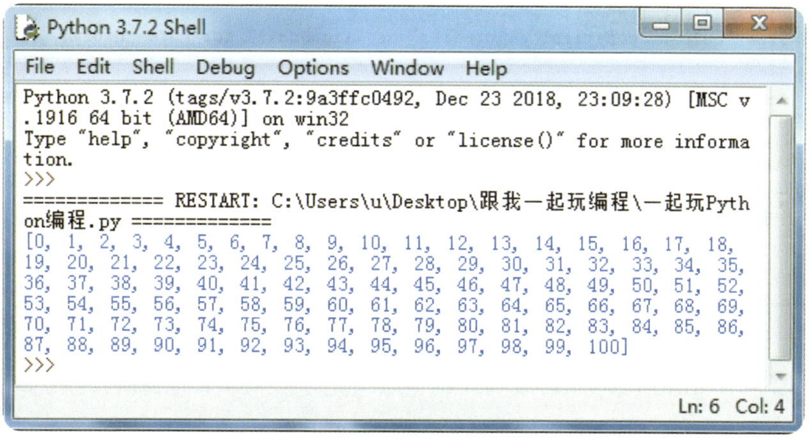

图 5-5　运行结果

通过以上三个例子，我们能否找到 range() 函数的一些规律呢？

range(10)　　0——9

range(21)　　0——20

range(101)　　0——100

……

range(n)　　0——（n-1）

我们找到了一个规律！使用 range() 函数生成 0 到 n 的数值集合时，最后一个 n 不取。

如果我们取值不是从 0 开始的，怎么办呢？比如，我们还可以使用 range() 函数，创建一个列表，a=[4,5,6,7,8,9,10,11,12,13,14,15,16,17,18,19,20]，这时，我们可以使用 range（起始数值，结尾数值）来完成。

```
a=list(range(4,21))    #显示元素4-20,并组成一个列表
print(a)               #打印列表a
```

运行结果如图 5-6 所示。

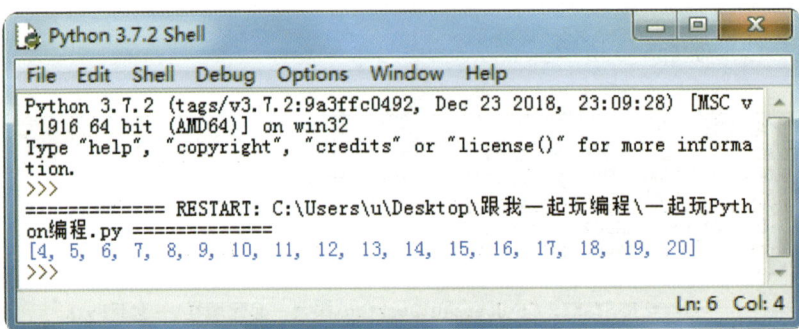

```
Python 3.7.2 Shell

File  Edit  Shell  Debug  Options  Window  Help

Python 3.7.2 (tags/v3.7.2:9a3ffc0492, Dec 23 2018, 23:09:28) [MSC v
.1916 64 bit (AMD64)] on win32
Type "help", "copyright", "credits" or "license()" for more informa
tion.
>>>
============ RESTART: C:\Users\u\Desktop\跟我一起玩编程\一起玩Pyth
on编程.py =============
[4, 5, 6, 7, 8, 9, 10, 11, 12, 13, 14, 15, 16, 17, 18, 19, 20]
>>>
                                                        Ln: 6  Col: 4
```

图 5-6　运行结果

range(起始数值，结尾数值)可以帮助我们生成某一段数值，不包含结尾数值，起始数值和结尾数值之间用逗号隔开。

同时，使用 range() 函数还可以设置间隔步数：range(起始数值，结尾数值，间隔步数)。这一点很像我们之前学习的字符串、列表和元组的截取方法。比如，列表 a=[4,5,6,7,8,9,10,11,12,13,14,15,16,17,18,19,20]，我们想要生成列表 b=[4,6,8,10,12,14,16,18,20]，也可以使用 range() 函数设置间隔步数来完成，如图 5-7 所示。

4, 5, 6, 7, 8, 9, 10, 11, 12, 13, 14, 15, 16, 17, 18, 19, 20

图 5-7　间隔二步取数

相当于生成一个 4 到 20 的数值列表，然后每两个数中取一个数，间隔步数为 2，代码如下。

```
b=list(range(4,21,2))  #显示元素4-20,并组成一个列表,组成一个列表b
print(b)               #打印列表b
```

运行结果如图 5-8 所示。

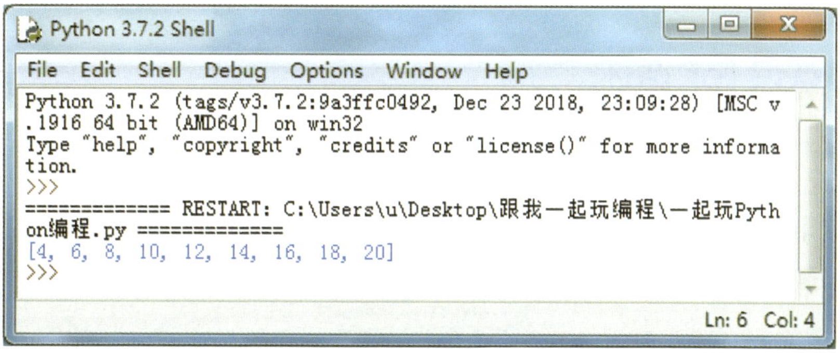

图 5-8　运行结果

生成的列表元素恰好是 4 到 20 中所有的偶数。

间隔步数在某些特定要求中对我们有很大的帮助，比如像取某一范围中所有的奇数或者偶数，都可以使用间隔步数来完成。

练习1

（1）取 0—100 中所有的奇数作为元素，形成一个列表 number1。

（2）取 0—100 中所有的偶数作为元素，形成一个列表 number2。

（3）取 0—100 中所有可以被 3 整除的数作为元素，形成一个列表 number3。

（4）取 0—100 中所有可以被 5 整除的数作为元素，形成一个列表 number4。

5.2 认识 for 循环

5.2.1 遍历

学习 range() 函数之后，我们再来认识第二个跟循环语句有关的函数：for 循环。for 循环语句的第一个用法就是可以帮助我们进行遍历。什么是遍历呢？

遍历就是依次获取集合中所有的值，这个集合可以是字符串、列表、元组或者字典。这里要强调一下，是依次获取，即从第一个数值开始，按照顺序往后获取整个集合的数值。比如，我们有一个列表 a=[1,2,3,4,5,6]，这时我们想要在控制台上打印这个列表中的每一个元素，可以使用我们之前学过的通过列表下标查找列表元素的方法。

```
a=[1,2,3,4,5,6]
print(a[0])
print(a[1])
print(a[2])
print(a[3])
print(a[4])
print(a[5])
```

但是这种方法非常麻烦，如果元素有上百个，我们不可能全部使用下标打印出来。这时就可以使用 for…in…来进行列表遍历操作，过程如图 5-9 所示。

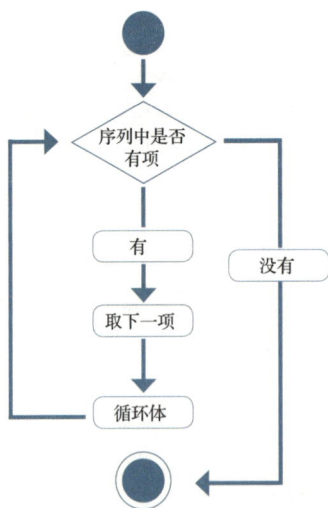

图 5-9 for 循环的执行流程图

具体代码如下所示。

```
a=[1,2,3,4,5,6]
for i in a:
    print(i)
```

运行结果如图 5-10 所示。

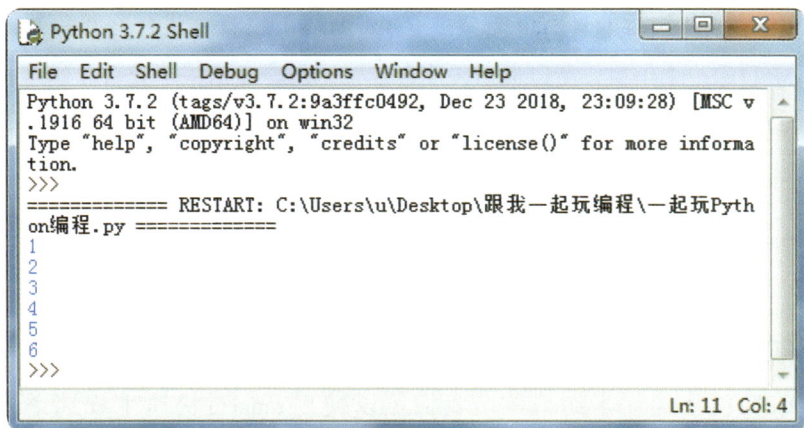

图 5-10 运行结果

6 个元素全部都被打印出来了。

那么 for…in… 是如何进行列表遍历操作的呢？如图 5-11 所示。

图 5-11 for…in… 函数遍历操作分析

for 本身代表 for 循环，冒号下面的程序代表要循环执行的程序，所以包含在
for 循环中，运行级别低于 for 循环，需要缩进；这个程序运行的逻辑顺序如下。

先取列表 a 中的第一个元素 1，赋值给变量 i，执行 print(i)；

取列表 a 中的第 2 个元素 2，赋值给变量 i，执行 print(i)；

取列表 a 中的第 3 个元素 3，赋值给变量 i，执行 print(i)；

取列表 a 中的第 4 个元素 4，赋值给变量 i，执行 print(i)；

取列表 a 中的第 5 个元素 5，赋值给变量 i，执行 print(i)；

取列表 a 中的第 6 个元素 6，赋值给变量 i，执行 print(i)；

最后，我们依次获取了列表中的所有元素，这个过程就是列表遍历。print(i) 这行代码是循环执行的，所以需要放在 for 循环下进行缩进，并且每执行一次 print(i) 会打印一个结果，所以最后控制台上每一行会显示一个元素。使用 for…in …进行遍历的方法，也可以用到字符串、元组和字典等数值集合中。我们也可以将程序简化，直接将列表写在 in 后面，代码如下所示。

```
for i in [1,2,3,4,5,6]:
    print(i)
```

我们来看一个例子，加深我们的理解。比如，我们有一个列表 a，是由 1—10 数值作为元素组成的。我们可以使用 range() 快速生成这个列表：a=list(range(1,11))

```
a=list(range(1,11))
```

然后，我们可以使用列表的遍历来获取这个列表中所有的元素，然后打印在控制台上。

```
a=list(range(1,11))
for i in a:
    print(i)
```

这时候我们运行程序，就可以把列表 a 中的元素都打印出来，如图 5-12 所示。

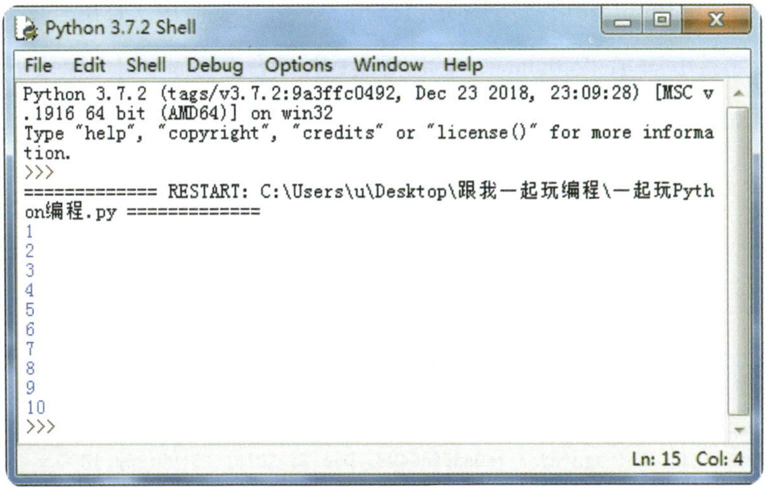

图 5-12　运行结果

我们除了可以在控制台上打印元素外，还可以对遍历出来的元素进行操作。比如，我们把所有的元素都扩大 2 倍后打印在控制台上，可以使用如下代码。

```python
a=list(range(1,11))
for i in a:
    print(i*2)
```

这时，相当于我们每获取到一个元素 i，都会被乘以 2，再打印出来，运行结果如图 5-13 所示。

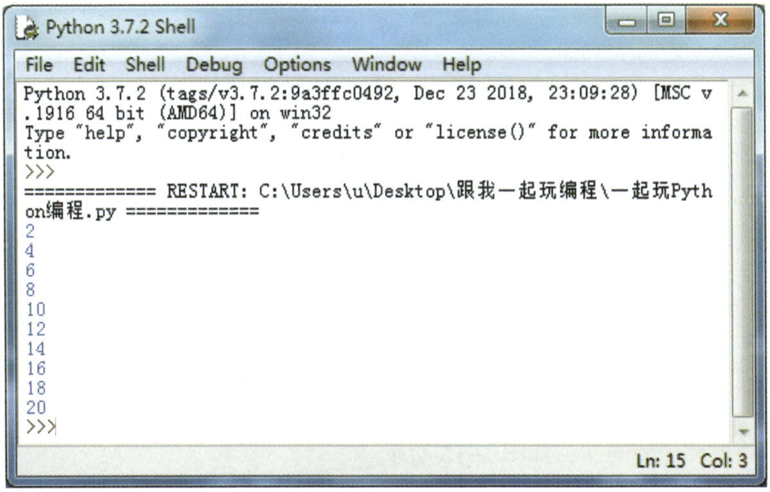

图 5-13　运行结果

除了可以遍历列表外，我们还可以使用 for…in…来遍历字符串。比如，我们创建一个字符串 s="Hello,Python"，然后想要在控制台上打印字符串中每一个字符，可以使用如下代码。

```
s="Hello,Python"
for i in s:
    print(i)
```

这时运行结果如图 5-14 所示。

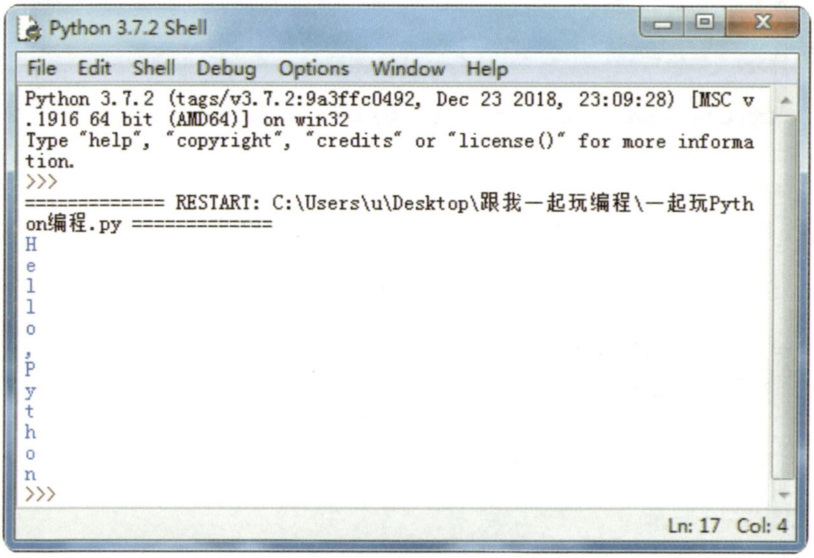

图 5-14　运行结果

这里要注意：我们遍历的是字符串，打印的结果都是字符，字符是不能进行运算的。

我们还可以使用 for…in…来遍历元组。比如，我们有一个元组 t，由元素 1~6 组成，我们希望在控制台上打印出每一个元素，可以使用如下代码。

```
t=tuple(range(1,6))
for i in t:
    print(i)
```
或者
```
for i in tuple(range(1,6)):
    print(i)
```

运行结果都是相同的，如图 5-15 所示。

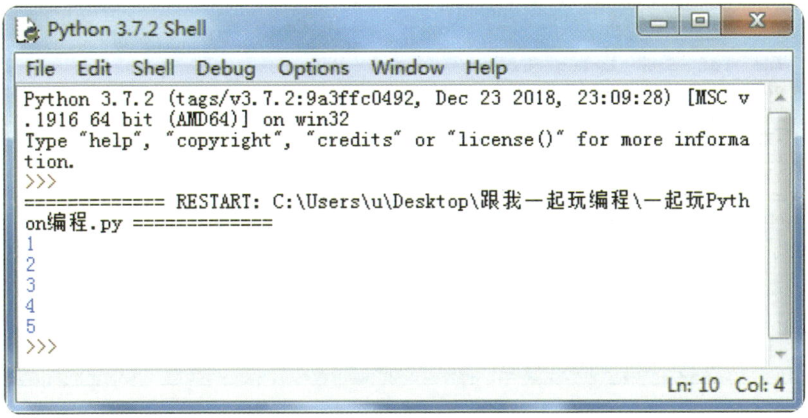

图 5-15 运行结果

我们在学习中可以尝试练习将程序进行简写，适当减少代码的行数，不仅能锻炼自身对代码的逻辑判断力，还能避免程序冗余。

练习2

遍历一个列表 l=[1,2,3,4,5,6]，在控制台上打印每一个元素乘以 3 的值。

5.2.2 遍历字典

前面介绍过，for…in…可以帮助我们遍历列表、字符串等数据存储类型。同样的，for…in…也可以遍历字典。因为字典有键值对的存在，所以遍历的方法有所不同。比如，我们创建一个字典 d 来表示不同物体的数量：d={" 蔬菜 ":20," 水果 ":25," 主食 ":30," 零食 ":35}。这时我们使用 for…in…来遍历这个字典，其代码如下所示。

```python
d={"蔬菜":20,"水果":25,"主食":30,"零食":35}
for i in d:
    print(i)
```

运行结果如图 5-16 所示。

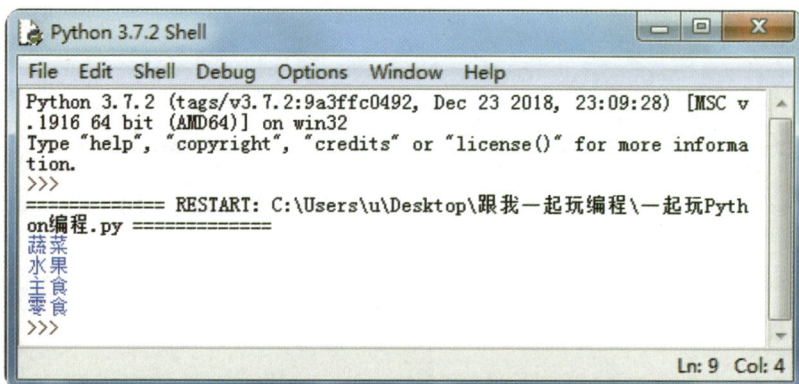

图 5-16　运行结果

我们发现，只遍历出了字典中每个元素的"键"，却没有"值"。那么，如果我们想要通过遍历得到字典中的每一个值，应该怎么办呢？当然，我们可以用学过的方法，通过"键"来获取"值"，其代码如下。

```python
d={"蔬菜":20,"水果":25,"主食":30,"零食":35}
for i in d:
    print(i)
    print(d[i])
```

运行结果如图 5-17 所示。

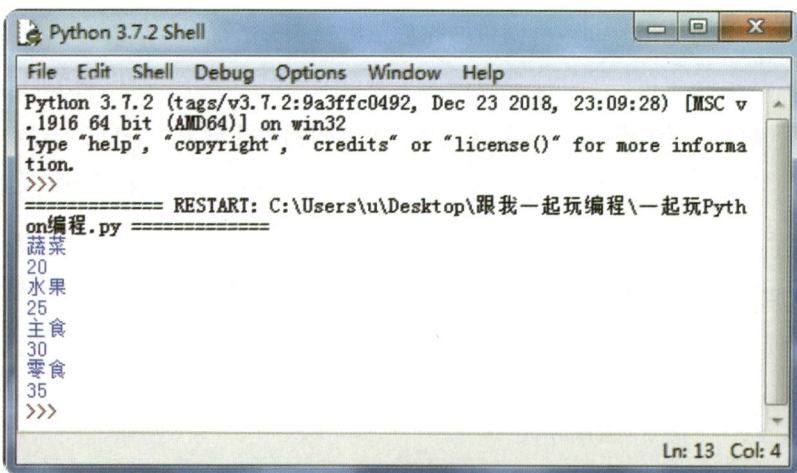

图 5-17　运行结果

其实关于遍历字典，Python 已经为我们准备好了一个好方法，它可以很方便地获取字典中的"键"或者"值"，甚至"键值对"。跟着我们一起来看看吧：

　　a. 当我们想要遍历字典中的"键"时，可以在字典后面加入 .keys() 函数。

　　b. 当我们想要遍历字典中的"值"时，可以在字典后面加入 .values() 函数。

　　c. 当我们想要遍历字典中的"键值对"时，可以在字典后面加入 .items() 函数。

　　比如，d={" 蔬菜 ":20," 水果 ":25," 主食 ":30," 零食 ":35}，我们如果使用这个方法就可以很容易获取字典中的"键""值""键值对"了，代码如下。

```
d={"蔬菜":20,"水果":25,"主食":30,"零食":35}
for i in d.keys():      #遍历字典的"键"
    print(i)
for t in d.values():    #遍历字典的"值"
    print(t)
for i,t in d.items():   #遍历字典的"键值对"
    print(i,t)
```

运行结果如图 5-18 所示。

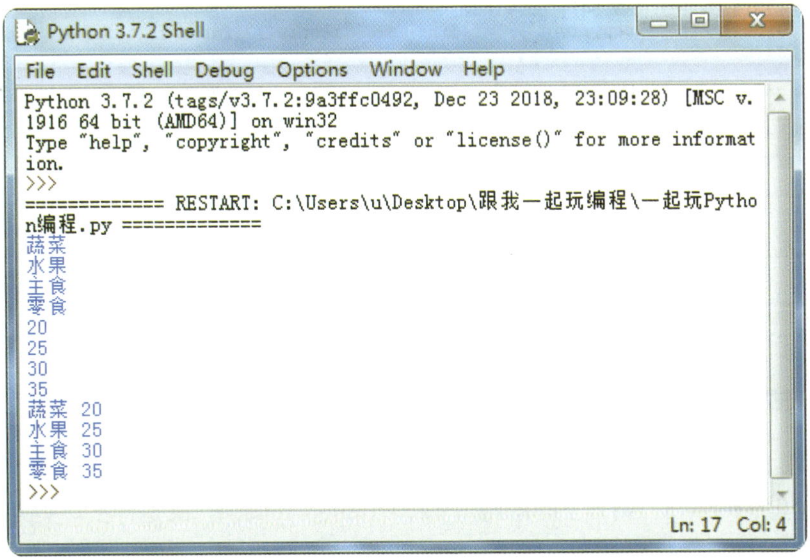

图 5-18　运行结果

5.2.3 for+range 的神奇组合

　　我们已经知道了 range() 函数和 for 函数的使用方法，range() 函数可以帮助我们快速地在一个范围内进行取值，for 函数可以进行循环，for…in…可以快速地遍历集合。那么，如果我们把 for 和 range() 函数放在一起用，会产生什么样的神奇效果呢？

　　我们之前学过 for…in…表示遍历，range(10) 表示数值 0—9，那么这个程序的含义应该是遍历数值 0—9 这 10 个数。如果我们 print(i)，控制台上会出现 0、1、2、3、4、5、6、7、8、9 这 10 个数字。假如我们想要在控制台上打印 10 次字符串 Hello,Python，使用 print 时需要打 10 次，且比较麻烦，这时我们可以 for in range(10) 来完成这个程序。

```
for i in range(10):          ────→ 遍历数值 0~9
    print("Hello,Python")
```

运行结果如图 5-19 所示。

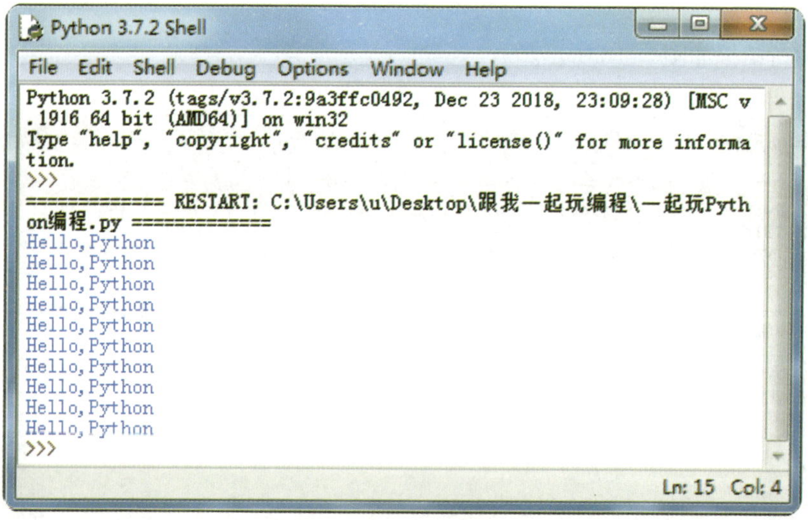

```
Python 3.7.2 Shell                                          _ □ x

File  Edit  Shell  Debug  Options  Window  Help

Python 3.7.2 (tags/v3.7.2:9a3ffc0492, Dec 23 2018, 23:09:28) [MSC v
.1916 64 bit (AMD64)] on win32
Type "help", "copyright", "credits" or "license()" for more informa
tion.
>>>
============== RESTART: C:\Users\u\Desktop\跟我一起玩编程\一起玩Pyth
on编程.py ==============
Hello,Python
Hello,Python
Hello,Python
Hello,Python
Hello,Python
Hello,Python
Hello,Python
Hello,Python
Hello,Python
Hello,Python
>>>
                                                        Ln: 15  Col: 4
```

图 5-19　字符串 Hello,Python 就在控制台上被打印了 10 次

　　这里的 for…in…循环下的语句是 print("Hello,Python")，又是什么含义呢？

　　这就是我们这一节要学习 for 变量 in range(x) 的使用方法，这里的 x 可以表示循环次数。当我们需要重复执行 x 次程序时，可以使用 for 变量 in range(x) 语句。这时，我们设定的变量 i，在程序中并没有使用，可以当作一个计次变量。for 变量 in range(x) 是 for 循环的一个基本用法，如以下代码。

```
for i in range(10):          ────→ 循环次数
        print("Hello,Python")
```

我们还可以使用 for 循环进行一些特殊计算。我们想要计算从 0 累加到 50 的和，也就是 0+1+2+3+4+5+…+50=？这是一个累加求和的运算，我们首先需要把 0—50 的数表示出来，这里可以用到遍历；然后我们设一个空变量 sum=0（sum 本身就表示求和，在代码中一般默认使用 sum 来表示"和"），来储存累加运算结果。0+1+2+3+4+5+…+50，就是将遍历到的所有数依次相加，然后赋值给我们设的变量 sum 就可以，程序代码如下。

```
sum=0                #设置一个变里sum=0来储存后面求和的运算结果。
for i in range(51):#遍历0-50的数值。
    sum=sum+i
print(sum)           #循环结束，显示最后结果。
```

我们来推导一下 sum=sum+1 的运行过程：首先初始值 sum=0，遍历获得的第一个 i 的值是 0，那么进行运算结果是：sum=0+0=0；再获得 i 的第二个值是 1，sum=sum+i=0+1=1，这时 sum 值变成了 1；以此类推，如图 5-20 所示。

sum=sum+i

sum=sum+0=0

sum=sum+1=1

sum=sum+2=3

sum=sum+3=6

sum=sum+4=10

依次类推…

sum=sum+50

图 5-20　运行过程

直到获取的 i=50 时，程序才停止循环，跳出 for…in range 循环，输出最后的 sum，所以 print(sum) 语句是 for 循环结束之后的程序，与 for 循环同一个运行级别，不需要缩进。

运行结果如图 5-21 所示。

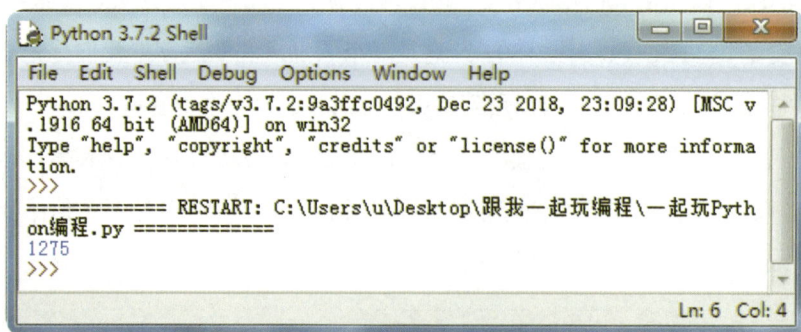

图 5-21　运行结果为 1275

如果我们将 print(sum) 放在 for 循环内，那么每计算一次 sum=sum+i 都会输出一个结果。这里我们可以输入以下代码，验证一下。

```
sum=0               #设置一个变量sum=0来储存后面求和的运算结果。
for i in range(51):#遍历0-50的数值。
    sum=sum+i
    print(sum)      #每遍历获取一个i值，进行一次循环，显示一次结果。
```

这时，我们会发现运行结果会把每一步累加的结果都显示出来。这就是缩进与不缩进两种程序运行的区别。

我们还可以在 for 循环内加入 if…else 条件语句，进行条件判断。比如，我们希望算出 0—100 中所有奇数的和，我们上一节的练习让大家在控制台打印 0—100 所有的奇数，可以像刚才一样的代码进行求和。

```
sum=0
for i in range(1,101,2):
    sum=sum+i
print(sum)
```

我们之前也判断过奇数，就是不能整除 2 的整数。其实使用条件语句，也可以完成这个程序。

```
sum=0
for i in range(1,101):
    if i%2 != 0:
        sum=sum+i
print(sum)
```

运行结果都是：2500，如图 5-22 所示。

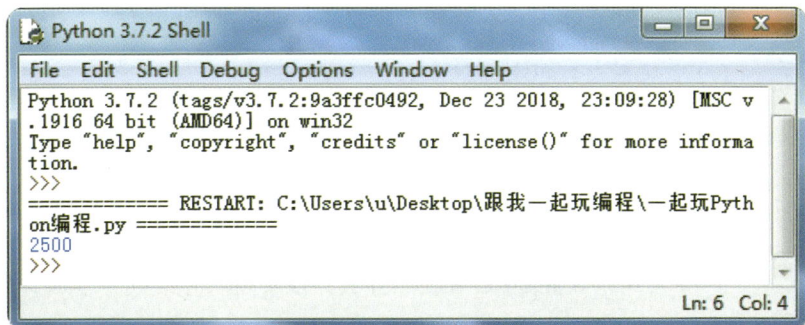

图 5-22 运行结果

我们可以来分析一下这个程序。

```
sum=0
for i in range(1,101):        ──────→  获取 0~100 所有的整数值
    if i%2 !=0:
        sum=sum+i                      条件判断，对 2 取余数不等于 0，说
print(sum)                             明不能整除 2，为奇数，进行累加
```

缩进

这时的条件语句是包含在 for 循环内执行的，每获取一个整数，进行一次判断，符合条件则累加。所以，条件语句的程序运行级别低于 for 循环，需要缩进。

在 for 循环中加入条件判断，可以让我们的程序实现更多的功能。

练习3

计算 0—100，找出所有能被 3 整除的整数和包含数字 3 的整数。

（1）求出它们的和；

（2）求出一共有多少个这样的数。

提示：1. 能够被 3 整除，说明对 3 求余数等于 0，number%3==0；

2. 包含数字 3 的整数，说明个位是 3，或者十位是 3，或者个位十位都是 3。

我们可以设个位数字为 a，十位数字为 b，当个位数 a=number%10==3 时，说明个位是 3；当十位数 b=number//10%10==3 时，说明十位数是 3。

练习4 提示用户任意输入 6 个整数，形成一个列表：

（1）将列表打印在控制台上。

（2）将列表内每一个元素乘以 3，形成一个新列表，显示在控制台上。

（3）求新列表所有元素的和。

提示：1. 需要使用到控制台输入 input()，并且重复输入 6 次，可以使用 for 循环，让 input 过程循环 6 次，依次输入 6 个数，添加到列表中即可形成新列表。

2. 先遍历列表，获取每个元素，再乘以 3，添加到一个新列表中。

3. 对新列表元素求和即可。

5.2.4 for 循环的嵌套

我们之前学过列表的嵌套和条件语句的嵌套，其实 for 循环也是可以嵌套的。比如，我们创建一个列表 a=[[1,2,3],[4,5,6],[7,8,9]]，这是我们之前学过的嵌套列表，列表 a 中的每一个元素又是一个列表。如果我们想要获取列表 a 中每一个列表中的元素，也就是获取到 1、2、3、4、5、6、7、8、9，那么使用一次列表遍历是不够的。

```
a=[[1,2,3],[4,5,6],[7,8,9]]
for i in a:
    print(i)
```

运行结果如图 5-23 所示。

```
Python 3.7.2 Shell
File Edit Shell Debug Options Window Help
Python 3.7.2 (tags/v3.7.2:9a3ffc0492, Dec 23 2018, 23:09:28) [MSC v
.1916 64 bit (AMD64)] on win32
Type "help", "copyright", "credits" or "license()" for more informa
tion.
>>>
============ RESTART: C:\Users\u\Desktop\跟我一起玩编程\一起玩Pyth
on编程.py ============
[1, 2, 3]
[4, 5, 6]
[7, 8, 9]
>>>
                                                              Ln: 8  Col: 4
```

图 5-23 运行结果

这时我们发现，遍历列表a获取的i是3个列表，并不是元素。我们需要再对i的列表进行遍历，才能获得里面的元素。

```
a=[[1,2,3],[4,5,6],[7,8,9]]      #列表a
for i in a:                       #遍历列表a，获得i
    print(i)
    for j in i:                   #遍历列表i，获得j
        print(j)
```

我们再运行程序，结果如图5-24所示。

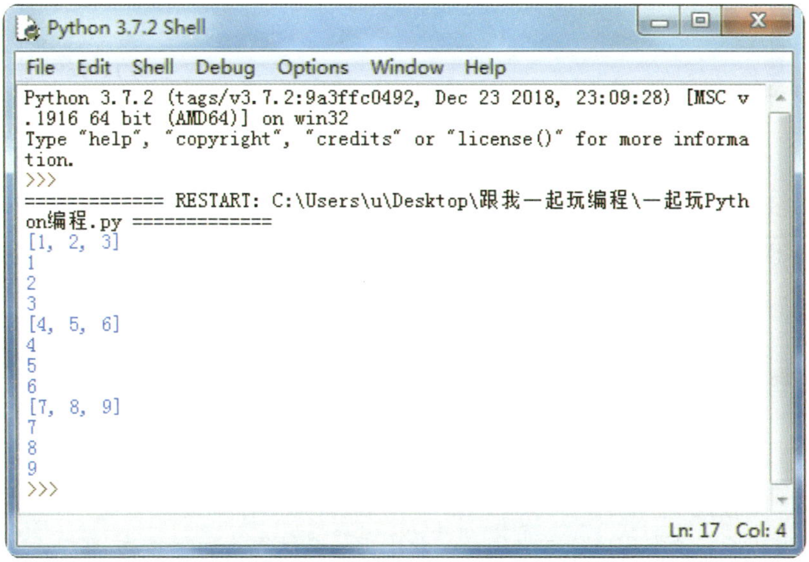

图 5-24　运行结果

我们发现元素已经打印出来，但是第一次遍历列表a的结果也被打印出来了，我们只想要列表中的元素，所以可以不打印i。最后程序可以写成如下所示。

```
a=[[1,2,3],[4,5,6],[7,8,9]]      #列表a
for i in a:                       #遍历列表a，获得i
    for j in i:                   #遍历列表i，获得j
        print(j)
```

运行结果如图5-25所示。

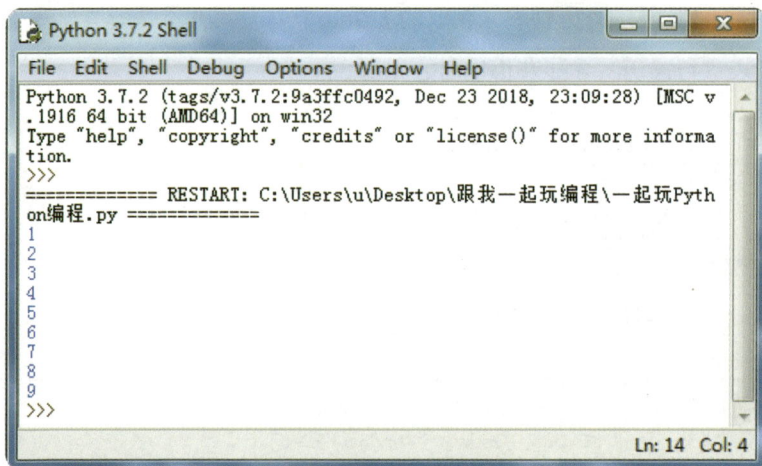

图 5-25 运行结果

这时我们使用的就是 for 循环的嵌套，先遍历列表 a，再遍历列表 a 里面的列表，最后获得元素，因此，嵌套在里面的 for 循环优先级低于外面的 for 循环，需要缩进。

我们再来看一个程序，来研究一下 for 循环嵌套是如何运行的。比如以下代码。

```python
for i in range(2):
    for j in range(3):
        print(f"i={i},j={j}")
```

我们让变量 i 取值为 0、1，变量 j 取值为 0、1、2，最后在控制台上打印出 i 和 j 的值。运行这个程序你会发现，一共出现 6 个结果，如图 5-26 所示。

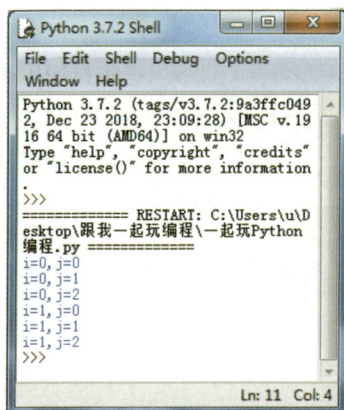

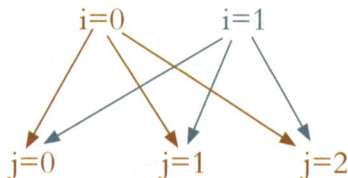

图 5-26 运行结果以及过程分析

这是因为在执行 for 循环嵌套时，当 i=0 时，j 会执行 print 程序 3 次；当 i=1 时，j 又会执行 print 程序 3 次，所以最后是 6 次结果。这是 for 循环嵌套的执行流程。

我们可以利用 for 循环的嵌套制作很多有意思的东西。比如，我们数学中常见的"九九乘法表"。我们都知道"九九乘法表"是从 1×1=1、1×2=2……9×8=72、9×9=81。要制作"九九乘法表"，我们只需要找到两个变量，取值范围从 1—9，再让两个变量相乘即可，代码如下。

```
a=0
for i in range(1,10):
    for j in range(1,10):
        print(f"{i}*{j}={i*j}")
```

运行时，当 a=1 时，b 会取 1—9；当 a=2 时，b 再取 1—9；直到 a=9 时，b 取 1—9。就这样，程序共执行了 81 次。运行结果就会把"九九乘法表"的式子的结果打印在控制台上。

我们还可以在 for 循环嵌套中加入条件语句，让程序功能更加丰富。比如，我们制作一个列表，里面放上漫威或者 DC 的超级英雄名字，然后让他们进行战斗。这时我们要注意重名的英雄不能战斗，如钢铁侠不能和钢铁侠战斗。

```
md=["钢铁侠","雷神","美国队长","绿巨人","超人","蝙蝠侠","海王","闪电侠","钢骨"]
for a in md:
    for b in md:
        if a!=b:    #不能重名。
            print(f"{a}大战{b}")
```

运行结果就会在控制台上打印出类似于"超人大战蝙蝠侠"的文字，并且不会有重名的英雄进行对战。

以上就是 for 循环嵌套的使用方法。大家可以想一想有意思的程序，利用 Python 的 for 循环来实现它吧。

练习5　有两个列表 l1=[3,5,7,9,11,12,15,18] 和 l2=[2,5,6,7,9,11,14,15]，找出两个列表中相同的值，并形成一个新列表 l3。

练习6 找到 100—1000 中所有的"水仙花数"。

提示：什么叫"水仙花数"？"水仙花数"是指一个 3 位数，每一位数的 3 次幂相加还等于这个 3 位数。假设有一个 3 位数是 abc，那么当 $a^3+b^3+c^3$=abc 时，这个 3 位数就是水仙花数。

练习7 找出 0—100 中所有的质数。

提示：质数是指大于 1，并且只能被 1 和这个数本身整除的数。比如，数字 7 只能被 1 和 7 整除，像这样的数还有 2、3、5、11、13 等。我们来设计一个程序，找到 100 以内的所有质数吧！

5.2.5 列表推导式

使用 for 循环可以帮助我们简化一些操作。

例如：我们创建一个列表 l1=[1,2,3,4,5,6,7]，然后我们希望得到一个新列表 l2=[3,6,9,12,15,18,21]，我们可以看到列表 l2 中的元素是列表 l1 中的元素的 3 倍，我们可以通过 for 循环来完成这个程序。

```
l1=[1, 2, 3, 4, 5, 6, 7]
l2=[]
for i in l1:
    i*=3
    l2.append(i)
print(l2)
```

这是我们使用 for 循环来完成的程序。其实在 Python 还有更简单的方法，就是使用列表推导式来完成，其代码如下。

```
l1=[1, 2, 3, 4, 5, 6, 7]
l2=[i*3 for i in l1]
print(l2)
```

运行结果与刚才使用 for 循环的结果相同，如图 5-27 所示。

图 5-27   运行结果

其中，l2=[i*3 for i in l1] 就是列表推导式。

列表推导式的格式是：[运算表达式 for 变量名 in 原列表]

列表推导式可以看作是 for…in…函数的变换式，我们可以把这个推导式当作数学公式来用，当我们想要快速创建新列表时，可以直接使用列表推导式带入来完成，代码转换如下所示。

假设我们有一个列表 l1=[2,4,6,8,10]，我们想要得到一个列表 l2，每一个元素是 l1 元素的 2 倍，可以直接使用列表推导式来完成，如图 5-28 所示。

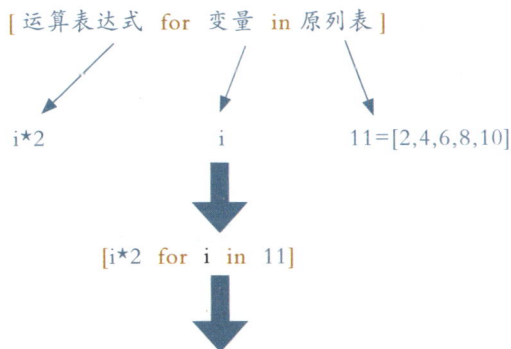

图 5-28   列表推导式过程图

程序代码如下：

```
l1=[2,4,6,8,10]
l2=[1*2 for i in l1]
print(l2)
```

使用列表推导式时，我们还可以在后面加入条件语句进行判断。这时列表推导式可以写成：[运算表达式 for 变量名 in 原列表 if 条件]。

比如，我们选取一个数值范围是 0—100，对这个范围的数字进行筛选，将能够整除 5 的数字筛选出来，最终结果形成一个新列表 l，如果我们使用 for 循环来完成，需要编写程序，代码如下。

```
l=[]
for i in range(101):
    if i%5==0:
        l.append(i//5)
print(l)
```

如果我们直接使用列表推导式：[运算表达式 for 变量 in 原列表 if 条件]，代入列表推导式的程序。

```
l=[i//5 for i in range(101) if i%5==0]
print(l)
```

我们发现列表推导式用起来非常方便，使用列表推导式可以极大地帮助我们简化程序。

练习8 有两个列表，l1=[3,5,7,9,11,12,15,18] 和 l2=[2,5,6,7,9,11,14,15]，找出两个列表中相同的值，并形成一个新列表 l3（使用列表推导式来完成）。

练习9 有一个由字符串组成的列表 l=["List","Open","Viod","Every"]。使用列表推导式将每一个字符串首字母组成一个新的字符串。

提示：我们可以通过列表推导式，找到每一个字符串的首字母，先将首字母组成一个列表，再使用第 3 章学习的 join() 函数将列表转换成字符串。

5.3 认识 while 循环

除了 for 和 range,我们还可以使用 while 来进行循环。我们之前使用过 while True 来执行无限循环,其实还有 while False 和 while+ 条件可以使用。

while True 表达式结果为 True 时执行循环;while False 表示表达式结果为 False 时,循环结束;while 条件表示符合条件时执行循环。我们使用 while True 和 while+ 条件的情况比较多,while True 我们之前接触过很多次,这里不再赘述,重点来学习 while+ 条件的用法。

我们之前学习过 for…in range() 可以控制循环次数,其实使用 while 也可以控制循环次数。比如,我们想要将一个字符串 a= "Hello,Python" 打印 5 次,如果使用 for…in range() 来完成,可以使用如下代码。

```python
a="Hello,Python"
for i in range(5):
    print(a)
```

如果我们使用 while 来完成这个程序,也是可以的。

```python
a="Hello,Python"
b=0
while b<5:
    print(a)
    b+=1
```

两种方式运行结果相同,字符串被打印 5 次,如图 5-29 所示。

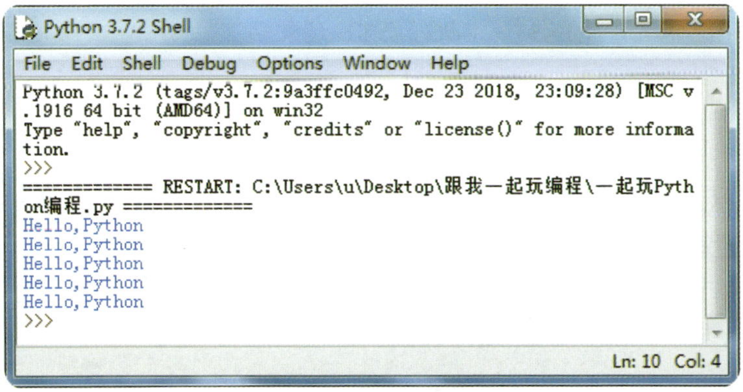

图 5-29 运行结果相同

那么，while 是如何实现循环的呢？如图 5-30 所示，我们来分析一下：

```
a="Hello,Python"
b=0
while b<5:        →  条件
        print(a)
        b+=1
```

图 5-30　while 条件下代码

我们可以设置一个变量 b=0，作为一个计数变量，然后进行判断 b 是否小于 5。当 b 小于 5 时，满足条件执行循环，每执行一次循环，b 累加 1；直到 b 不满足小于 5 的条件，即 b=5 时，循环结束，具体过程如下。

b=0 → 满足条件 b<5 → 执行循环，打印一次 "Hello,Python" → b+1=0+1=1 → 第一次循环结束；

b=1 → 满足条件 b<5 → 执行循环，打印一次 "Hello,Python" → b+1=1+1=2 → 第二次循环结束；

b=2 → 满足条件 b<5 → 执行循环，打印一次 "Hello,Python" → b+1=2+1=3 → 第三次循环结束；

b=3 → 满足条件 b<5 → 执行循环，打印一次 "Hello,Python" → b+1=3+1=4 → 第四次循环结束；

b=4 → 满足条件 b<5 → 执行循环，打印一次 "Hello,Python" → b+1=4+1=5 → 第五次循环结束；

b=5 → 不满足条件 b<5 → 不执行循环，结束。

这就是 while 循环的运行方式，即满足条件时执行循环，不满足条件时不执行循环。与 for 循环相比，for 循环可以准确地控制循环次数；而 while 循环更多地用来设置循环退出的条件。

5.4 break 和 continue

在使用 for 循环和 while 循环时，我们经常会搭配两个关键词来使用：break 和 continue。break 用来结束循环；continue 用来结束循环并开始下一个循环。这两个关键词可以帮助我们完成很多特定的任务。

比如：我们创建一个字符串 s="abcdefghijklmnopqrstuvwxyz"，然后我们遍历这个字符串。当遍历到字母 j 时，循环结束，在控制台上打印遍历的字符串。我们可以使用 break 来完成，即当满足条件，执行到 break 语句时，循环结束。

```python
s="abcdefghijklmnopqrstuvwxyz"
for i in s:
    if i=="j":          →  条件：当遍历到字符 j 时
        break           →  结束循环
    print(i)
```

运行结果如图 5-31 所示。

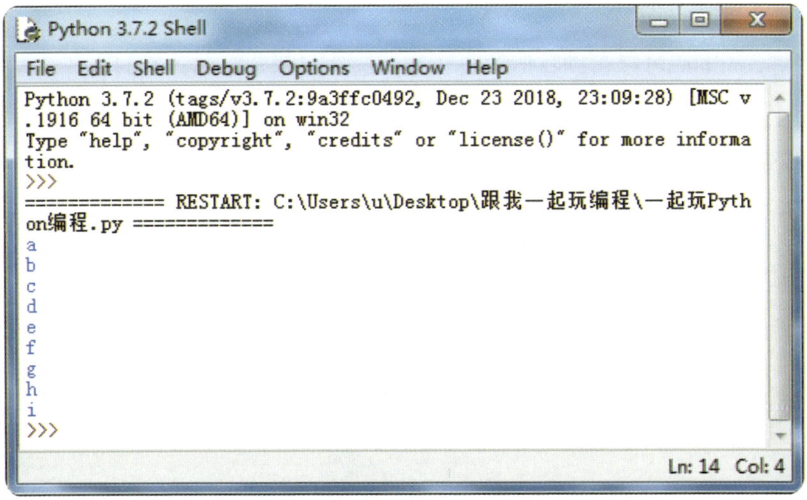

图 5-31　运行结果

遍历字符 "j" 时，循环结束，最后打印在控制台上的只有 j 之前的字符。

如果我们把 break 改成 continue，代码修改如下。

```
s="abcdefghijklmnopqrstuvwxyz"
for i in s:
    if i=="j":
        continue ──────────→ 结束本次循环,执行下一次循环。
    print(i)
```

continue 表示结束本次循环,而执行下一次循环,整个循环并没有结束,会继续执行下去。所以我们运行的结果是:当遍历到字符 "j" 时,这次循环结束,不打印字符 "j",但是后面的循环会继续执行,会继续遍历后面的字符串,所以最后打印在控制台上的字符中是没有字符 "j" 的,如图 5-32 所示。这就是 break 和 continue 的区别。

```
g
h
i  ──────→ i 和 k 之间没有字符
k
l
```

图 5-32　运行结果截图

使用 continue 可以帮助我们解决一些筛选性问题。比如,我们有一个列表 a=[55,72,91,80,52,46,76,33,80,99,48,66] 代表 12 名学生的成绩,现在我们想筛选出高于 60 分的成绩,并形成一个新列表,该如何做呢?

我们可以使用 continue 来完成这个任务。当我们遍历列表 a 中低于 60 分的成绩时,就自动终止循环,进入下一个遍历循环,这样低于 60 分的成绩就不会被放到新列表当中。

```
a=[55, 72, 91, 80, 52, 46, 76, 33, 80, 99, 48, 66]
l=[]
for i in a:
    if i<60:
        continue
    l.append(i)
print(f"高于60分以上的成绩有 {l}")
```

运行结果如图 5-33 所示。

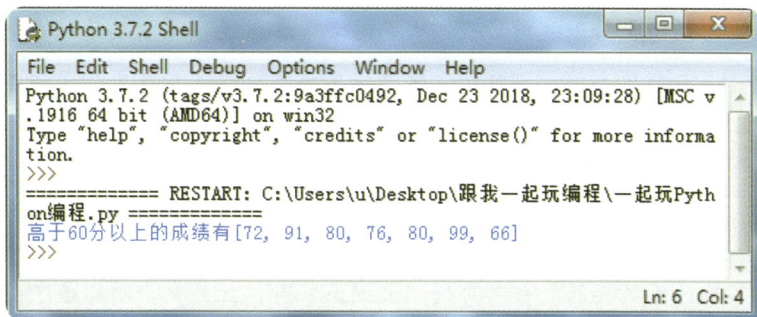

如图 5-33 运行结果

　　而使用 break 可以使整个程序停止。比如，我们制作一个程序，效果是可以向控制台上输入任意字母，并将这些字母组成一个列表，但是一旦输入字母 o 就立刻停止，程序结束。这里我们会用到控制台输入 input，代码如下：

```python
l=[]
while True:
    word=input("请输入任意字母：")
    if word=="o":
        break
    l.append(word)
print(l)
```

　　因为我们要在控制台上输入多次字母，所以控制台输入 input 需要循环执行，使用条件语句进行判断，如果输入的字母是 o，则 break 终止循环，程序结束。最后将输入的字母添加到列表中，打印列表，运行结果如图 5-34 所示：

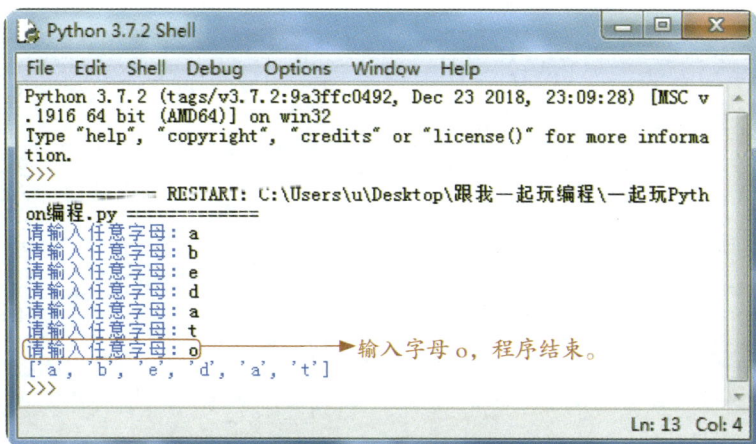

图 5-34 运行结果

练习10

《西游记》是我国古代四大名著之一，讲述了唐玄奘带领3个徒弟去西天拜佛求经，一路上克服了很多艰难险阻，打败了许多妖魔鬼怪，最终成功求得真经的故事。

其中有一个章节很有意思，当唐玄奘一行人来到金兜山时，遇到一个妖怪——青牛精。青牛精有一个宝物非常厉害，叫做金刚琢，可以套取他人的兵器。当年孙悟空大闹天宫时，就是被金刚琢砸了头，才被抓住的。这次遇到这个妖怪，孙悟空、猪八戒和沙和尚的兵器都被青牛精用金刚琢套走了。无奈之下，孙悟空去天庭搬救兵，叫来了托塔李天王、哪吒三太子、火德星君、水德星君、天兵天将和十八罗汉。最后发现，大家都打不过青牛精，最后请来了太上老君，才将青牛精降服，收回了金刚琢。原来青牛精是太上老君的坐骑——青牛变成的。以上降妖的过程，我们能否用 Python 代码来实现？输入其他人，全部都被青牛精打败，循环继续；直到输入太上老君，才成功降妖，循环结束。最后将被打败的神仙显示在一个列表中。

总结

1. range(n) 取值范围为 0—（n-1）。

2. range(起始数值，结尾数值) 取值范围不包含结尾数值。

3. range(起始数值，结尾数值，间隔步数) 可以设置间隔步数，不包含结尾数值。

4. 遍历时，集合可以是字符串、列表、元组和字典。可以使用 for…in…函数遍历。

5. 使用 for 循环嵌套时，要注意缩进。

6. 使用 while 循环设置循环退出的条件时，注意 break 和 continue 两种循环的区别。

跟我一起玩
PYTHON
编程

李珊 ◎ 著

天津出版传媒集团

天津科学技术出版社

目 录
CONTENTS

第 9 章   Pygame 小试牛刀

附录   章节练习答案

第 **6** 章

使用 Python 中的库

Python 之所以简单而又功能强大，是因为 Python 具有很多"库"，也可以称为"模块"。比如我们想要使用 Python 来计算高等数学，可以调用 Python 的高阶函数库；想要画图，可以调用绘图库；甚至想要改造游戏，可以调用游戏库。这些库大部分都是 Python 自带的，我们也可以上网从第三方下载功能更强大的库来使用。

这一章节，我们来学习两个在 Python 中非常有意思的库，也是非常适合初学者使用的库，它们简单且有趣，分别是"海龟绘图"turtle 和"随机数库"random。

6.1 让小海龟帮助我们画图吧

Turtle，本意是"海龟"的意思，Python 中有一个"库"可以直接帮助我们绘制图案，这个库就叫作 turtle，我们一般把它叫作"海龟绘图"。

6.1.1 认识小海龟和它的家

当我们想要在 Python 中使用某个"库"时，需要进行导入库操作，这时我们需要使用 import 函数，导入→ import。例如：我们想要调用海龟绘图库，就需要在 Python 中先打入 import turtle，导入海龟绘图库。注意 import 和 turtle 中间有一个空格，代码如下。

```
import turtle #导入海龟绘图库
```

如果这时运行，你就会发现屏幕上什么都没有显示。不用担心，这是很正常的。因为我们导入的海龟绘图库只是告诉 Python："我们马上要使用 turtle 库来绘图了！Python 要提前准备好里面的工具哦！"至于要如何使用 turtle 库里的工具，我们还没有告诉 Python 呢！所以 Python 不会有任何动作，它在等着我们下一步的指令。

那么，先让 Python 带我们认识一下这个绘图的小海龟长什么样子吧！想要看到小海龟的样子，我们就需要使用 turtle 库里的第一个工具：shape() 函数，显示出海龟模型，代码如下。

```
import turtle #导入海龟绘图库
turtle.shape("turtle") #显示海龟模型
```

这时我们运行程序，结果如图 6-1 所示。

图 6-1 小海龟出现啦

哇！一只可爱的小海龟跑了出来！小海龟并没有在 shell 控制台上出现，而是出现在一个新的窗口：Python Turtle Graphics（Python 海龟绘图窗口）。这个弹出的窗口就是海龟绘图的画布，我们可以把它当成海龟的家。

使用 turtle 库时，想要使用库里的任何函数，我们都可以在 turtle 后加一个点 (.)，代表我们从库中调用这个函数，然后在后面的括号（）内设置这个函数的参数。我们之后会学习 turtle 库中各种各样有趣的函数的使用方式，格式都是一样的。

当我们导入 turtle 库之后，实际上有两个操作对象，一个是小海龟，使用这个小海龟可以进行绘图；另一个就是这个绘图窗口，我们可以通过代码调整窗口大小、背景颜色等。

接下来我们来帮助小海龟把它的房子——这个绘图窗口变化一下吧！我们可以使用 setup() 函数来设置绘图窗口大小，代码如下。

```
import turtle #导入海龟绘图库
turtle.shape("turtle") #显示海龟模型
turtle.setup(300,300) #设置绘图窗口大小为300×300
```

因为我们的绘图窗口是矩形，所以我们在 setup 函数后的括号内，可以填入两个参数，代表这个窗口的长和宽。比如，我们先设置长和宽参数都是 300，运行一下，会跳出一个正方形的绘图窗口，如图 6-2 所示。

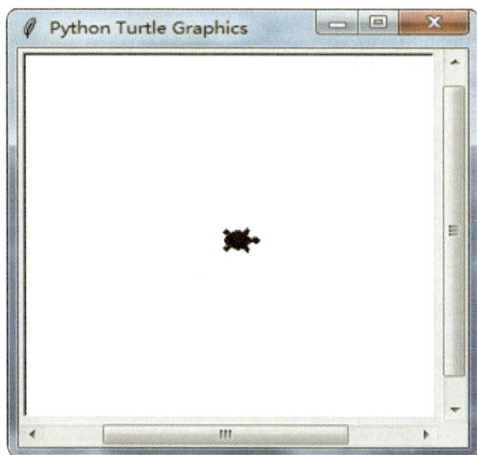

图 6-2　绘图窗口

这个窗口好像太小了，小海龟在里面运动起来很不方便！我们可以把长和宽设置得大一些，代码如下。

```python
import turtle #导入海龟绘图库
turtle.shape("turtle") #显示海龟模型
turtle.setup(700,600)  #设置绘图窗口大小为700×600
```

运行一下程序，结果是不是大了很多。我们在接下来绘图时，可以设置一个合适的尺寸，方便我们显示图案。

接下来，我们来把海龟的家装饰一下。背景是白色的，是不是太单调了？我们来刷个墙吧！把绘图窗口的背景改成其他颜色。比如，海龟一般在海里，我们试一试将背景涂成蓝色！设置屏幕时，我们需要用到 Screen（）函数，而设置屏幕背景的颜色，只需要在后面加上 bgcolor（）函数即可，详见图 6-3 分析。

turtle.Screen().bgcolor("blue")

设置屏幕　设置背景颜色：蓝色

bg=background 背景

图 6-3 屏幕背景颜色设置函数分析图

具体代码如下。

```python
import turtle #导入海龟绘图库
turtle.shape("turtle") #显示海龟模型
turtle.setup(700,600)  #设置绘图窗口大小为700×600
turtle.Screen().bgcolor("blue") # 设置屏幕背景颜色为蓝色
```

运行一下，结果如图 6-4 所示。

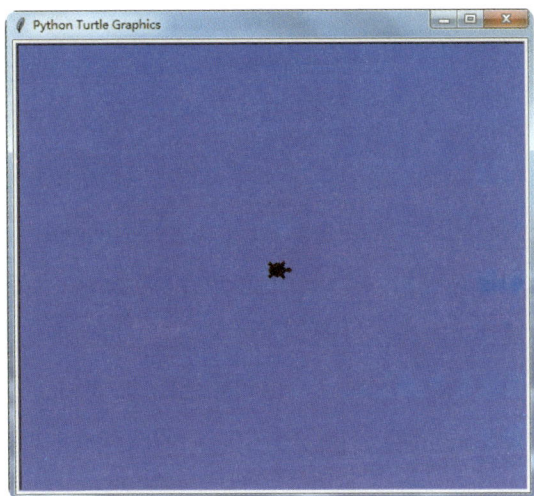

图 6-4　背景颜色变成了蓝色

背景变成蓝色啦！像不像小海龟在深海里游泳？

因为都是 turtle 库当中调用的函数，所以不要忘了它们之间的点（.）哦。

我们还可以将背景设置成不同的颜色，这就需要你学会很多关于颜色的单词，这里学会的颜色单词越多，小海龟的家的颜色就越鲜艳！

表 6-1 是一些常用的颜色的单词，记一记吧！

表 6-1 常用颜色表

红	蓝	绿	黄	粉	橙	紫
red	blue	green	yellow	pink	orange	purple
棕色	天蓝色	茶色	灰色	青色	黑色	白色
brown	skyblue	beige	gray	cyan	black	white

实际上，世界上的颜色有无数种，我们不可能记住所有关于颜色的英文单词，如果我们想要使用某种颜色，应该怎么做呢？不用担心！Python 那么强大，怎么能被这么简单的问题难倒呢？除了直接输入颜色单词来设置颜色外，还可以使用"三原色"的方法。

什么是三原色呢？我们在使用染料时，可以将不同的颜色混合，调和成新的颜色。三原色就是指最基本的 3 种颜色，在美术中指色彩三原色：青、黄和品红。我们可以通过这 3 种颜色，按照不同的比例混合，调和出其他所有的颜色，可以说色彩中的所有颜色都是由青、黄、品红调出来的。

除了色彩三原色以外，光也有三原色。光的三原色指的是：红（Red）、绿（Green）、蓝（Blue），我们把光的三原色简称为 RGB 颜色模型。我们看到的彩色电视机屏幕、电脑显示器等，都是将光的三原色进行配比，产生的其他多种光色。与色彩三原色相比，光的三原色最大的区别在于它属于减色模型，即混合后产生的颜色会加深。比如，青和黄混合，会产生绿色；品红和青混合，会产生蓝色；品红和黄混合，会产生红色。如果 3 种颜色按照同比例混合，会变成黑色。三原色混合后的颜色越来越暗，所以叫减色模型；而光的三原色恰恰相反，属于加色模型，如果 3 种光同比例混合，混合后的颜色越来越亮，会变成白色，如表 6-2 所示。

表 6-2   色彩三原色与光的三原色对比

名称	颜色	模型属性	用途
色彩三原色	品红、青、黄	减色模型	水彩、油画等
光的三原色	红、绿、蓝	加色模型	彩色电视机屏幕、显示器

我们在 Python 中也需要使用三原色来进行配色，想一想，我们应该使用哪些三原色呢？

因为 Python 绘图是在电脑上进行的，为了能让屏幕更好地显示颜色，所以我们需要使用光的三原色，即 RGB 颜色模型来配色。

要想使用 RGB 颜色模型进行配色，就要先告诉 Python：我们想要使用 RGB 颜色模型来填充设置颜色。这时，需要使用 Screen() 函数中的 colormode() 函数来设置颜色模型。同时，RGB 每种颜色配比的最大值为 255；当 RGB 三者都是 255 时，就会显示白色。所以我们可以使用如下代码。

```python
import turtle #导入海龟绘图库
turtle.shape("turtle") #显示海龟模型
turtle.setup(700,600) #设置绘图窗口大小为700×600
turtle.Screen().colormode(255) # 设置屏幕背景颜色,使用RGB颜色模型
```

接下来，我们就可以按照刚才的方法，输入背景颜色，但是我们输入的不是一个代表颜色的单词，而是 RGB 3 种颜色的比例，比如，我们将红色 R 设置为 100、绿色 G 设置为 50、蓝色 B 设置为 150，看看会出现什么颜色，代码如下。

```
import turtle #导入海龟绘图库
turtle.shape("turtle") #显示海龟模型
turtle.setup(700,600)   #设置绘图窗口大小为700×600
turtle.Screen().colormode(255) # 设置屏幕背景颜色,使用RGB颜色模型
turtle.Screen().bgcolor(100,50,150)#设置屏幕背景颜色
                          #RGB颜色配比为100,50,150
```

这里面的 bgcolor(100,50,150) 函数，括号里设置的就是 3 种颜色：红、绿、蓝的比例，最大可以设置为 255，最小为 0。

turtle.Screen().bgcolor(100,50,150)

红 R　　绿 G　　蓝 B

运行结果如图 6–5 所示。

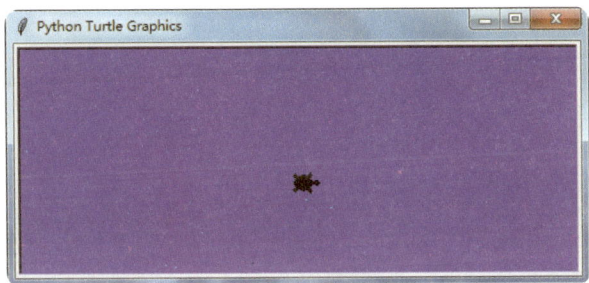

图 6-5　运行结果

原来使用 RGB 颜色模型，按照 100：50：150 比例调出的颜色是紫色，是不是非常神奇？

不过海龟在一个紫色的背景里，看着好奇怪，我们希望能够调出像大海一样的浅蓝色。可是我们不知道浅蓝色的 RGB 颜色比例呀！没关系，我们可以通过互联网查询 RGB 配色表，就可以找到我们想要的所有颜色了。通过查询，我们找到了浅蓝色的 RGB 配色比例是：（0，238，238），第一个红色 R 的颜色是 0，说明想调出浅蓝色，是不需要红色的。我们使用如下代码试一试吧！

```
import turtle #导入海龟绘图库
turtle.shape("turtle") #显示海龟模型
turtle.setup(700,600)   #设置绘图窗口大小为700×600
turtle.Screen().colormode(255) # 设置屏幕背景颜色,使用RGB颜色模型
turtle.Screen().bgcolor(0,238,238)#设置屏幕背景颜色
                          #RGB颜色配比为0,238,238
```

运行一下，结果如图 6-6 所示。

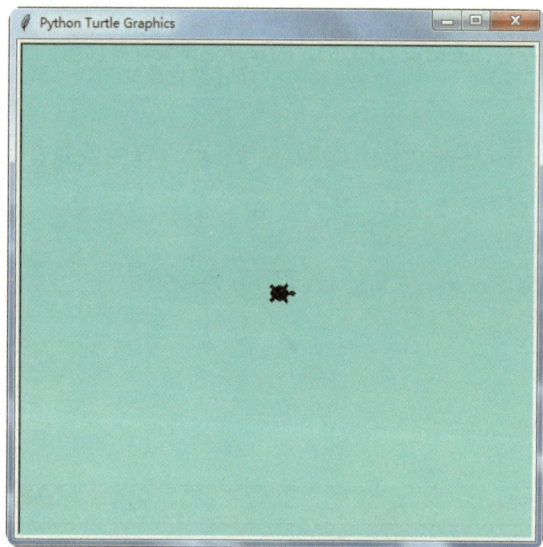

图6-6　运行结果

哇，浅蓝色背景出来了，小海龟终于像在水里了！

不过，海龟一般都是绿色的，而我们绘图的这只海龟却是黑色的。既然我们可以改变绘图屏幕的颜色，那能不能改变小海龟的颜色呢？当然可以。我们还可以使用刚才的方法，只不过我们不再是给屏幕设置颜色，所以不需要使用Screen() 函数，直接使用 turtle 库里的 color() 函数就可以给小海龟上色，代码如下。

```
import turtle #导入海龟绘图库
turtle.shape("turtle")  #显示海龟模型
turtle.setup(700,600)   #设置绘图窗口大小为700×600
turtle.Screen().colormode(255)  # 设置屏幕背景颜色，使用RGB颜色模型
turtle.Screen().bgcolor(0,238,238)#设置屏幕背景颜色
                         #RGB颜色配比为0,238,238
turtle.color(0,200,0)#设置海龟颜色，也可以使用turtle.color("green")
```

运行一下，结果如图 6-7 所示。

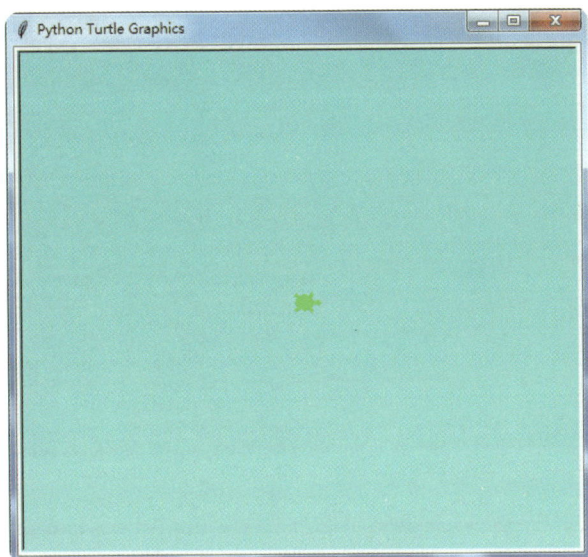

图 6-7 运行结果

嘿嘿！小海龟终于变成绿色了，这样搭配在一起，就像一只小海龟正在浅水中游泳。

除了可以设置整个海龟的颜色，我们还可以设置海龟的边缘颜色，让海龟在屏幕上看起来更明显一些。我们使用 pencolor() 函数，就好像用笔给海龟勾勒出轮廓一样，代码如下。

```python
import turtle #导入海龟绘图库
turtle.shape("turtle") #显示海龟模型
turtle.setup(700,600)  #设置绘图窗口大小为700×600
turtle.Screen().colormode(255) # 设置屏幕背景颜色,使用RGB颜色模型
turtle.Screen().bgcolor(0,238,238)#设置屏幕背景颜色
                             #RGB颜色配比为0,238,238
turtle.color(0,200,0)#设置海龟颜色,也可以使用turtle.color("green")
turtle.pencolor(0,100,0)#设置笔的颜色,将海龟的轮廓勾勒出来
```

运行一下，结果如 6-8 所示。

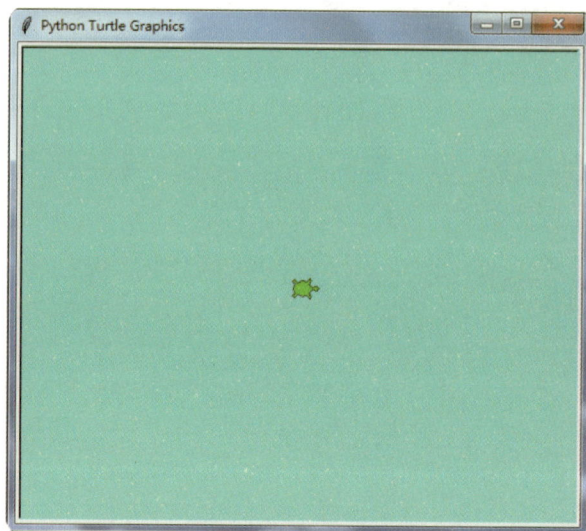

图 6-8 运行结果

小海龟的轮廓是不是比刚才更清晰了？因为 RGB 颜色模型是加色模型，所以如果我们想要颜色更深，就需要把 RGB 数值设置得比之前小一些。

既然我们能够设置绘图屏幕的大小，那么能不能改变小海龟的大小呢？答案是肯定的！我们可以使用 turtlesize() 函数来设置海龟的尺寸。turtlesize() 函数的括号内可以设置 3 个参数，第一个是海龟的宽度（上下距离），第二个是海龟的长度（左右距离），第三个是海龟轮廓的宽度。我们来试一试：将海龟的长、宽都设置为 8，轮廓宽度设置为 3，代码如下。

```
import turtle  #导入海龟绘图库
turtle.shape("turtle")  #显示海龟模型
turtle.setup(700,600)  #设置绘图窗口大小为700×600
turtle.Screen().colormode(255)  #设置屏幕背景颜色，使用RGB颜色模型
turtle.Screen().bgcolor(0,238,238)  #设置屏幕背景颜色：RGB颜色配比为0,238,238
turtle.color(0,200,0)  #设置海龟颜色，也可以使用turtle.color("green")
turtle.pencolor(0,100,0)  #设置笔的颜色，将海龟的轮廓勾勒出来。
turtle.turtlesize(8,8,3)  #设置海龟的尺寸
```

运行一下，结果如图 6-9 所示。

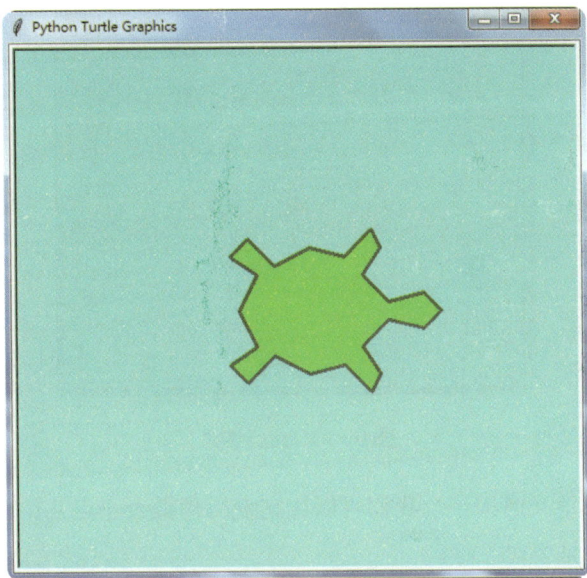

图 6-9　运行结果

好大的一只海龟呀！这么大的海龟在屏幕上爬，实在是太笨重了！还是刚才那种可爱的小海龟更合适。不过我们并不知道刚才的小海龟尺寸的参数是多少，怎么办呢？可以使用 resizemode() 函数来重置海龟大小，其代码如下。

```python
import turtle #导入海龟绘图库
turtle.shape("turtle") #显示海龟模型
turtle.setup(700,600)　#设置绘图窗口大小为700×600
turtle.Screen().colormode(255)　# 设置屏幕背景颜色，使用RGB颜色模型
turtle.Screen().bgcolor(0,238,238)#设置屏幕背景颜色
                                  #RGB颜色配比为0,238,238
turtle.color(0,200,0)#设置海龟颜色，也可以使用turtle.color("green")
turtle.pencolor(0,100,0)#设置笔的颜色，将海龟的轮廓勾勒出来
turtle.turtlesize(8,8,3)#设置海龟的尺寸
turtle.resizemode("auto")#重置海龟的尺寸，设置为auto，默认模式
```

以上代码中最后一行 auto 是自动的意思，设置成 auto，可以让海龟尺寸恢复成 Python 最开始默认的尺寸，运行结果如图 6-10 所示。

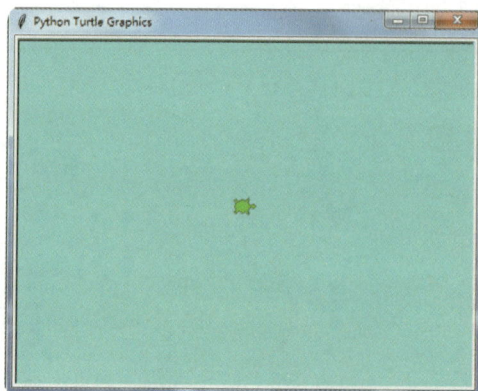

图 6-10　运行结果

　　萌萌的小海龟又回来了！我们可以让它变得稍微大一点儿，但不要像刚才那么大，将长和宽设置成4吧！

```
import turtle #导入海龟绘图库
turtle.shape("turtle") #显示海龟模型
turtle.setup(700,600)  #设置绘图窗口大小为700×600
turtle.Screen().colormode(255) # 设置屏幕背景颜色,使用RGB颜色模型
turtle.Screen().bgcolor(0,238,238)#设置屏幕背景颜色
                     #RGB颜色配比为0,238,238
turtle.color(0,200,0)#设置海龟颜色,也可以使用turtle.color("green")
turtle.pencolor(0,100,0)#设置笔的颜色,将海龟的轮廓勾勒出来
turtle.turtlesize(4,4,3)#设置海龟的尺寸
```

运行一下，结果如图6-11所示。

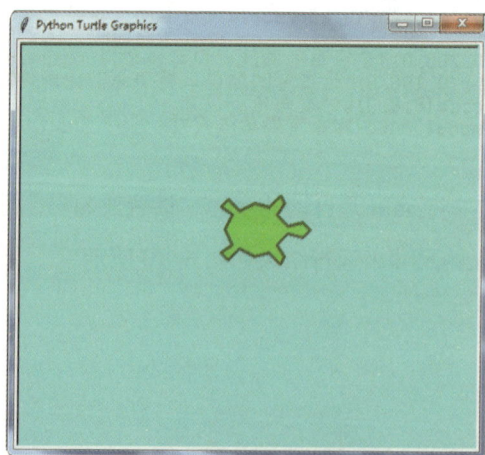

图 6-11　运行结果

这样的海龟，看着还可以！

如果我们把 turtlesize() 函数中第 3 个海龟轮廓数值设置大一些，会怎么样呢？
试一试把第 3 个参数设置为 12，代码如下。

```
import turtle #导入海龟绘图库
turtle.shape("turtle") #显示海龟模型
turtle.setup(700,600)  #设置绘图窗口大小为700×600
turtle.Screen().colormode(255) # 设置屏幕背景颜色,使用RGB颜色模型
turtle.Screen().bgcolor(0,238,238)#设置屏幕背景颜色
                          #RGB颜色配比为0,238,238
turtle.color(0,200,0)#设置海龟颜色，也可以使用turtle.color("green")
turtle.pencolor(0,100,0)#设置笔的颜色，将海龟的轮廓勾勒出来
turtle.turtlesize(4,4,12)#设置海龟的尺寸
```

再运行一下，结果如图 6-12 所示。

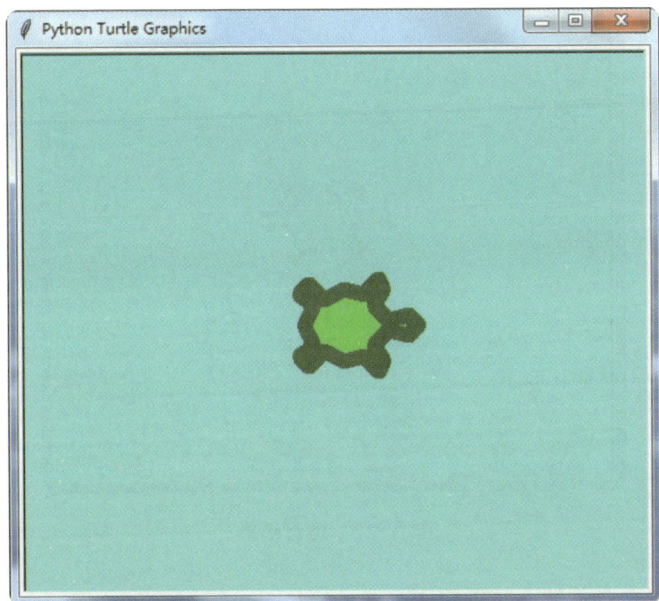

图 6-12　运行结果

哇，海龟的轮廓变得非常宽，这就是第 3 个参数的用法！我们也可以只设置
第 3 个参数，使用 turtlesize（outline= 数值）来完成。比如，这个轮廓太宽了，
我们希望把海龟的轮廓参数设置成 5，可以使用如下代码。

```
import turtle #导入海龟绘图库
turtle.shape("turtle") #显示海龟模型
turtle.setup(700,600)   #设置绘图窗口大小为700×600
turtle.Screen().colormode(255) # 设置屏幕背景颜色,使用RGB颜色模型
turtle.Screen().bgcolor(0,238,238)#设置屏幕背景颜色
                                  #RGB颜色配比为0,238,238
turtle.color(0,200,0)#设置海龟颜色，也可以使用turtle.color("green")
turtle.pencolor(0,100,0)#设置笔的颜色，将海龟的轮廓勾勒出来
turtle.turtlesize(4,4,12)#设置海龟的尺寸
turtle.turtlesize(outline=5)#只设置海龟轮廓为5，不改变海龟的长和宽
```

运行结果如图 6-13 所示。

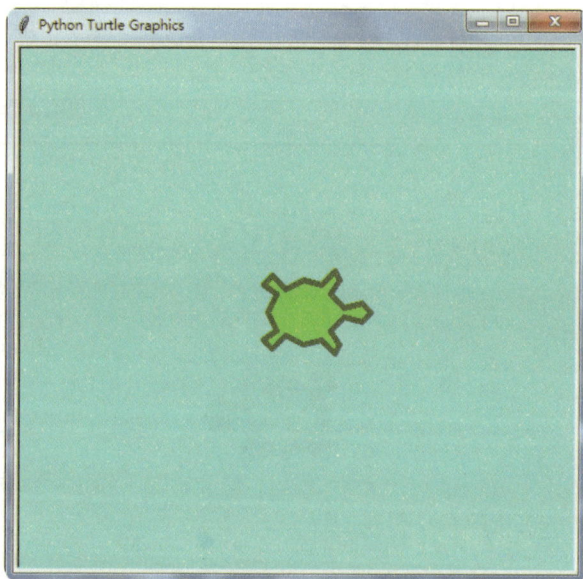

图 6-13　运行结果

这样的轮廓看着就比较舒服了！

怎么样，这一节的内容是不是非常有趣？通过代码，我们不仅可以改变绘图屏幕的大小和颜色，还可以改变海龟的颜色和大小，甚至轮廓粗细。改变颜色的方法有两种，一种是直接输入颜色的单词，另一种是使用 RGB 颜色模型。你都记住了吗？详见表 6-3 所示。

表 6-3 海龟绘图函数设置表

需要函数及参数	操作及呈现效果
import turtle	导入海龟绘图库
turtle.shape("turtle")	显示海龟
turtle.Screen().bgcolor("color")	设置绘图屏幕窗口颜色
turtle.setup(长 , 宽)	设置绘图屏幕窗口大小
turtle.Screen().colormode(255)	设置颜色模式为 RGB 颜色模型
turtle.Screen().bgcolor(R,G,B)	通过 RGB 颜色模型设置绘图屏幕窗口颜色
turtle.color(R,G,B)	设置海龟颜色
turtle.pencolor(R,G,B)	设置海龟轮廓颜色
turtle.turtlesize(宽 , 长 , 轮廓宽度)	设置海龟大小
turtle.turtlesize(outline= 宽度数值)	只设置海龟轮廓宽度

6.1.2 让小海龟动起来

我们已经认识了小海龟 turtle 和它的家，小海龟也原地待命很久了。现在让它动起来吧！首先，我们让小海龟出现在绘图屏幕窗口上，比如，它的头最开始是朝向右边的，我们可以先改变它头的朝向，让小海龟的头朝着上方。这时我们让小海龟原地逆时针旋转 90°，使用 left（角度）函数来完成这个动作。left 这个单词你一定很熟悉，是左边的意思，括号里的参数指转向的角度。

```
import turtle #导入海龟绘图库
turtle.shape("turtle") #显示海龟模型
turtle.setup(700,600)  #设置绘图窗口大小为700×600
turtle.Screen().colormode(255)  # 设置屏幕背景颜色,使用RGB颜色模型
turtle.Screen().bgcolor(0,238,238)#设置屏幕背景颜色
                            #RGB颜色配比为0,230,238
turtle.color(0,200,0)#设置海龟颜色，也可以使用turtle.color("green")
turtle.pencolor(0,100,0)#设置笔的颜色，将海龟的轮廓勾勒出来
turtle.turtlesize(4,4,12)#设置海龟的尺寸
turtle.turtlesize(outline=5)#只设置海龟轮廓为5，不改变海龟的长和宽


turtle.left(90) #让海龟左转90度，头朝上
```

运行一下，结果如图 6-14 所示。

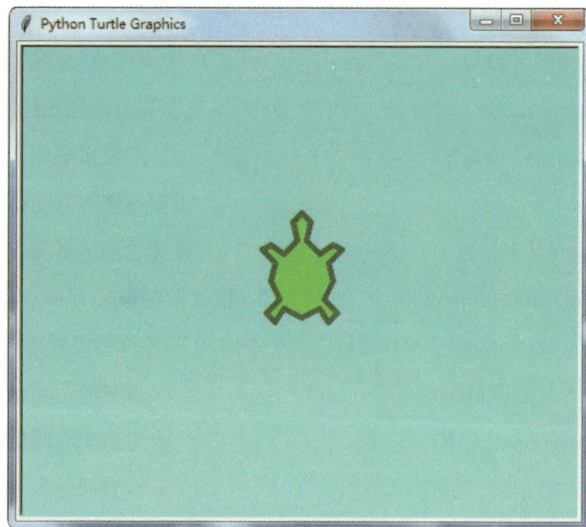

图 6-14　运行结果

哈！小海龟动起来了，它转了一个身，头朝向上方了。

这里的角度是指物体转动时，形成的夹角大小。比如，小海龟最开始头是朝向右侧的，后来转向了上方，这时它转动后形成的夹角恰好是 90° 角；如果转动 180°，意味着小海龟会朝着自己身后的位置；如果转过 360°，则说明小海龟原地转了一整圈。只要我们设置好角度，就可以让小海龟朝着任何方向转动。

同样的，我们还可以让小海龟朝其他方向转动。比如，现在小海龟是朝上方的，我们可以让它朝下方。这时需要让小海龟左转 180° 或者右转 180°，刚才使用了 left() 函数，这回我们来试试顺时针旋转的 right() 函数。

```
import turtle #导入海龟绘图库
turtle.shape("turtle") #显示海龟模型
turtle.setup(700,600)   #设置绘图窗口大小为700×600
turtle.Screen().colormode(255) # 设置屏幕背景颜色,使用RGB颜色模型
turtle.Screen().bgcolor(0,238,238)#设置屏幕背景颜色
                                 #RGB颜色配比为0,238,238
turtle.color(0,200,0)#设置海龟颜色,也可以使用turtle.color("green")
turtle.pencolor(0,100,0)#设置笔的颜色,将海龟的轮廓勾勒出来
turtle.turtlesize(4,4,12)#设置海龟的尺寸
turtle.turtlesize(outline=5)#只设置海龟轮廓为5,不改变海龟的长和宽

turtle.left(90) #让海龟左转90度,头朝上
turtle.right(180)#让海龟右转180度,头朝下
```

运行一下,结果如图 6-15 所示。

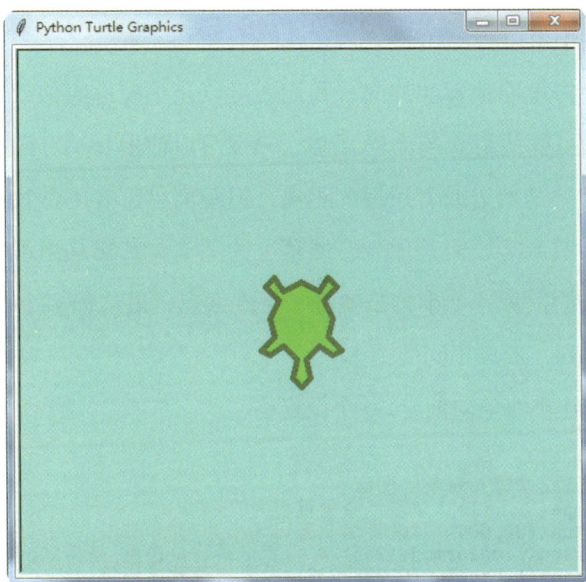

图 6-15　运行结果

小海龟果然转了 180°,头朝下方了。

角度可以设置成负数,这时小海龟就会向相反的方向转动。比如,我们设置逆时针旋转 −90°,其实就是让小海龟顺时针旋转 90°。有空的话,你可以自己试一试哦。

我们学会了使用 left() 函数和 right() 函数让小海龟转动方向,加上之前学过的循环,就可以让小海龟原地转圈哦!比如,我们可以让小海龟原地顺时针旋转 10 圈,使用 for 循环,加上如下的代码就可以实现。

```
import turtle #导入海龟绘图库
turtle.shape("turtle") #显示海龟模型
turtle.setup(700,600) #设置绘图窗口大小为700×600
turtle.Screen().colormode(255) # 设置屏幕背景颜色,使用RGB颜色模型
turtle.Screen().bgcolor(0,238,238)#设置屏幕背景颜色
                              #RGB颜色配比为0,238,238
turtle.color(0,200,0)#设置海龟颜色,也可以使用turtle.color("green")
turtle.pencolor(0,100,0)#设置笔的颜色,将海龟的轮廓勾勒出来
turtle.turtlesize(4,4,12)#设置海龟的尺寸
turtle.turtlesize(outline=5)#只设置海龟轮廓为5,不改变海龟的长和宽


turtle.left(90) #让海龟左转90度,头朝上
turtle.right(180)#让海龟右转180度,头朝下
for i in range(10):
    turtle.right(360) #让海龟向右转360度
```

运行一下看看效果吧，小海龟在原地转动起来了！是不是看着头都很晕呀，不用担心，10圈之后它就停下来了。

学会了让小海龟原地转动方向，我们还可以让小海龟向前或者向后跑。向前可以使用 forward() 函数，向后可以使用 back() 函数。括号中的参数是前进或者后退的距离，但距离单位并不是我们平常说的米、厘米等，而是像素。屏幕上的图案，其实是由很多个小方格组成的，每一个小方格就是一个像素点，最终很多个像素点按照固定的位置和颜色排列，形成不同的图案。

我们可以先让小海龟向前走50个像素格。

```
import turtle #导入海龟绘图库
turtle.shape("turtle") #显示海龟模型
turtle.setup(700,600) #设置绘图窗口大小为700×600
turtle.Screen().colormode(255) # 设置屏幕背景颜色,使用RGB颜色模型
turtle.Screen().bgcolor(0,238,238)#设置屏幕背景颜色
                              #RGB颜色配比为0,238,238
turtle.color(0,200,0)#设置海龟颜色,也可以使用turtle.color("green")
turtle.pencolor(0,100,0)#设置笔的颜色,将海龟的轮廓勾勒出来
turtle.turtlesize(4,4,12)#设置海龟的尺寸
turtle.turtlesize(outline=5)#只设置海龟轮廓为5,不改变海龟的长和宽


turtle.left(90) #让海龟左转90度,头朝上
turtle.forward(50)#向前走50个像素单位
```

运行结果如图6-16所示。

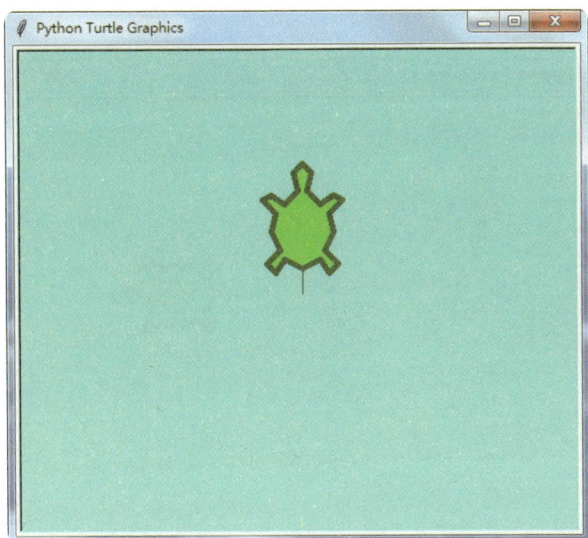

图 6-16　运行结果

小海龟向上爬行了一段距离，这段距离就是 50 个像素单位。

仔细观察，小海龟的后面有一根长长的线，这根线是哪里来的呢？答案先保密，我们再让小海龟顺时针旋转 90°，往前走 100 个像素单位，其代码如下。

```python
import turtle #导入海龟绘图库
turtle.shape("turtle") #显示海龟模型
turtle.setup(700,600)   #设置绘图窗口大小为700×600
turtle.Screen().colormode(255) # 设置屏幕背景颜色,使用RGB颜色模型
turtle.Screen().bgcolor(0,238,238)#设置屏幕背景颜色
                       #RGB颜色配比为0,238,238
turtle.color(0,200,0)#设置海龟颜色，也可以使用turtle.color("green")
turtle.pencolor(0,100,0)#设置笔的颜色，将海龟的轮廓勾勒出来
turtle.turtlesize(4,4,12)#设置海龟的尺寸
turtle.turtlesize(outline=5)#只设置海龟轮廓为5,不改变海龟的长和宽


turtle.left(90) #让海龟左转90度，头朝上
turtle.forward(50)#向前走50个像素单位
turtle.right(90) #向右转90度
turtle.forward(100) #向前100个像素单位
```

运行一下，结果如图 6-17 所示。

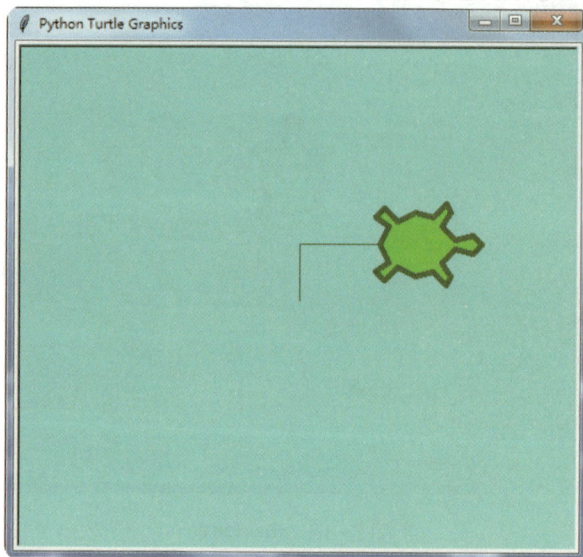

图 6-17　运行结果

　　小海龟按照我们程序规定的路线又前进了一段距离，身后的线也跟着小海龟在延长。如果再让小海龟逆时针旋转 120°，然后后退 100 个像素单位，你会做吗？试一试吧！

```python
import turtle #导入海龟绘图库
turtle.shape("turtle") #显示海龟模型
turtle.setup(700,600)  #设置绘图窗口大小为700×600
turtle.Screen().colormode(255) # 设置屏幕背景颜色，使用RGB颜色模型
turtle.Screen().bgcolor(0,238,238)#设置屏幕背景颜色
                               #RGB颜色配比为0,238,238
turtle.color(0,200,0)#设置海龟颜色，也可以使用turtle.color("green")
turtle.pencolor(0,100,0)#设置笔的颜色，将海龟的轮廓勾勒出来
turtle.turtlesize(4,4,12)#设置海龟的尺寸
turtle.turtlesize(outline=5)#只设置海龟轮廓为5，不改变海龟的长和宽


turtle.left(90) #让海龟左转90度，头朝上
turtle.forward(50)#向前走50个像素单位
turtle.right(90) #向右转90度
turtle.forward(100) #向前100个像素单位
turtle.left(120) #左转120度
turtle.back(100) #后退100个像素单位
```

运行结果如图 6-18 所示。

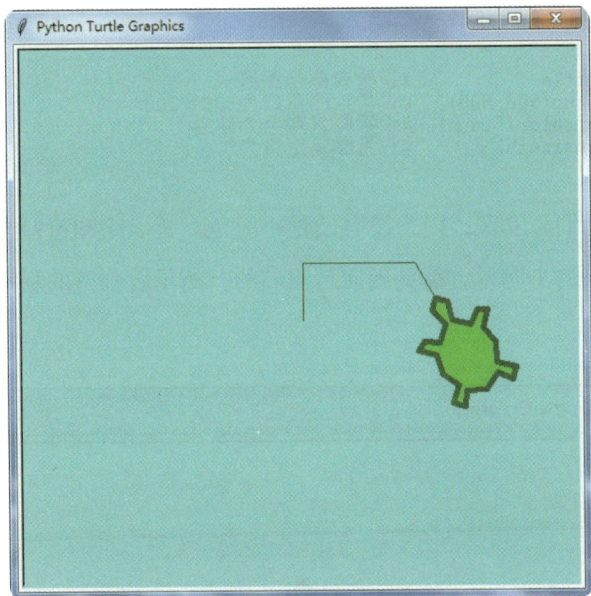

如图 6-18　运行结果

这时我们可以看到小海龟是后退着爬行的，身后的线还在跟着小海龟。这是怎么回事呢？

原来我们一直使用的是"海龟绘图"库，这个小海龟就是帮助我们绘图的好帮手。小海龟手里藏着一支画笔，会把自己走过的路径都画出来。如果我们想画一个图，只要让小海龟沿着图走一遍就可以了。

为了更好地理解小海龟是如何画图的，我们在 Python 中新建一个文件来画一个简单的图形。

我们先调用 turtle 库，然后将绘图窗口调成 500×500。

```
import turtle
turtle.setup(500,500)
```

因为我们现在主要学习如何画图，所以可以先让小海龟休息。我们已经知道 turtle 库设置的对象有两个，一个是绘图窗口，另一个是小海龟，那么我们可以把小海龟直接当作我们画图的笔，也可以对"笔"进行一些设置：使用 pencolor()

函数来设置画笔的颜色，pensize() 函数设置画笔的宽度。比如，我们可以将画笔颜色设置为红色，将画笔的宽度设置为 5，代码如下。

```
import turtle            #设置海龟绘图库
turtle.setup(500,500)    #设置绘图窗口为500×500
turtle.pencolor("red")   #设置画笔颜色为红色
turtle.pensize(5)        #设置画笔宽度为5
```

运行一下我们会发现，因为没有设置小海龟，所以绘图窗口中间会出现一个箭头代替了原来的小海龟，箭头朝向是向右的，指示着画笔的移动方向。结果如图 6-19 所示。

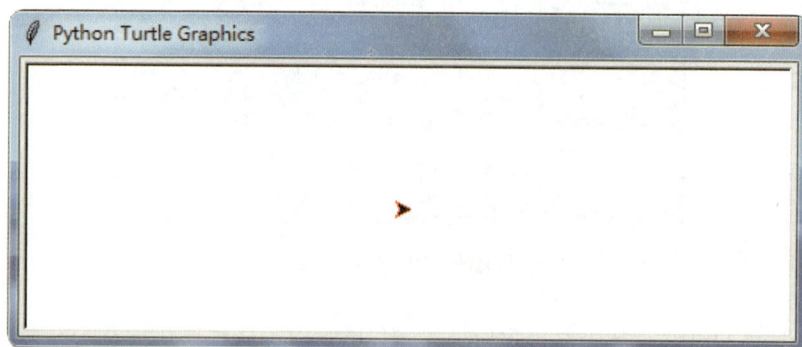

图 6-19　运行结果

我们让画笔向前移动 100 个像素单位，其代码如下。

```
import turtle            #设置海龟绘图库
turtle.setup(500,500)    #设置绘图窗口为500×500
turtle.pencolor("red")   #设置画笔颜色为红色
turtle.pensize(5)        #设置画笔宽度为5
turtle.forward(100)      #画笔向前画直线，长度为100个像素单位
```

运行一下，结果如图 6-20 所示。

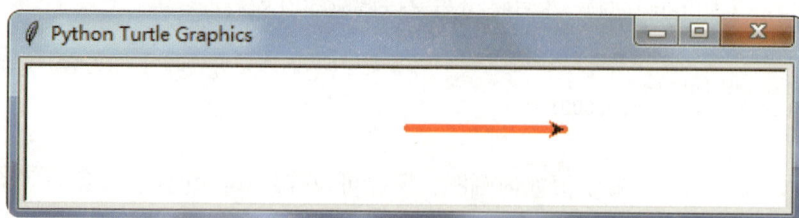

图 6-20　运行结果

是不是跟刚才的小海龟爬行很相似？只不过前面的程序显示的是小海龟爬行的路径，这次是通过画笔画出的一条直线。

接下来，跟我一起想一想，如何在绘制 100 个像素单位的直线的基础上画出一个红色的正方形呢？箭头应该先逆时针旋转 90°，然后再往前走 100 个像素单位；再逆时针旋转 90°，再向前 100 个像素单位；再逆时针旋转 90°，向前 100 个像素单位，如图 6-21 所示。过程是不是很简单？相信你可以自己做出来，试一试吧！

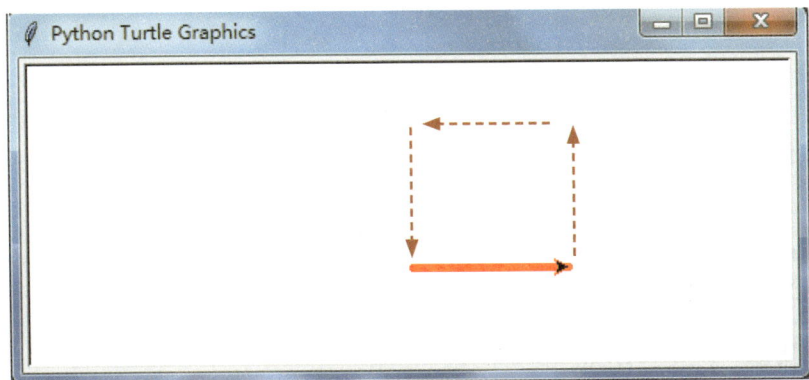

图 6-21　绘图演示

代码如下：

```
import turtle                    #设置海龟绘图库
turtle.setup(500,500)           #设置绘图窗口为500×500
turtle.pencolor("red")          #设置画笔颜色为红色
turtle.pensize(5)               #设置画笔宽度为5
turtle.forward(100)             #画笔向前画直线，长度为100个像素单位
turtle.left(90)
turtle.forward(100)
turtle.left(90)
turtle.forward(100)
turtle.left(90)
turtle.forward(100)
```

运行一下，结果如图 6-22 所示。

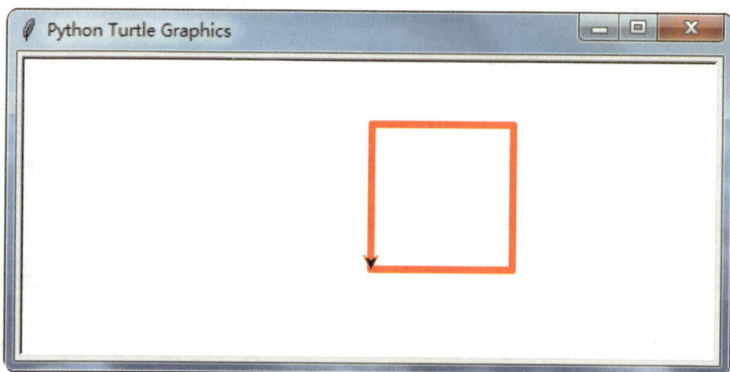

图 6-22　运行结果

一个红色的正方形就画出来了！但是这个正方形多了一个箭头，不过不用担心，我们可以使用 hideturtle() 函数将箭头隐藏起来，其代码如下。

```
import turtle                  #设置海龟绘图库
turtle.setup(500,500)          #设置绘图窗口为500×500
turtle.pencolor("red")         #设置画笔颜色为红色
turtle.pensize(5)              #设置画笔宽度为5
turtle.forward(100)            #画笔向前画直线，长度为100个像素单位
turtle.left(90)
turtle.forward(100)
turtle.left(90)
turtle.forward(100)
turtle.left(90)
turtle.forward(100)
turtle.hideturtle()            #隐藏箭头
```

运行结果如图 6-23 所示。

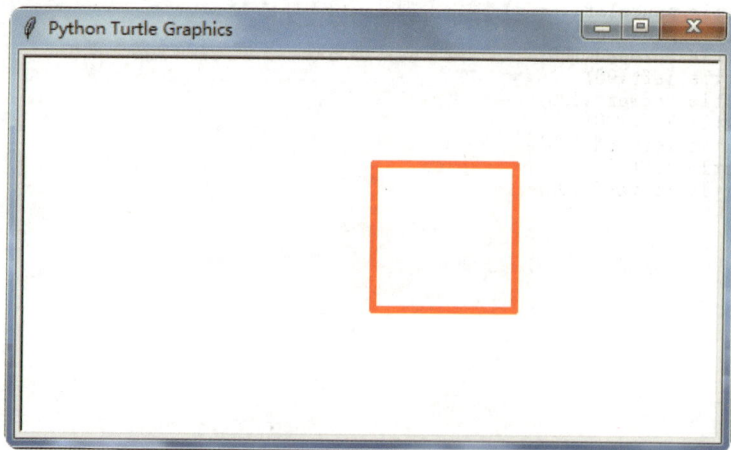

如图 6-23　运行结果

这下正方形完美了，因为我们画图时设置的每一条边都是 100 个像素单位。

当然，如果你喜欢那个箭头，可以使用 showturtle() 函数把它显示出来。

如果我们觉得画笔移动的速度太慢，还可以使用 speed() 函数来设置画笔移动的速度，设置的范围是 0 到 10。数值越大，画笔移动的速度越快。设置成 0，将直接成图，没有画笔移动的效果。自己试一试吧！

我们再来思考一下画正方形的过程：向前→逆时针旋转；向前→逆时针旋转；向前→逆时针旋转；向前→逆时针旋转（最后连接到起点时，可以逆时针旋转一下，并不影响我们最后画出来的正方形）。发现问题了吗？我们把画正方形时"向前→逆时针旋转"的过程重复了 4 次，那么，有没有比较简单的程序来完成重复的过程呢？就是我们上一章学过的 for 循环。你还记得如何使用吗？试一试吧！

```python
import turtle              #设置海龟绘图库
turtle.setup(500,500)      #设置绘图窗口为500×500
turtle.pencolor("red")     #设置画笔颜色为红色
turtle.pensize(5)          #设置画笔宽度为5

for i in range(4):         #for循环，循环次数设置为4
    turtle.forward(100)    #画笔向前画直线，长度为100个像素单位
    turtle.left(90)        #左转（逆时针旋转）90度
turtle.hideturtle()        #循环结束后隐藏箭头
```

运行一下，结果和刚才是一样的！所以我们编程时要尽量使用简单的代码，这样可以使程序变得简单，也可以快速完成任务。

练习1　画出一个长 200、宽 100 的长方形，颜色设置为黄色，画笔宽度为 5。

练习2　画一个蓝色的等边三角形，边长为 200，画笔宽度为 2。

6.1.3 给图形内部填充颜色

我们除了可以为图形的轮廓填充颜色以外，还可以使用 fillcolor() 函数对图形内部进行颜色填充操作。不过，在填充开始前，我们还需要使用 begin_fill() 函数

和 end_fill 函数告诉 Python 什么时候开始填充颜色，什么时候填充结束。begin_fill() 函数表示开始填充颜色，end_fill() 函数表示结束填充颜色，两个关键词之间需要用下划线（_）连接，跟我一起来学习具体用法吧！

首先，我们设定绘图窗口的大小、画笔的颜色和画笔的粗细。我们将绘图窗口设置为 500×500，画笔颜色设置为红色，画笔粗细设置为 2，代码如下。

```
import turtle              #设置海龟绘图库
turtle.setup(500,500)     #设置绘图窗口为500×500
turtle.pencolor("red")    #设置画笔颜色为红色
turtle.pensize(2)         #设置画笔宽度为2
```

然后，我们设置图形内部填充的颜色，填充成蓝色，代码如下。

```
import turtle              #设置海龟绘图库
turtle.setup(500,500)     #设置绘图窗口为500×500
turtle.pencolor("red")    #设置画笔颜色为红色
turtle.pensize(2)         #设置画笔宽度为2
turtle.fillcolor("blue")  #设置填充颜色为蓝色
```

接下来，我们告诉 Python 要开始给图形填充颜色了，代码如下。

```
import turtle              #设置海龟绘图库
turtle.setup(500,500)     #设置绘图窗口为500×500
turtle.pencolor("red")    #设置画笔颜色为红色
turtle.pensize(2)         #设置画笔宽度为2
turtle.fillcolor("blue")  #设置填充颜色为蓝色
turtle.begin_fill()       #开始给图形填充
```

设置完图形颜色，就可以进行绘图了，Python 会自动将我们画的图的内部填充上颜色。我们可以画一个正方形。

```
import turtle              #设置海龟绘图库
turtle.setup(500,500)     #设置绘图窗口为500×500
turtle.pencolor("red")    #设置画笔颜色为红色
turtle.pensize(2)         #设置画笔宽度为2
turtle.fillcolor("blue")  #设置填充颜色为蓝色
turtle.begin_fill()       #开始给图形填色

for i in range(4):        #for循环，循环次数设置为4
    turtle.forward(200)   #画笔向前画线，长度为200个像素单位
    turtle.left(90)       #左转（逆时针旋转）90度
turtle.hideturtle()       #循环结束后隐藏箭头
```

如果我们现在运行程序，会有什么结果呢？

我们会发现，红色轮廓的正方形虽然画出来了，但是 Python 并没有按照我们

的指令填充上蓝色，问题出现在什么地方呢？原来，我们只告诉了 Python 开始填充颜色，并没有告诉 Python 什么时候结束填充，这时候的 Python 正拿着刷子等待指令呢！我们在画完正方形后，一定要记得告诉 Python 填充结束了，即直接输入 end_fill() 函数就可以了！

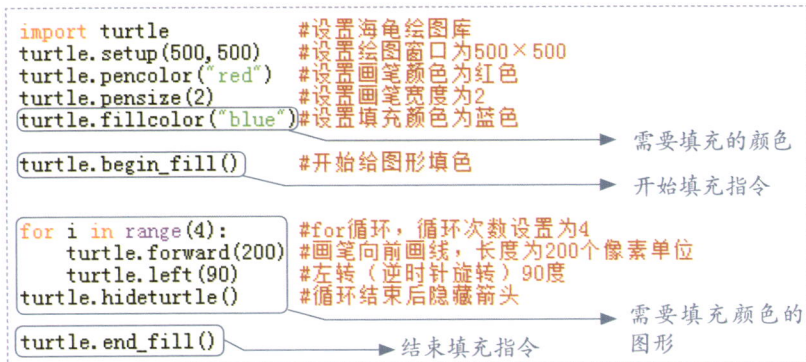

```python
import turtle              #设置海龟绘图库
turtle.setup(500,500)      #设置绘图窗口为500×500
turtle.pencolor("red")     #设置画笔颜色为红色
turtle.pensize(2)          #设置画笔宽度为2
turtle.fillcolor("blue")   #设置填充颜色为蓝色     ← 需要填充的颜色

turtle.begin_fill()        #开始给图形填色          ← 开始填充指令

for i in range(4):         #for循环，循环次数设置为4
    turtle.forward(200)    #画笔向前画线，长度为200个像素单位
    turtle.left(90)        #左转（逆时针旋转）90度
turtle.hideturtle()        #循环结束后隐藏箭头
                                                    ← 需要填充颜色的图形
turtle.end_fill()          ← 结束填充指令
```

运行一下，看看效果吧！如图 6-24 所示。

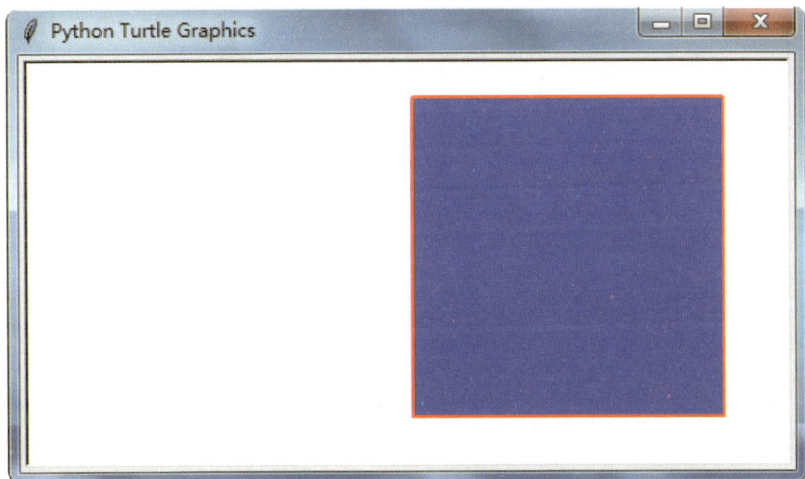

图 6-24　正方形画好了

一个红色轮廓、内部填充成蓝色的正方形就画好了！

我们需要注意：begin_fill() 函数和 end_fill() 函数一定要一起使用，分别代表开始和停止。这样 Python 才知道我们什么时候要填充颜色，什么时候不需要填充颜色。

我们学习了使用 pencolor() 函数设置画笔颜色、使用 fillcolor() 函数设置填充颜色，其实我们可以把两行代码进行合并，直接使用 color("pencolor","fillcolor") 函数来同时给画笔和图形填充颜色。而恰当地使用循环，可以让我们的图形更加绚烂！比如，我们可以让某一绘图过程循环多次，画出一个好看的星星图案，其代码如下。

```python
import turtle
turtle.speed(9)                    #设置画笔移动速度为9
turtle.color("blue","red")         #设置画笔颜色为蓝色，填充颜色为红色
turtle.begin_fill()                #开始填充颜色
for i in range(30):                #循环30次
    turtle.forward(200)            #画笔向前移动200像素单位
    turtle.right(150)              #右转（顺时针）旋转150度
turtle.end_fill()                  #结束填充颜色
turtle.hideturtle()                #隐藏箭头
```

运行一下，结果如图 6-25 所示。

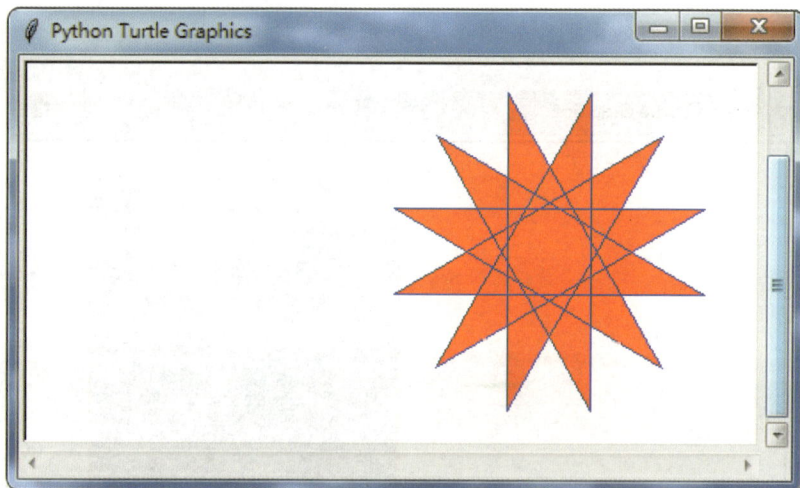

图 6-25　图形画好啦

你学会了吗？试着加上循环，画一个喜欢的图案吧！

为了更方便地帮助大家系统地学习绘画有关的函数及作用，这里我们整理了一个表格供掌握。

表 6-4　海龟绘图函数对应表

函数设置	代表含义
turtle.pensize()	设置画笔宽度
turtle.pencolor()	设置画笔颜色
turtle.left()	设置左转（逆时针旋转）角度
turtle.right()	设置右转（顺时针旋转）角度
turtle.forward()	设置画笔向前移动的距离
turtle.back()	设置画笔向后移动的距离
turtle.fillcolor()	设置填充的颜色
turtle.begin_fill()	开始填色
turtle.end_fill()	结束填色
turtle.hideturtle()	隐藏箭头
turtle.showturtle()	显示箭头
turtle.speed()	设置画笔移动速度，范围是 0~10。0 是直接成图，没有画笔移动效果。10 是画笔移动最快，1 是画笔移动最慢。
turtle.color("pencolor","fillcolor")	设置画笔颜色和填充颜色

练习3

画一个轮廓是黄色、内部是绿色的三角形。（其他参数可以自由设置）

练习4

画一个红色轮廓、内部为黄色的五角星吧！

6.1.4　来画圈圈吧

我们之前画的图形，如正方形、长方形、三角形等，它们都是由直线组成的，那么如何使用 turtle 画圆和曲线呢？

在 Python 语言当中，turtle 库除了可以通过画笔移动进行绘图外，还有一些内置函数能帮助我们画图。内置函数是指 Python 语言中已经设置好的函数，我们只需要调用出来，改变参数就可以直接完成一个图形。比如，画圆，可以使用内置参数——circle() 函数来完成。

circle() 函数，我们可以设置 3 个变量，分别是半径、弧度和圆内接多边形的边长数量，如图 6-26 所示。

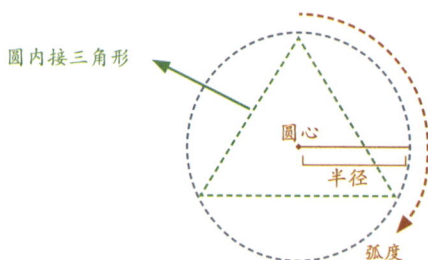

图 6-26　圆内接三角形

比如，我们想要画一个半径为 100 的圆，可以将半径设置为 100，其代码如下：

```
import turtle
turtle.circle(100) #画一个半径为100的圆
```

运行一下，结果如图 6-27 所示。

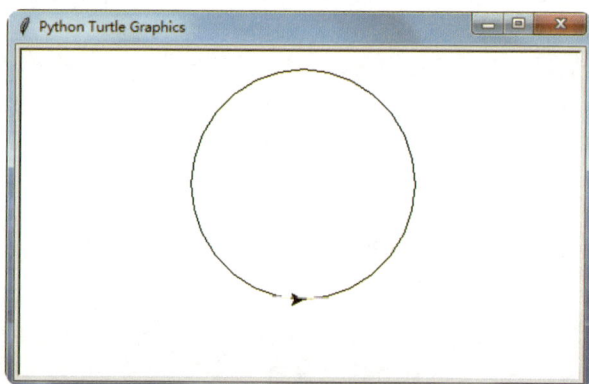

图 6-27　圆画好了

就这样，一个圆就被我们画出来了。我们仔细观察，会发现这个圆是逆时针画出来的。圆心在箭头的左侧。如果我们把半径设置为 –100，代码如下。

```
import turtle
turtle.circle(-100) #画一个半径为100的圆，顺时针画圆
```

结果会怎么样呢？运行一下，结果如图 6-28 所示。

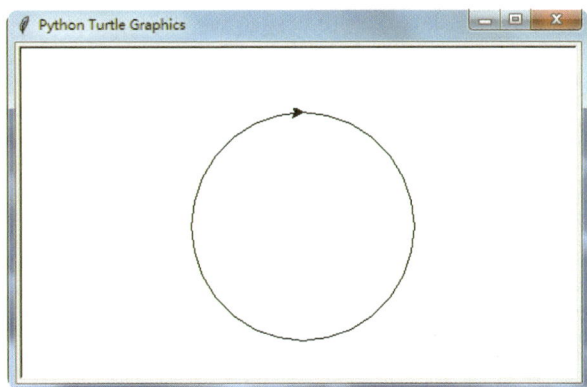

图 6-28　圆画好啦

　　这次的圆是顺时针画出来的，圆心在箭头的右侧。由此可知，半径的正负值决定圆心的位置和画圆的方向。

　　如果我们并不想画一个完整的圆，只想画一段圆弧呢？我们可以增加第二个变量——弧度。这里我们需要了解一个小知识：一个完整的圆，弧度是 360°。比如，我们想画一段半径为 100、弧度为 180° 的圆弧，可以使用如下代码。

```python
import turtle
turtle.circle(100,180)    #画一个半径为100的圆，弧度为180°的圆弧
```

　　运行一下，结果如图 6-29 所示。

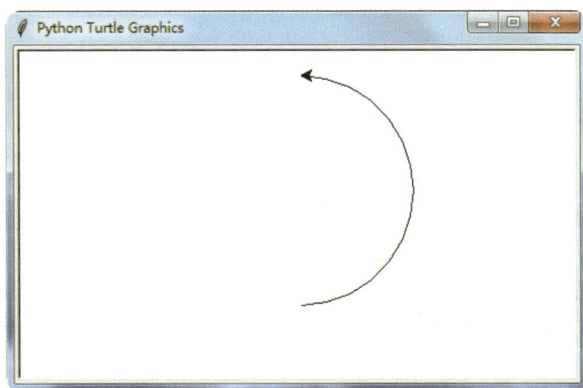

图 6-29　圆弧画好了

　　这时我们发现，我们成功地使用逆时针画出了一段圆弧。一个完整的圆是 360°，那么 180° 的圆弧恰好是半个圆。

同样的，如果将第一个半径参数设置成负数，则会顺时针画弧。如果我们将第二个参数弧度设置成负数，会出现什么情况呢？自己试试吧！

circle() 函数中第三个参数比较特殊，我们可以利用这个参数，画出圆内接多边形。比如，我们想要画出一个半径为 100 的圆内接四边形，可以使用第 3 个参数，代码如下。

```
import turtle
turtle.circle(100,360,4)
```

运行一下，结果如图 6-30 所示。

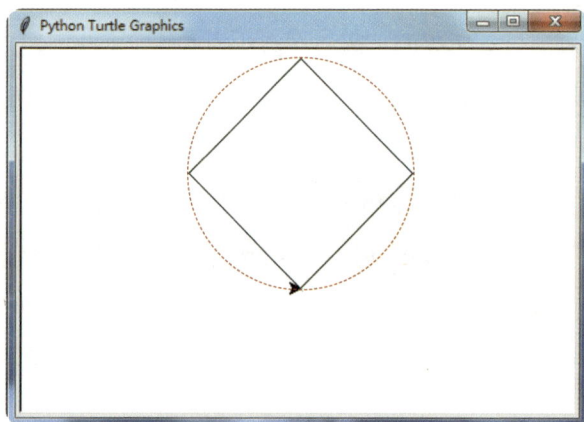

图 6-30　圆内接四边形

这时，画布上并没有出现半径为 100 的圆（虚线表示的部分），而是直接画出了圆内接四边形。

我们也可以不设置弧度，直接使用半径和内接多边形边数两个参数，用 steps 来设置边数，代码如下：

```
import turtle
turtle.circle(100,steps=4)     #画出半径为100的圆的内接四边形
```

我们同样可以画出圆内接四边形。

既然我们学会了画圆的方法，如果加上循环，那么我们可以画出很多有意思的图形。比如，我们可以使用循环。让画出的每一个圆的半径逐次增加 10 个像素

单位，从而画出一个好看的贝壳图案。其代码如下。

```python
import turtle
turtle.speed(9)
turtle.color("red","yellow")
turtle.begin_fill()
for i in range(10):
    turtle.circle(10+10*i)#每循环一次，画出的圆半径增大10个像素单位
turtle.end_fill()
turtle.hideturtle()
```

运行结果如图 6-31 所示。

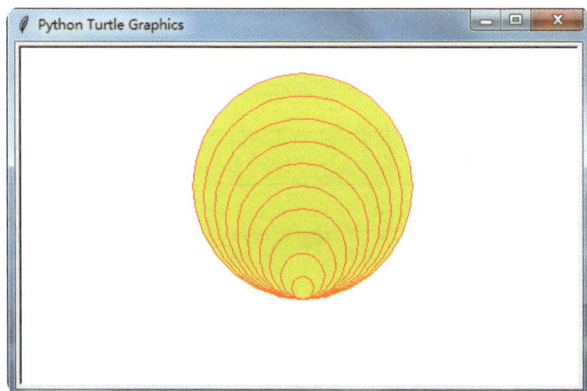

图 6-31　贝壳画好啦

这个贝壳是不是很漂亮？自己再研究一下，看看能不能画出更多有趣的图案。别忘了给自己的朋友们展示一下哦！

6.1.5 复制很多相同的图案

turtle 库中的内置函数除了 circle() 函数外，我们还会经常用到 stamp() 函数。

stamp() 函数可以用来标记我们所画的图案，方便我们进行复制等操作。比如，我们想要在绘图屏幕上的 4 个不同位置画出 4 个小海龟，就可以使用 stamp() 函数将第一个小海龟进行标记。然后，将画笔移动到第二个、第三个、第四个位置，再放上标记就可以了。具体代码如下：

```
import turtle
turtle.shape("turtle")        #显示小海龟
turtle.color("green")         #颜色设置成绿色
turtle.stamp()                #标记这个图案，作为第一个标记

turtle.forward(100)           #画笔向前移动100个像素单位
turtle.stamp()                #标记第二个（小海龟图案）

turtle.left(90)
turtle.forward(100)
turtle.stamp()                #标记第三个（小海龟图案）

turtle.left(90)
turtle.forward(100)
turtle.stamp()                #标记第四个（小海龟图案）
```

运行结果如图 6-32 所示。

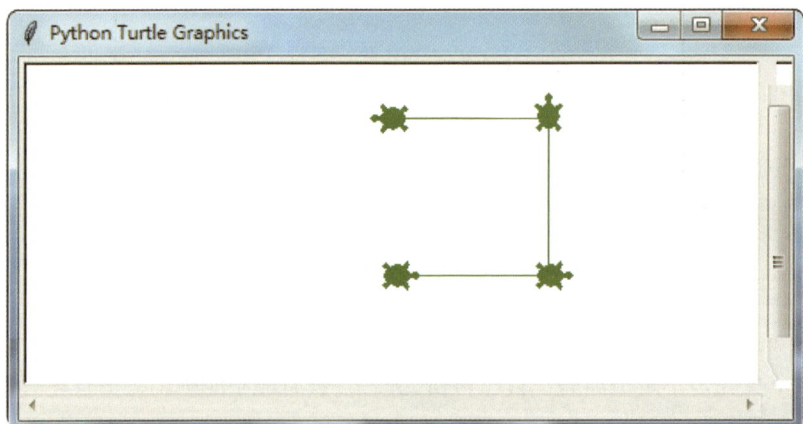

图 6-32　四只小乌龟画好啦

小海龟被复制了 4 次，显示在了 4 个不同的位置上。不过，每个小海龟之间还有线连接，而且第一个标记的小海龟和第二个标记的小海龟头部都是向右侧的，后面的小海龟由于画笔旋转，导致头部朝向都不一样，看着很不舒服。我们要想办法把线删除，并且让每一个海龟的方向完全一样。

每只小海龟之间为什么会有线呢？这是因为我们的画笔一直都在画布上，在我们移动画笔进行标记时，中间的线也被画了出来。想象一下，如果在纸上画画，想要换一个位置时，我们是怎么做的呢？我们会把笔拿起来，然后移动到新的位置，再把笔放下继续画。那么有没有什么办法让 Python 中的画笔也抬起来，然后移动到新的位置时再把笔放下呢？我们可以使用 penup() 函数让画笔离

开画布，使用 pendown() 函数再放下画笔进行画图，如图 6-33 所示。同时，还可以使用 goto() 函数移动画笔。这 3 个函数对我们可是有大用处的。

penup　　　　　　　pendown

图 6-33　画笔示意图

我们可以使用这 3 个函数来修改一下刚才的程序。

```python
import turtle
stamp=turtle.Turtle()          #定义stamp函数
stamp.shape("turtle")          #显示小海龟
stamp.color("green")           #颜色设置成绿色
stamp.stamp()                  #标记这个图案，作为第一个标记

stamp.penup()                  #将画笔抬起，离开画布
stamp.goto(100,0)              #画笔移动到坐标为（100,0)
stamp.stamp()                  #标记第二个（小海龟图案）

stamp.penup()                  #将画笔抬起，离开画布
stamp.goto(100,100)            #画笔移动到坐标为（100,100)
stamp.stamp()                  #标记第三个（小海龟图案）

stamp.penup()                  #将画笔抬起，离开画布
stamp.goto(0,100)              #画笔移动到坐标为（0,100)
stamp.stamp()                  #标记第四个（小海龟图案）

stamp.pendown()                #放下画笔
```

运行结果如图 6-34 所示。

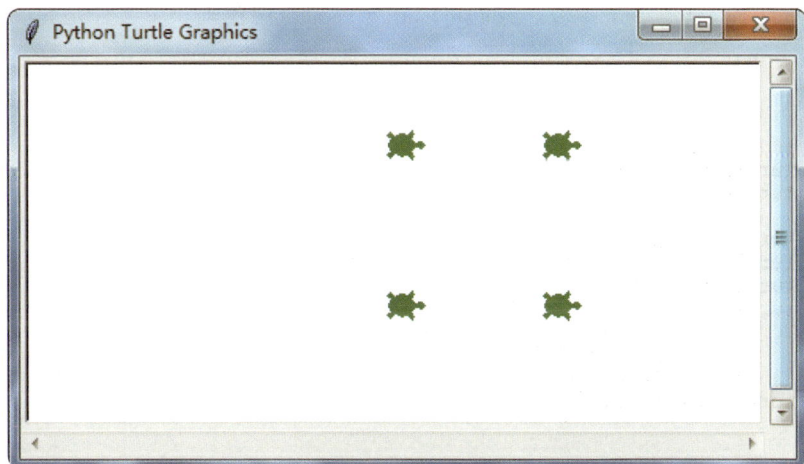

图 6-34　运行结果

这下，我们的小海龟之间没有连接线，而且每只小海龟的样子也完全一样了。其实在这个过程中，我们使用到了新的东西——坐标。

什么是坐标呢？坐标是用来确定位置的工具。一般平面坐标用 X 轴、Y 轴来表示。我们可以把画布当作一个平面，我们开始绘图时，画布上起始点的位置坐标是：X 轴是 0，Y 轴是 0，可以写作（0,0），往 X 轴右侧移动，X 坐标增大，反之减小；往 Y 轴上方移动，Y 坐标增大，反之减小，如图 6-35 所示。

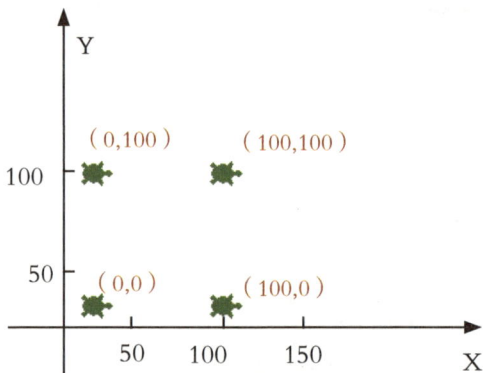

图 6-35　坐标设置

我们使用 goto() 函数，可以直接让画笔移动到某一个坐标位置，帮助我们更方便快捷地绘图。

比如，在两个不同的位置画圆和正方形，就可以用新学的 penup()、pendown() 和 goto() 3 个函数。我们可以在坐标原点位置画一个半径是 50 的红色的圆，在坐标 (100,100) 的位置画一个边长为 50 的绿色正方形，代码如下。

```
import turtle
turtle.pencolor("red")          #画笔设置成红色，起始位置默认是（0,0）
turtle.circle(50)               #半径是50的圆

turtle.penup()                  #抬起画笔
turtle.goto(100,100)            #移动到坐标（100,100）
turtle.pendown()                #放下画笔
turtle.pencolor("green")        #设置画笔颜色为绿色
for i in range(4):              #使用for循环完成正方形
    turtle.forward(50)
    turtle.left(90)
turtle.hideturtle()             #隐藏箭头
```

运行一下，结果如图 6-36 所示。

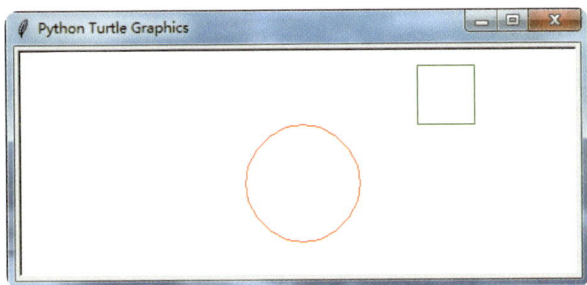

图 6-36　运行结果

同样的，为了帮助大家系统学习，我们总结了画圆等有关函数及其含义。

表 6-5　trutle 海龟绘图函数对应表

函数设置	代表含义
turtle.circle(半径，弧度，内接多边形)	画圆，画弧
turtle.circle(半径，steps= 边数)	画圆内接多边形
turtle.stamp()	标记图案
turtle.penup()	画笔离开画布，不绘图
turtle.pendown()	放下画笔，绘图
turtle.goto(X 轴坐标，Y 轴坐标)	将画笔移动到某个坐标位置

练习5　画一个奥迪的车标。

练习6　画一个螺旋形（大圆套小圆）。

练习7　画一个奥运五环。

6.1.6　在画布上写字

除了使用 turtle 的画笔在绘图窗口内绘图外，还可以在绘图窗口内写字。用 turtle 库中的 write() 函数就可以完成这个功能。比如，我们想在画布上写出"爱编程" 3 个字，可以使用如下代码。

```
import turtle
turtle.write("爱编程")
```

因为在画布上输出的是文本，所以我们需要使用字符串来书写。

运行一下，结果如图 6-37 所示。

图 6-37　运行结果

我们想要在画布上书写的文字就出现了。不过文字看起来有点儿小，我们需要设置一下字体的大小和格式。这时，需要用到 write() 函数中设置字体的功能，代码如下。

```
import turtle
turtle.write("爱编程",font=("楷体",40,"italic"))
```
　　　　　　　　　　设置字形 字体　字号　字形 / 倾斜

运行结果如图 6-38 所示。

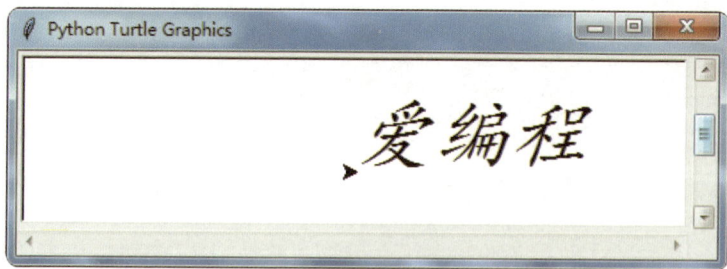

图 6-38　运行结果

font() 函数可以帮助我们改变字体外形、字号和字体样式。字体外形包括常用的楷体、黑体、宋体、行楷等，字号可以让字体变大或者变小，字体样式分为 normal（正常）和 italic（倾斜）两种。

也可以使用之前的 hideturtle() 函数将箭头隐藏，使用 penup() 函数、goto() 函数和 pendown() 函数在画布的其他任意位置书写文本。

turtle 海龟绘图库的用法，我们已经学习得差不多了。这里再告诉大家一个小技巧：我们在使用库中的每一个函数，都需要在前面加入库的名称。比如，我们使用 turtle 库，当使用到里面的函数时，每一行代码都需要写成：turtle.函数的格式。当完成较长的代码，turtle 这个单词被重复输入多次，比较麻烦时，我们可以使用 as 函数 来重新命名库，把库的名称简化，方便我们后面使用。比如，使用 turtle 库来画一个绿色梯形，画笔宽度设置为 5，内部填充黄色，可以使用如下代码。

```
import turtle
turtle.pensize(5)
turtle.color("green","yellow")
turtle.begin_fill()
turtle.forward(60)
turtle.right(60)
turtle.forward(60)
turtle.right(120)
turtle.forward(120)
turtle.right(120)
turtle.forward(60)
turtle.end_fill()
turtle.hideturtle()
```

可以看到代码中的每一行都使用了单词 turtle，这时我们可以使用 as 重新命名 turtle。这样，我们在后面使用 turtle 库时，可以直接使用新名字，如我们把 turtle 库命名为 t。以上代码就可以修改成如下所示。

```
import turtle as t
t.pensize(5)
t.color("green","yellow")
t.begin_fill()
t.forward(60)
t.right(60)
t.forward(60)
t.right(120)
t.forward(120)
t.right(120)
t.forward(60)
t.end_fill()
t.hideturtle()
```

运行结果如图 6-39 所示。

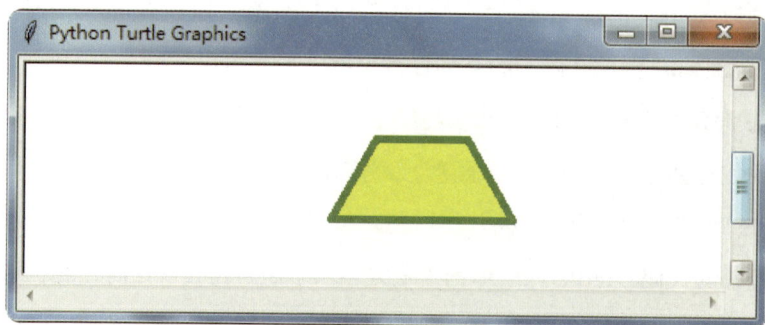

图6-39　运行结果

　　我们的代码是不是简单了很多？用这种方法可以让代码敲起来更加容易，你学会了吗？

练习8　画一个红色的爱心。

练习9　正方形是一个非常规则的图形，形状规则的图形看起来会很舒服，尝试画一个螺旋状的正方形（如右图）。

6.2 来抽奖吧

日常生活中，我们经常会见到彩票投注站，或遇上抽奖活动。无论是抽奖，还是买彩票，它们都有一个共同点，就是我们事先并不知道结果，能否中奖全凭"运气"。这种靠随机选择的事件，我们称之为随机事件。

实际上，生活中有很多随机事件。比如，我们上网登录时使用的验证码，我们使用的手机号，玩的骰子，甚至老师点名学生回答问题，都可以看作是一个随机事件。那么，大家想不想立刻体验一下生活中最简单的随机事件？拿出一个硬币向天上抛吧！每次落地的结果都是一个随机事件，我们并不能控制硬币落地时是"字"朝上还是"图案"朝上。

6.2.1 认识随机数库

如果我们想要在 Python 中让这种随机事件发生，就需要引入另一个"库"——随机数库 random。"random"在英语中就是"随机"的意思。

与我们导入"海龟绘图"库相同，如果我们想要导入随机数库，也要使用 import 函数，就像如下所示。

```
import random    #导入随机数库
```

这时，我们就可以直接使用随机数库中那些有趣的函数了，在随后的学习中，它们可以帮助我们制作很多有趣的猜谜游戏。我们先来认识一下随机数库中最基本的函数——random() 函数，其代码如下。

```
import random          #导入随机数库
random.random()        #调用随机数库中的random函数
```

random() 函数可以随机生成 0—1 中的浮点数，但不包括 1。换句话说，它可以随机生成大于等于 0 但小于 1 的浮点数，我们可以直接打印 random() 库看一看结果，其代码如下。

```
import random          #导入随机数库
print(random.random())   #打印random函数，输出的结果到控制台上
```

运行结果如图 6-40 所示。

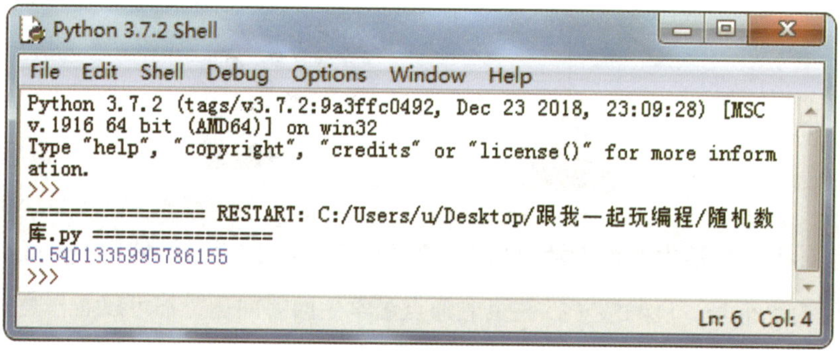

图 6-40　随机生成的数字

第一个随机数生成了，我们可以看出它的确是一个大于 0 但小于 1 的浮点数。但是只生成 1 个数并不能证明它是随机的，我们需要有一个量的保证，所以我们让它多生成几个数，怎么做呢？使用循环，让 random() 函数随机生成 10 个数，其代码如下。

```
import random          #导入随机数库
for i in range(10):
    print(random.random())   #打印random函数，输出的结果到控制台上
```

运行结果如图 6-41 所示。

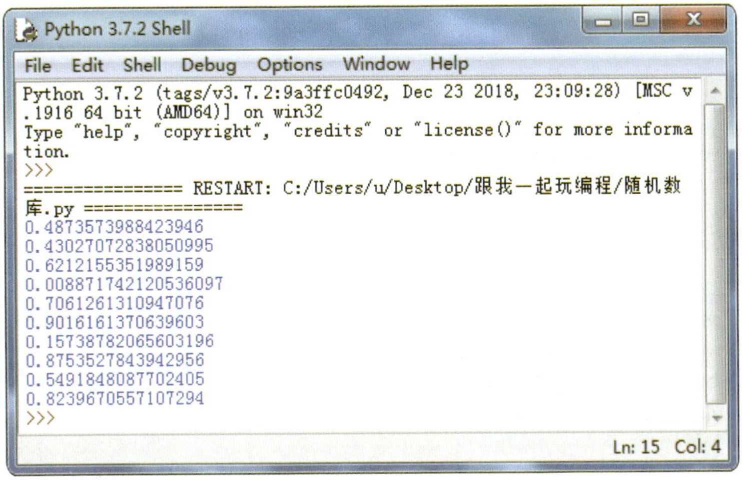

图 6-41 运行结果

我们可以看到，random() 函数随机生成了 10 个浮点数，并且每一个数都不相同，同时也都在大于 0 但小于 1 的范围中。这就是随机数库中 random() 函数的用法，很简单吧？学会了吗？

random() 函数只能生成 0~1 中的浮点数，如果我们想要寻找更大范围的浮点数，则需要使用另一个函数——uniform() 函数。我们使用这个函数时，只需要在括号内设置好想要选取的范围，即起始范围和结束范围，就可以随机生成这个范围内的任意一个浮点数。比如，随机选取 10~20 内的任意一个浮点数，可以使用如下代码。

```
import random          #导入随机数库
print(random.uniform(10,20))    #随机选取10-20之间的浮点数
```

运行结果如图 6-42 所示。

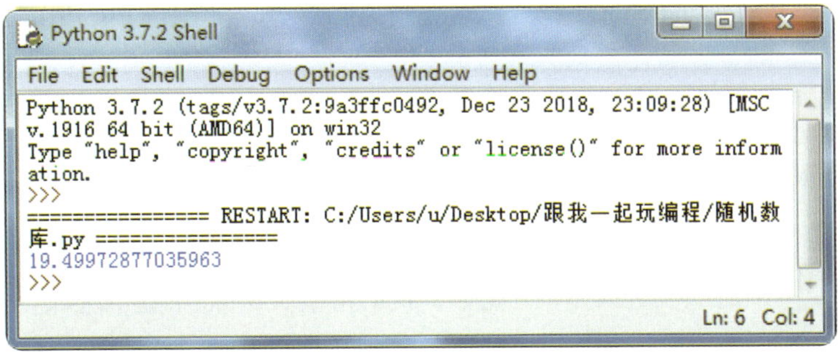

图 6-42 运行结果

随机选取 10 个 10~20 的浮点数，可以使用如下代码。

```python
import random          #导入随机数库
for i in range(10):
    print(random.uniform(10,20))    #随机选取10-20之间的浮点数
```

运行结果如图 6-43 所示。

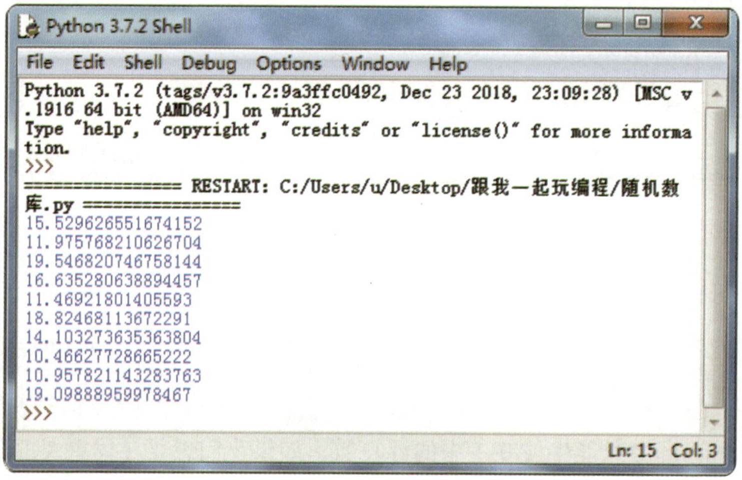

图 6-43　运行结果

通过程序运行结果，我们可以看出，随机成功生成了 10~20 的浮点数。

为了便于实现随机生成浮点数的编程，我们需要掌握如下函数。

表 6-6　随机生成浮点数的函数

函数设置	代表含义
random.random()	随机生成 (0,1) 的浮点数
random.uniform()	随机生成从起始范围到结束范围内的浮点数

6.2.2 猜数字游戏

random() 函数和 uniform() 函数只能随机生成浮点数，那么我们如果想要选取其他更大范围的整数，怎么办呢？随机数库提供了另一个函数——randint 函数，可以在一定范围内随机选取整数。比如，我们希望从 0~10 中随机选取一个整数，可以使用 randint() 函数来完成。

```
import random
print(random.randint(0,10))  ——→选取范围
```

这时的运行结果，是在控制台上打印出 0~10 中随机的一个整数。randint() 函数中，可以设置随机选取整数的范围。

有了 randint() 函数，我们就可以简单地做一个随机猜数字的游戏了。我们先让 Python 随机生成一个整数，通过控制台输入一个整数，当两个整数相同时，说明我们猜对！为了让难度低一点，我们把范围先设置得小一点儿，选取 0~5 试一试。程序该怎么做呢？其代码如下。

```
import random
random_number=random.randint(0,5)  #随机选取0-5中的整数
while True:
    guess=input("请输入一个整数，看看和我选的数字相同吗？")
                              #控制台输入一个整数
    guess=int(guess)          #字符串转换为整数型
    if guess==random_number:  #判断猜的数是否与随机发生的数相同
        print("我们真是心有灵犀呀！想的是同一个数字！")
    else:
        print("咦，看来你不了解我，猜错了，再试一次吧！")
```

运行一下,结果如图6-44所示。程序会随机生成一个整数,输入我们猜的数字,看看猜几次能猜中程序随机生成的整数。这里要注意,控制台输入、输出的结果是字符串类型,我们需要进行数据类型的转换。

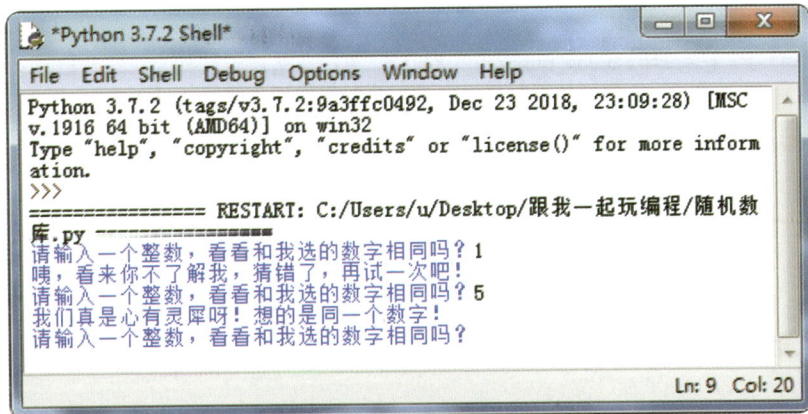

图 6-44　运行结果

我们一共猜了 2 次，就猜到了！你猜了几次呢？

因为我们选取的范围比较小，难度很低，试着增大选取范围，看看还容易猜

到吗？其代码如下。

```
import random
random_number=random.randint(0,5)#随机选取0－5中的整数
```

这两行代码，我们可以理解成从随机库中使用 randint() 函数，然后选取一个整数赋值给 random_number 变量。我们使用 from 库 import 函数 来简化程序代码。

```
from random import randint
random_number=randint(0,5)#随机选取0－5中的整数
```

关于随机猜数游戏，选取的范围越大，猜起来越困难。这样猜起来像"大海捞针"，没有任何目标。那么，我们可不可以给这个游戏加入一点儿提示，比如，当我猜的数比随机选取的数大时，会提示我"猜得大了"；反之，如果我猜的数比随机选取的数小，会提示我"猜得小了"呢？这样游戏会更有趣一点儿。应该怎么通过程序实现呢？我们可以将随机选取范围定为 0~50，然后加入比较运算符，让我们将控制台输入的数与随机选取的数进行比较，就可以实现了。其代码如下。

```
from random import randint
random_number=randint(0,50)     #随机选取0－5中的整数
while True:
    guess=input("请输入一个整数，看看和我选的数字相同吗？")
                      #控制台输入一个整数
    guess=int(guess)  #字符串转换为整数型
    if guess==random_number:  #判断  猜的数是否与随机生成的数相同
        print("我们真是心有灵犀呀！想的是同一个数字！")
    elif guess>random_number: #判断  如果猜的数大于随机选取整数
        print("猜的太大了！再小一点")
                      #判断  如果猜的数小于随机选取整数
    else:
        print("猜的太小了！再大一点")
```

运行一下，结果如图 6-45 所示。

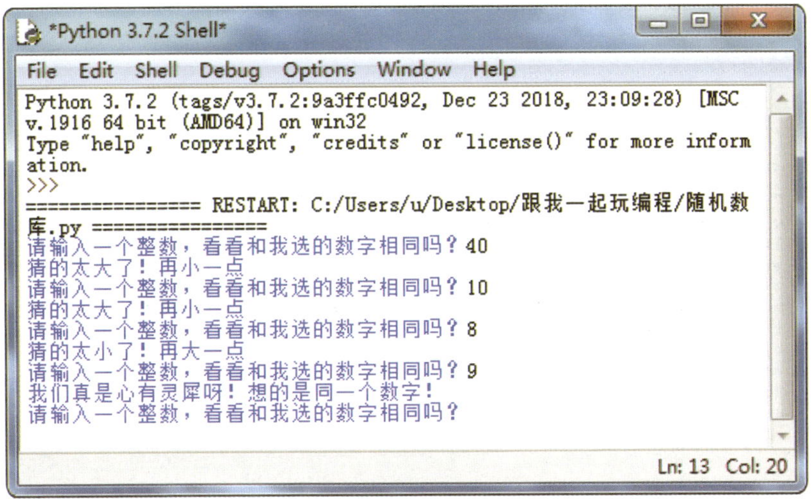

图 6-45　运行结果

像这样，我可以按照提示，将正确的结果推理出来。是不是有趣多了？

事实上，这个游戏存在一个问题：只要我们按照提示，一直猜下去，一定可以猜出正确结果，所以这个游戏是不可能输的！一个没有胜负的游戏，太没有挑战性了！所以，我们需要设置一个失败的条件吧！我们可以限制猜的次数，规定在有限的次数内猜出正确的数字，这样当猜的次数过多时，就会判定失败了！这时，我们需要在程序中增加一个变量表示次数，然后每猜一次，次数减少 1，直到次数是 0，游戏结束。试一试如何用 Python 来实现吧！

比如，我们将游戏的次数设置成 5，当剩余次数大于 0 次时，我们可以进行游戏；等于 0 次时，游戏结束，会在控制台上告诉我们正确的答案。

```python
from random import randint
random_number=randint(0,50)        #随机选取0~50中的整数
count=5                            #设置答题次数是5次
while count>0:                     #当次数大于0时，执行循环。
    guess=input("请输入一个整数，看看和我选的数字相同吗？")
                                   #控制台输入一个整数
    guess=int(guess)              #字符串转换为整数型
    if guess==random_number:      #判断  猜的数是否与随机生成的数相同
        print("我们真是心有灵犀呀！想的是同一个数字！")
        break
    elif guess>random_number:     #判断  如果猜的数大于随机选取整数
        print("猜的太大了！再小一点")
                                   #判断  如果猜的数小于随机选取整数
    else:
        print("猜的太小了！再大一点")
    count-=1                       #每答题一次，次数减1
else:
    print(f"游戏结束~正确答案应该是{random_number},再接再厉吧！")
    #次数为0时，游戏结束，通过格式化字符串，告诉我们正确答案。
```

运行一下，战胜 Python 如图 6-46 所示，挑战失败如图 6-47 所示。

游戏成功：

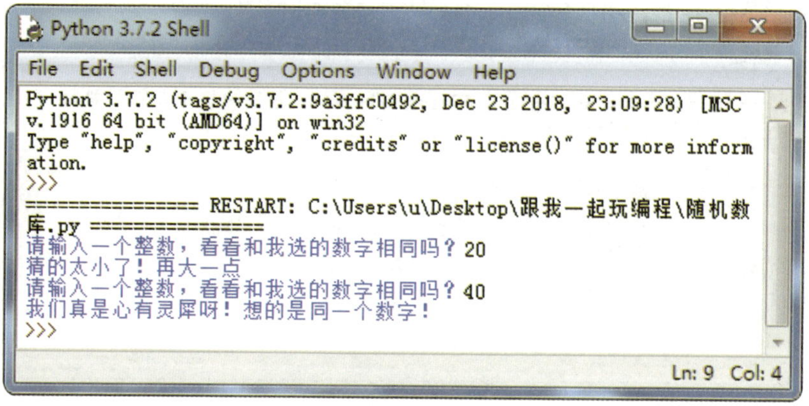

图 6-46　挑战成功

游戏失败：

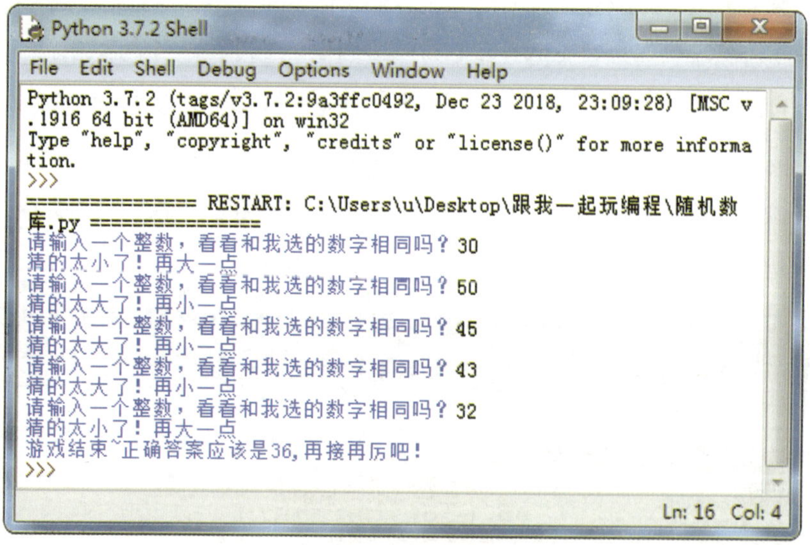

图 6-47　挑战失败

如果觉得太难，可以把次数增加或者把范围缩小，会非常有趣的！你可以和爸爸妈妈或者朋友们一起玩这个游戏，大家比比赛，看看谁猜的更快更准！

为了帮助我们生成随机数据进行各种游戏，现总结有关的函数如表 6-7 所示。

表 6-7　随机选取整数的函数

函数设置	代表含义
random.randint()	在一定范围内随机选取整数
for 库 import 函数	从库中调用函数

练习10　制作一个"数字比大小"游戏，用你选择的数字与 Python 随机生成的数字进行比较，当选择的数字大于生成的数字时，判定你胜利；反之，失败。随机数选取范围是 0~10。

如果每次都输入 10，是不是会一直赢或者平局？如何解决这个漏洞呢？看看下一道练习题能不能给你启发。

练习11　制作一个"石头、剪刀、布"的游戏吧！

（可以用数字代替出拳：3= 石头，2= 剪刀，1= 布）

练习12　回到练习 10，如果我们能加上 1>10 这个限定条件，是不是就不会有漏洞了呢？该怎么做呢？

6.2.3　炫彩的图画

使用 random 库可以帮助我们在一定范围内随机生成数字。在上一章内容中我们使用 turtle 海龟绘图时，也用到了 random 随机数库，还记得我们是怎么操作的吗？

实际上，我们使用了 random 随机数库进行了随机选取颜色的操作。现在我们来学习一下是如何做到的吧！

我们知道，屏幕显示出来的所有颜色都是由 RGB 三原色按照不同配比组成的。那么，当我们想要随机生成颜色时，就要随机选取不同比例的 RGB，然后组合就可以了。

我们可以先调用 RGB 颜色模型：R 红色，G 绿色，B 蓝色，三种颜色的选取范围都在 0~255。我们可以分别随机选取 R,G,B 三种颜色的值，范围是 0~255。

red=randint(0,255)

green=randint(0,255)

blue=randint(0,255)

代码如下：

```
from random import randint
import turtle as t
t.colormode(255)              #设置RGB颜色模型
red=randint(0,255)            #红色随机选取0——255
green=randint(0,255)          #绿色随机选取0——255
blue=randint(0,255)           #蓝色随机选取0——255
```

然后，我们的颜色选取范围就可以在 R、G、B 中进行随机组合。这里要注意一点，red、green、blue 三个变量是用来存储 RGB 三种颜色的，需要先定义一下三个变量的初始值，才能使用。其代码如下：

```
from random import randint
import turtle as t
t.colormode(255)             #设置RGB颜色模型

#定义变量，设置初始值
red=0
green=0
blue=0

red=randint(0,255)           #红色随机选取0——255
green=randint(0,255)         #绿色随机选取0——255
blue=randint(0,255)          #蓝色随机选取0——255
```

接下来，我们就可以进行正常的绘图了，比如，我们想完成的圆的螺旋嵌套图案。我们要想画 25 个圆嵌套在一起，需要画圆的过程循环 25 次，同时每一个圆的起始位置和半径都需要变化。假设第一个圆半径为 20，绘图时从圆的下方起笔，起始位置坐标是（0,0）；画第二个圆时，半径比第一个圆多 10 个像素单位，这时起始坐标就变成了（0,–10）；画第三个圆时，半径比第二个圆多 10 个像素单位，这时起始坐标就变成了（0,–20）；以此类推，我们可以找到规律。半径是 20+10i，起始坐标为（0，-10*i），i 的范围是 1~25；每一个圆的颜色也是由 RGB 随机生成的，所以随机生成的颜色也需要放在循环内参与循环。如图 6-48 所示。

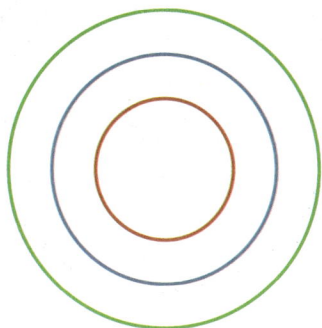

图 6-48　不同颜色的圆

程序代码如下。

```python
from random import randint
import turtle as t
t.colormode(255)          #设置RGB颜色模型

t.pensize(4)
t.speed(3)
#定义变量，设置初始值
red=0
green=0
blue=0

for i in range(1,26):
    red=randint(0,255)      #红色随机选取0——255
    green=randint(0,255)    #绿色随机选取0——255
    blue=randint(0,255)     #蓝色随机选取0——255
    t.color(red,green,blue)
    t.circle(10+5*i)        #半径 逐个增加5个像素单位
    t.penup()
    t.goto(0,-5*i)          #起笔坐标 Y坐标逐个向下移动5个像素单位
    t.pendown()
```

运行结果如图 6-49 所示。

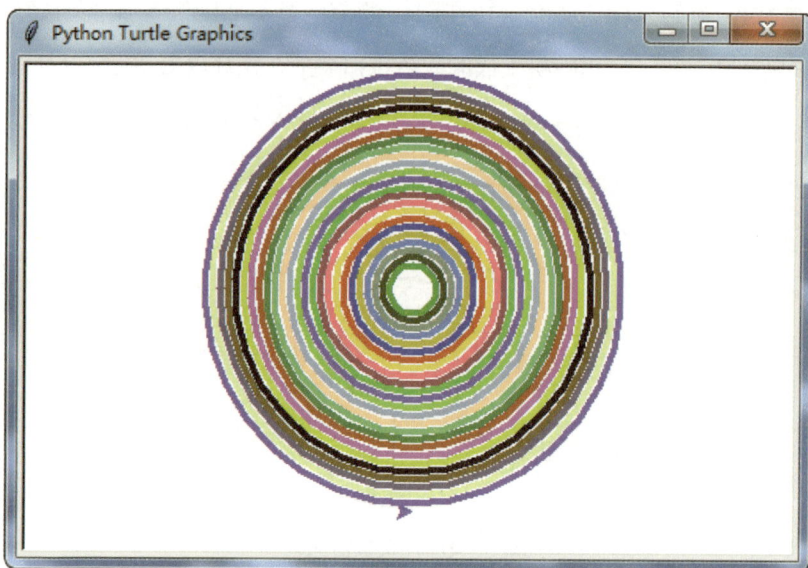

图 6-49　运行结果

上面的运行结果像不像一个棒棒糖？并且，每次运行结果颜色都会有所不同哦！多试几次，看看哪个更好看吧！

练习13

将 20 个颜色不同的正方形嵌套在一起，形成一个图案。

总结

本章主要学习了"海龟绘图"turtle 和"随机数库"random 的使用，需注意以下要点：

1. 熟练使用"海龟绘图"的颜色的设置及坐标的设置；

2. 掌握绘制图形的代码程序；

3. 弄清楚随机事件的发生，正确使用随机数库 random。

第 7 章

函数与异常处理语句

在 Python 中，我们可以直接调用其自带的函数，设定参数后就可以完成编程需求，这就是内置函数。除此之外，我们还可以自己"制作"函数，这个过程叫作定义函数。在 Python 中，我们还会用到局部变量和全局变量。局部变量是指在函数内部定义并使用的变量，它只在函数内部有效。在整个程序中都是有效的并可以被使用的变量叫作全局变量。我们一起学习一下吧！

7.1 定义函数

在 Python 中，我们把代码中可以直接调用、用于实现某些功能的基本单元叫作函数。比如，input() 控制台输入函数，print() 打印函数，turtle 海龟绘图中绘图工具函数等。仔细观察这些函数，我们会发现它们后面都接着括号，括号里面一般需要我们设置参数，利用参数来处理数据。有的函数也可以不设置参数，比如 print() 函数。并且每一个函数都可以在程序中重复使用，用来实现某些功能。我们把这种直接从 Python 中调用出来的、自带的函数叫作内置函数。Python 的内置函数非常丰富，可以满足我们绝大多数的编程需求，同时也让编程的过程更加简单。

除了内置函数，我们可以使用 def 进行定义"制作"函数，这个过程叫作定义函数。比如，我们可以定义一个函数叫作姓名，可以使用代码 def name()。

使用这种方法，我们就创建了一个变量，之后我们可以在程序中调用这个变量。比如，我们希望在控制台上打印"小派，欢迎来到 Python 世界"，那么，name() 括号内的参数就是小派。我们可以这样实现，代码如下。

```
def name(xingming):
    print(xingming+"，欢迎来到Python世界")
name("小派")    #调用函数，设置变量参数
```

运行结果如图 7-1 所示。

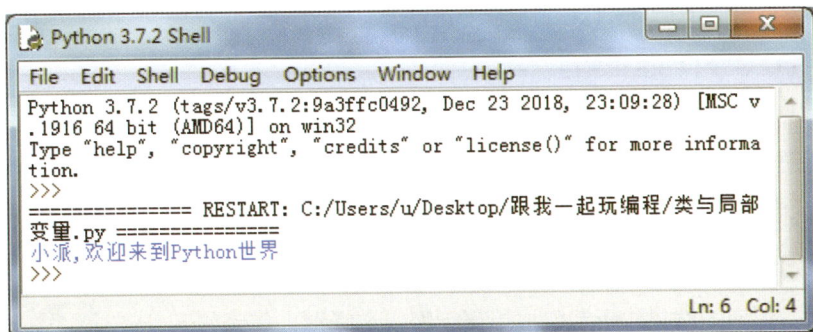

图 7-1　运行结果

　　同样的，我们还可以设置其他函数，比如，我们设置一个函数表示水果，然后输入苹果，在控制台上输出"苹果是水果"，代码如下。

```python
def fruit(a):
    print(a+",是水果")
fruit("苹果")#调用函数，设置变量参数
```

　　运行一下，结果是不是"苹果是水果"呢？

　　def 是一种简单的定义函数的方法。定义函数后，我们就可以设置内部参数来完成程序了。

7.2 return 返回值

有时候，我们使用定义函数是希望输入一个参数时，函数能够反馈给我们一个结果。而实现反馈结果功能需要使用return语句。比如，创建一个函数表示分数，60分以下是不合格，60~80分是中，80~90分是良，90~100分是优。当输入成绩参数时，返回的结果告诉我们成绩属于哪一个级别，代码如下。

```python
def score(chengji):
    if chengji<60:               #符合条件
        return("不合格")          #返回结果
    elif chengji>=60 and chengji<80:   #符合条件
        return("中")             #返回结果
    elif chengji>=80 and chengji<90:   #符合条件
        return("良")             #返回结果
    else:                        #符合条件
        return("优")             #返回结果

chengji=score(  )    #输入参数
print(chengji)       #结果打印在控制台上
```

当我们填入参数后，会返回到我们定义的函数。之后，根据条件，控制台会输出一个结果。比如，我们在参数位置输入85，代码如下。

```python
def score(chengji):
    if chengji<60:               #符合条件
        return("不合格")          #返回结果
    elif chengji>=60 and chengji<80:   #符合条件
        return("中")             #返回结果
    elif chengji>=80 and chengji<90:   #符合条件
        return("良")             #返回结果
    else:                        #符合条件
        return("优")             #返回结果

chengji=score(85)    #输入参数
print(chengji)       #结果打印在控制台上
```

运行结果如图7-2所示。

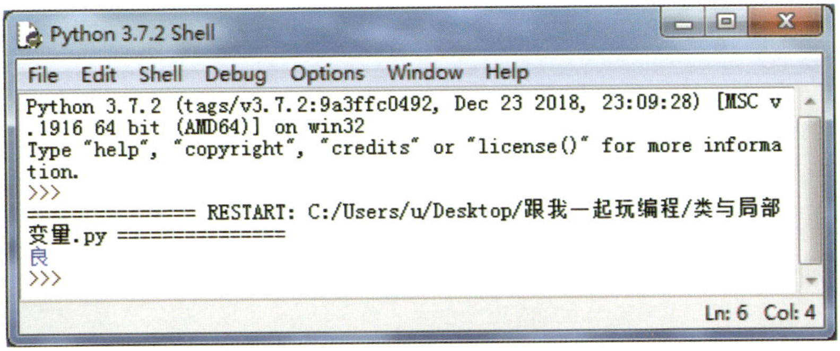

图 7-2　返回结果是 "良"

这就是 return 语句的返回值使用方法，来做一个练习吧！

练习1　利用学过判断闰年的方法，现在我们来定义一个函数表示年份，输入任意年份，如 2440 年，返回年份是否为闰年，试一试。完成之后比较一下和之前的条件语句有什么区别。

7.3 变量

我们知道，变量可以储存一些数据，方便我们在程序中调用。想一想，之前我们使用的变量写在什么地方？比如，我们想知道100以内能够被3整除的整数一共有多少个，这时就需要创建一个用于计数的变量，代码如下。

```python
sum=0                    #设置一个空变量，存储数量
for i in range(101):     #遍历0——100
    if i%3==0:           #如果能整除3
        sum+=1           #满足条件，数量+1
print(sum)               #打印结果
```

在这个程序中，我们先创建变量，后执行循环。这种变量在整个程序中都是有效的、都可以被使用的，我们把这种变量叫作全局变量。全局变量的作用范围是整个程序。

我们来看看下面这个程序：定义一个函数，在函数内创建一个变量a，然后打印变量a，代码如下。

```python
def funcion():
    a="变量在函数里面"
print(a)
```

是不是觉得会打印出"变量在函数里面"这个字符串呢？其实不是的，我们的程序运行完会报错！运行结果如图7-3所示。

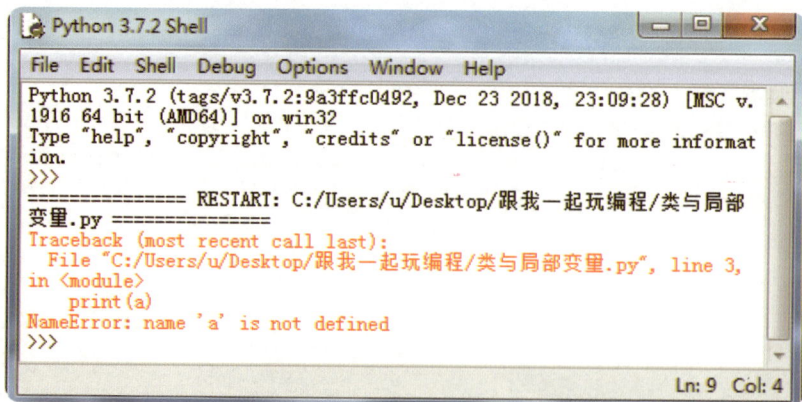

```
Python 3.7.2 Shell

File  Edit  Shell  Debug  Options  Window  Help

Python 3.7.2 (tags/v3.7.2:9a3ffc0492, Dec 23 2018, 23:09:28) [MSC v.
1916 64 bit (AMD64)] on win32
Type "help", "copyright", "credits" or "license()" for more informat
ion.
>>>
============ RESTART: C:/Users/u/Desktop/跟我一起玩编程/类与局部
变量.py ===============
Traceback (most recent call last):
  File "C:/Users/u/Desktop/跟我一起玩编程/类与局部变量.py", line 3,
in <module>
    print(a)
NameError: name 'a' is not defined
>>>
                                                    Ln: 9  Col: 4
```

图7-3 名字错误：变量a没有被定义

这是不是很奇怪？明明在函数中定义了变量 a，为什么还会报错呢？

这是因为我们定义的变量 a 是在函数内定义的，那么这个变量只能在函数内使用。这种在函数内部定义并使用的变量，并且只在内部有效的变量叫作局部变量。

变量的作用范围叫作作用域，全局变量的作用域是整个程序；局部变量的作用域是所在函数内。

我们来看下面这个程序。

```
a="变量在函数外面"      ──→ 全局变量
def funcion():
    a="变量在函数里面"   ──→ 局部变量
print(a)
```

想一想，控制台打印出来的会是哪个字符串？

实际上，控制台最后打印出了"变量在函数外面"这串字符。因为我们最后的变量 a 是全部变量；而定义函数里的 a，仅在函数内使用，可以看作是另一个新变量。你明白了吗？

练习 2　输入下面的程序代码，输出结果会是什么？为什么？请说说理由。

```
m=10
def function():
    print(m)
    t=20
    print(t)

print(m)

print(t)
```

练习3

《三国演义》描写了从东汉末年到西晋初年之间近百年风云，讲述了群雄割据混战，魏蜀吴三国之间的政治和军事斗争，这三国的领导者分别是曹操、刘备、孙权，每个人手下都有很多文官武将。下面的表格给出了很多将领的名字，请你定义3个函数分别代表3个国家的将领，然后通过查阅资料，将下列将领划分到自己的国家。

关羽	夏侯惇	张辽
周瑜	张飞	黄盖
鲁肃	司马懿	诸葛亮

7.4 异常处理及程序调试

前面我们学过条件语句，现在来认识一个和条件语句有些相似的语句：try…except 语句捕获并处理异常。我们经常使用 try…except 语句来解决程序的异常。在使用时，try 语句块输入可能产生异常的代码，except 语句块输入处理结果的代码。当 try 语句块中的代码出现异常时，就会执行 except 语句块中的代码；如果 try 语句块中的代码没有问题时，except 语句块将不会执行。

例如：我们制作一个程序，前提条件是输入的必须是整数。这时为了保证程序不会在运行时出现异常，就需要先判断输入的是否是整数，如果是整数，添加到一个列表中，继续执行程序；如果不是整数，则报错"输入的不是整数"，程序结束。想一想，该怎么做呢？如果使用我们之前学过的 if…else…条件语句，很难找到一个条件来判断一个数是否为整数。这时，我们就可以使用 try…except 来完成这个程序，代码如下。

```
l=[]
while True:
    try:        #尝试执行以下程序
        number=int(input("请输入整数："))
        l.append(number)
    except:     #除了无法执行情况
        print("错误，输入的不是整数")
        break
print(l)
```

先尝试将输入的数定义成整数，如果能够执行，则添加到列表中；如果不能执行，则报错。运行结果如图 7-4 所示。

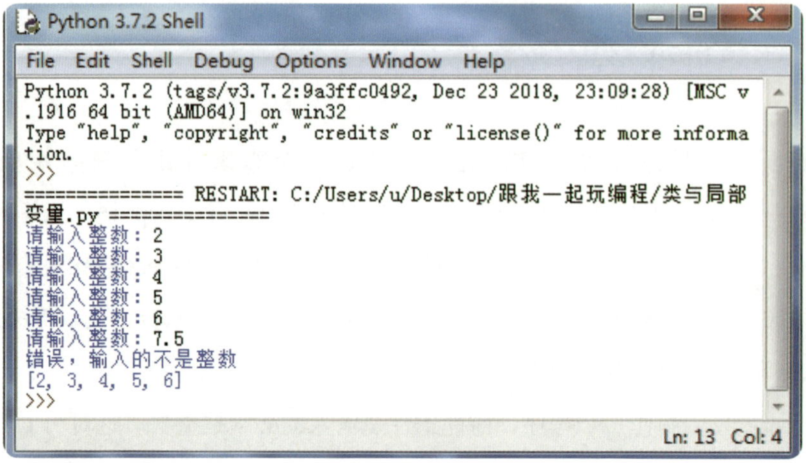

图 7-4　运行结果

条件语句需要找到满足的条件，而 try…except 语句需要找到能够避免程序出现异常错误的情况，保护程序稳定执行。

练习4　列表 number=[0,2,4,6,8]，我们想要求出整数 48 除以这个列表中每一个元素的商，形成一个新的列表，但是第一个元素 0 不能作为除数。试一试如何使用 try…except 处理这个问题吧！

总结

本章需要掌握的是定义函数的使用，并了解什么是变量以及如何处理程序异常：

1. def，是一种简单的定义函数的方法；return 语句能实现反馈结果。

2. 变量分全局变量和局部变量，二者作用范围不同。

3. 使用 try…except 语句可以解决程序的异常。

第 8 章

实战练习

　　学习编程的最好方法就是使用编程。为了检验每章节的学习效果，并进行一些力所能及的实战训练，我们在每章节都设置了大量相对应的练习。实战练习这一部分则是针对前面学过的所有内容进行综合性应用，以此来强化实战开发能力，提升编程思维和开发技能。

8.1 面积计算器

我们之前做过一个图形面积计算器，你还记得吗？小派的数学课又学习了新的图形——梯形和圆形，我们来帮小派把新的图形面积计算公式加上吧。

提示：（1）梯形面积公式：（上底＋下底）× 高 ÷2

（2）圆形面积公式：πr^2(r= 半径)

8.2 BMI 指数

你知道 BMI 指数吗？BMI 指数用来衡量人体的健康标准，BMI 指数是用人体的体重（单位 :kg）除以身高（单位 :m）的平方，最后得出的一个数字，公式为 BMI= 体重 ÷（身高）^{2}。当 BMI 指数小于 18.5 时，表示人的身体过瘦；当 BMI 指数大于等于 25 时，表示体重肥胖，详见表 8-1。

表 8-1　BMI 指数对照表（仅作参考）

BMI 指数分类	WHO 标准	亚洲标准	中国参考标准	相关疾病发病的危险性
体重过低	BMI<18.5	BMI<18.5	BMI<18.5	低（但其他疾病危险性增加）
正常范围	18.5 ≤ BMI<25	18.5 ≤ BMI<23	18.5 ≤ BMI<24	平均水平
超重	BMI ≥ 25	BMI ≥ 23	BMI ≥ 24	增加
肥胖前期	25 ≤ BMI<30	23 ≤ BMI<25	24 ≤ BMI<28	增加
Ⅰ度肥胖	30 ≤ BMI<35	25 ≤ BMI<30	28 ≤ BMI<30	中度增加
Ⅱ度肥胖	35 ≤ BMI<40	30 ≤ BMI<40	30 ≤ BMI<40	严重增加
Ⅲ度肥胖	BMI ≥ 40.0	BMI ≥ 40.0	BMI ≥ 40.0	非常严重

使用 Python 程序制作一个适合中国人的 BMI 指数监测器。输入体重、身高数据后，自动显示 BMI 指数和健康状况。

8.3 囚徒困境

有一个非常著名的故事叫作囚徒困境。说的是 A 和 B 两个人一起进行犯罪活动，有一天，A 和 B 都被抓了起来，但是他们拒不认罪。这时，警察想出一个办法——将两个人关在不同的房间中，分开进行审问，两个人都不知道对方房间的情况。通过审问，将出现以下几种情况：

（1）如果两个人全部坦白，则两个人都需要被关押 5 年。

（2）如果两个人全部抵赖不承认，由于证据不足，两个人只需要关押 1 年（最完美情况）。

（3）如果一个人承认罪行，另一个人抵赖，则承认罪行的人可以减刑，立刻释放；而另一个抵赖的人需要被关押 10 年。

你是否可以使用 Python 编写一个程序来分析这 3 种情况？直到出现最完美的情况，则结束程序；否则一直执行程序。

8.4 神奇的百宝箱

（1）小派有一个百宝箱，里面放着非常珍贵的宝物。他总是怕有人趁他不在时把百宝箱打开，拿走里面的宝物。所以，小派请你帮他设计一个程序，给百宝箱安装一个 3 位数的密码锁，来保护他的宝物。

百宝箱密码锁要求：

① 密码是 3 位数，每一位数随机抽取 0、1、2、3。

② 当输入某一位错误时，需要从第一位重新输入。

③ 最终输入 3 位密码全部正确后，会在控制台上显示出密码。

（2）小派非常感谢我们为他设计的百宝箱密码。突然有一天，小派来找我们说百宝箱失窃了，有人偷走了他的宝物！这是怎么回事呢？

因为我们运行之后发现上一个程序，密码是可以试验出来的！因为 3 位密码是最开始就随机选取好的，在执行循环时，并不会更改，我们只要一位一位地去试验密码，就可以把正确的密码试验出来。因此，我们需要把随机选取 3 位密码的程序加入到循环中。

在每一次输入错误后，密码都重新随机选取一次，这样就不会被试验出来了！快修改一下吧！

（3）经过我们的努力，终于把密码锁修好了，但是宝物丢失了。小派很伤心。我们想办法帮他找一找吧！先来问小派两个问题，看看有没有线索。

① 有没有给别人展示过百宝箱里的宝物？（回答：是）

② 都给谁看过百宝箱里的宝物？（给小老鼠看过宝物，但没有给其他人看过宝物）

原来小派喜欢炫耀，把宝物拿出来给小老鼠看过，我们去问问小老鼠吧！

问小老鼠两个问题：

① 有没有看过小派的宝物？（看过，回答"没有"则需要重新询问小派）

② 有没有拿走小派的宝物？（拿了，回答"没拿"则需要重新询问小派）

经过询问，宝物终于找到了！原来是小老鼠记住了百宝箱的密码，然后趁小派不在家，拿走了宝物。

既然宝物找到啦，那么，我们对小派和小老鼠的提问过程，能用 Python 编写出来吗？

8.5 计算题闯关

（1）小派期中考试的成绩公布了。这次数学考得不好，心情很低落，他想对加法计算进行练习。我们来制作一个加法计算闯关的小游戏，帮助小派进行加法计算练习吧！

要求：

① 两位数 + 两位数。

② 答对一题加一分，答错一题减一分。

③ 满十分即过关。

（2）小派觉得加法计算闯关非常好玩，想再试一试减法闯关。你能帮助小派设计出来吗？

要求：

① 3 位数以内的减法。

② 结果不能是负数。

有兴趣的同学，可以试一试乘法和除法的闯关游戏，然后和小伙伴比赛一下，看看谁算得又快又准！

8.6 帮小派画房子

小派学校留了一项作业，要求找一个建筑物进行绘画。小派不擅长画画，一直很苦恼。这天，放学回家的路上，小派看到一座小房子，觉得非常漂亮，并且结构也很简单，就想用 Python 编程把这个房子画下来。你能帮助小派完成这个任务吗？

要求：

（1）各参数任选，合适协调即可。

（2）如果想把阁楼的窗户换成圆形，该怎么做？试一试吧！

8.7 解决"棋盘放米"问题

阿基米德是古希腊伟大的哲学家、物理学家，他提出了很多著名的物理原理。比如，他曾使用"浮力"帮助国王验证皇冠是否是纯金的；他说过一句著名的话："给我一个支点，我能撬起地球"，来体现"杠杆原理"；他利用"逼近法"找到了计算几何体积的方法，"逼近法"演变成了现在的"微积分"；他利用"割圆法"确定了 π 的范围在 3.14163~3.14286，这在当时已经是非常精确的范围。

相传，阿基米德还有一个著名的故事：有一天，他和国王下国际象棋时获得了胜利。国王很高兴，就想赏赐他，并问他想得到什么赏赐。阿基米德说："我要的赏赐很简单，我只想要一些米，只要在这个棋盘上第一格放一粒米，第二格放二粒，第三格放四粒，第四格放八粒……按这个方法放满整个棋盘的 64 个格子就行。"国王一听非常高兴，觉得阿基米德要的米很少，就让侍从拿袋子装米。在装的过程中，国王才发现这样放的米实在是太多了，就是把全国的米都拿出来也不够。最后国王只好放弃了这个赏赐。

我们来帮助国王算一算，像这样在棋盘上放的米最后一共有多少粒。使用 Python 编程来计算一下吧！

8.8 全年天数查询系统

时光如水，岁月如梭，时间不经意间就从我们的身边溜走了，所以珍惜每天的时间对我们来说是非常重要的事情。我们知道平年有 365 天，闰年有 366 天，但是你知道某天的日期排在全年的第几天吗？过了某天后，一年中已经过去几分之几了呢？制作一个全年天数查询系统，来给我们提个醒吧！

要求：输入年月日，显示出是当前年份的第几天，全年已经度过了百分之多少。

第 9 章

Pygame 小试牛刀

关于 Python 中常用的基础知识，我们已经学习得差不多了。
Python 语言能够很轻松地帮助我们解决很多问题，用起来也比较简单。
这一章我们主要学习如何使用 Python 来制作真正的游戏。跟我一起学
习吧！

我们之前完成的代码，都是在 Python 的控制台 shell 上显示的程序效果。现在我们想要制作游戏，需要有专门的游戏窗口，也需要专门制作游戏的"库"，就像用 turtle 库绘图一样。

9.1 安装 pygame

Python 有一个专门制作游戏的库，叫作 pygame 库。我们可以使用 pygame 库来制作游戏，使用前需要在我们的电脑上安装一下 pygame 的运行环境。

（1）在电脑资源管理器或者搜索窗口输入 cmd，打开我们的命令提示符窗口，如图 8-1 所示。

（2）在命令提示符窗口输入 pip，如图 8-2 所示。如果窗口出现"pip <command>"说明环境配置成功（见图 8-3）；如果出现的是"pip 不是内部或外部命令"，说明环境配置失败，需要重新安装一下 python 来解决（参考第 1 章第 3 节内容，注意安装时要钩选最下面的选项）。

图 8-1　寻找命令提示符

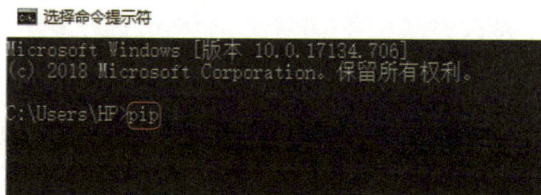

图 8-2　输入 pip

回车之后，等待一会儿，会出现以下内容，如图 8-3 所示。

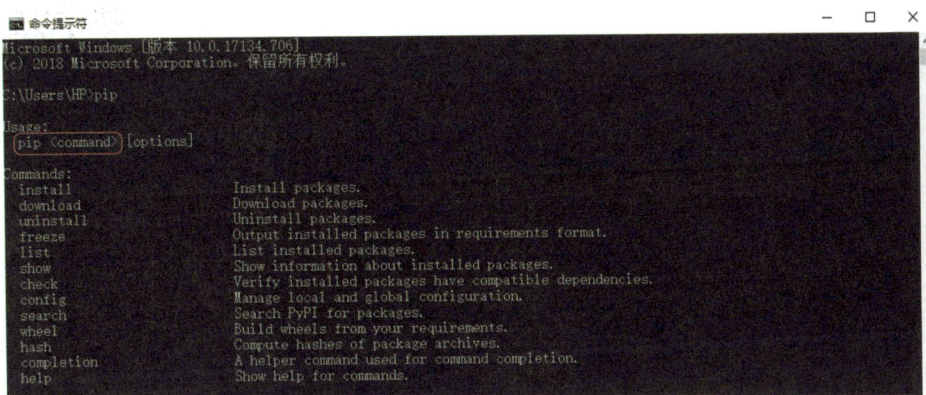

图 8-3　环境配置成功

（3）成功配置好环境后，在最下面输入 install pygame（安装 pygame），敲回车准备安装，如图 8-4 所示。

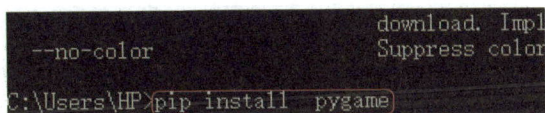

图 8-4　安装 pygame

（4）命令提示符窗口开始读取进度条，安装一些文件，我们只需要耐心等待就可以，如图 8-5 所示。最后会显示 "successfully installed pygame-1.9.5"，表明安装成功。

图 8-5　安装进度提示

（5）回到 Python 中，在控制台 shell 界面上输入 "import pygame"，如果能成功调用就说明 pygame 安装成功了。

```
>>> import pygame
pygame 1.9.5
Hello from the pygame community. https://www.pygame.org/contribute.html
>>>
```

9.2 制作"接弹球"游戏

视频讲解

9.2.1 制作"接弹球"前的游戏设计

制作一个游戏前,我们需要先想清楚这个游戏的玩法,以及需要哪些内容板块。我们要做的"接弹球"游戏的主要内容如下。

（1）需要一个大小合适的游戏窗口,并且左上角有游戏标题,如图8-6所示。

图8-6　游戏标题

（2）需要一个尺寸合适的球和一个尺寸合适的矩形挡板,如图8-7所示。

图8-7　小球与挡板

（3）右上角需要一个记分器,如图8-8所示。

图 8-8　屏幕右上角的计分器

（4）当球碰到上方、左侧、右侧墙壁时会反弹；碰到下方挡板时也会反弹；当挡板没有接住球，球落到下方墙壁时，游戏失败。

（5）为了增加挑战性，每当我们接 5 次球之后，球的运动速度会变快，分值也会加倍。

（6）游戏开始时，球出现的位置是随机的。

（7）下面接球的挡板会跟随鼠标一起移动。

好了，我们把游戏内容想清楚后，就可以利用代码来完成这个游戏了。

9.2.2　开始制作"接弹球"游戏

首先，我们需要在 Python 中调用 pygame 库，并将 pygame 库命名为 pg，方便接下来的操作，代码如下所示。

```
import pygame as pg          #调用pygame库
```

使用 pygame 库，第一步需要使用 pg init() 函数将游戏初始化，代码如下。

```
pg.init()                    #初始化
```

我们的第一个任务是制作游戏窗口，使用的是 pygame 库中的 display 函数。窗口尺寸大小由一个元组数据形式表示出来，比如，我们将窗口设置为 600×500 像素单位。这里要提醒一点，因为制作一个游戏代码的时间会比较长，所以每一个设置的变量名都要有意义，能够直观地表示出代码指代的内容，代码如下。

```
game_window=pg.display.set_mode((600,500))  #设置游戏窗口（元组模式）
```

之后，我们在窗口的上方写一个标题"接球游戏"，同样使用 display 函数，代码如下。

```
game_window=pg.display.set_mode((600,500))  #设置游戏窗口（元组模式）
pg.display.set_caption("接球游戏")          #设置游戏标题
```

游戏窗口的背景颜色使用 RGB 颜色模式设置成黑色，代码如下。

```
window_color=(0,0,0)  #设置窗口颜色——黑色
```

接下来我们就可以把窗口做出来了，使用 while True 循环，将颜色填充到窗口中，代码如下。

```
while True:
    game_window.fill(window_color)  #窗口颜色填充为黑色
```

现在，我们输入以上所有代码。

```
import pygame as pg          #调用pygame库

pg.init()            #初始化

game_window=pg.display.set_mode((600,500))  #设置游戏窗口（元组模式）

pg.display.set_caption("接球游戏")            #设置游戏标题

window_color=(0,0,0)  #设置窗口颜色——黑色

while True:
    game_window.fill(window_color)  #窗口颜色填充为黑色
```

运行一下，我们会看到出现了一个游戏窗口，左上角有游戏标题，但是我们是无法关掉这个窗口的。因为没有设置退出条件。我们需要制作一个退出条件，当我们点击右上角退出键时，游戏关闭。这个功能需要调用一个新的库——sys，代码如下。

```
import pygame as pg          #调用pygame库
import sys
```

然后在程序内设置退出条件：我们设定一个退出事件 event，当退出事件发生时，使用 sys 库中 exit() 函数来退出游戏，代码如下。

```
for event in pg.event.get():   #设置一个退出条件
    if event.type==pg.QUIT:    #如果退出条件成立
        sys.exit()             #使用sys库的退出方式
```

窗口功能设置完成了。

接下来需要画出球和挡板。首先设定球的颜色和挡板的颜色，同设定窗口颜色的方法相同。我们将球设置成绿色，将挡板设置成红色，代码如下。

```
ball_color=(0,255,0)    #设置球的颜色――绿色
rect_color=(255,0,0)    #设置挡板的颜色――红色
```

我们使用 pygame 库中的 draw 函数进行绘图，画出球和挡板。

画球使用 circle，有 4 个参数可以设置，如图 8-9 所示。

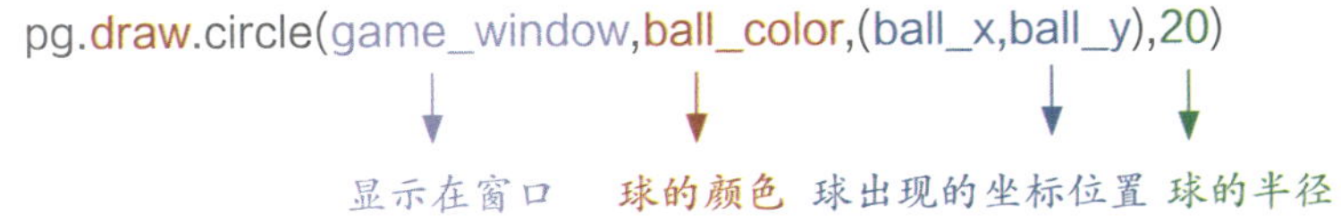

pg.draw.circle(game_window,ball_color,(ball_x,ball_y),20)

显示在窗口　球的颜色　球出现的坐标位置　球的半径

图 8-9　设置小球参数

挡板是一个矩形，使用 rect 设置，如图 8-10 所示。

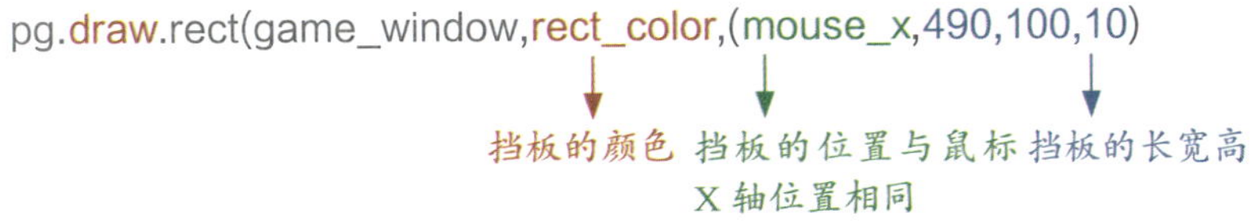

pg.draw.rect(game_window,rect_color,(mouse_x,490,100,10)

挡板的颜色　挡板的位置与鼠标　挡板的长宽高
　　　　　　X 轴位置相同

图 8-10　设置挡板参数

这里我们还需要解决 3 个问题，第一个问题是关于游戏窗口的坐标问题，如图 8-11 所示，这个窗口的坐标（0,0）位置在左上角，并且向下是 y 轴正方向，向右是 x 轴正方向。

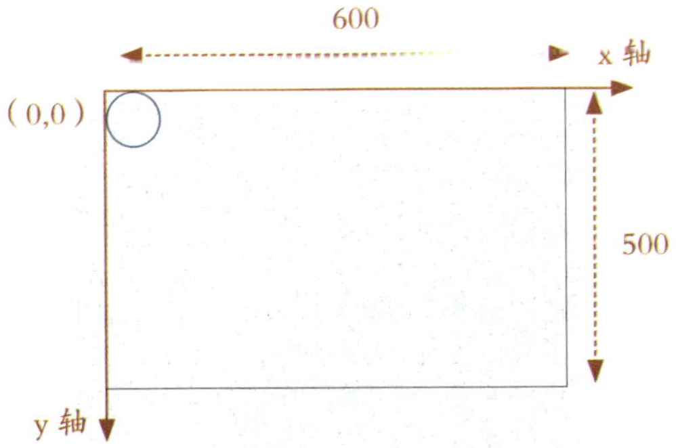

图 8-11　坐标设置

第二个问题是球出现的位置。我们希望球出现的位置是随机的，所以球的坐标（x,y）需要随机生成。假如球的半径是 20，我们需要保证随机生成球的坐标不能超出游戏窗口，所以随机生成球的圆心 x 轴坐标范围是 20~580，圆心 y 轴坐标范围在 20~480。我们需要使用到 randint 随机库，代码如下。

```
ball_x=randint(20,580)      #随机生成球的x坐标
ball_y=randint(20,480)      #随机生成球的y坐标
```

第 3 个问题是鼠标位置。挡板会在最下方，随着鼠标一起移动，它的位置就是鼠标的 x 轴位置（挡板只会在最下面移动，不会向上，不需要考虑 y 轴）。所以，我们需要获取鼠标的坐标，使用 get.pos() 函数即可获得。

```
mouse_x,mouse_y=pg.mouse.get_pos()   #获取鼠标位置
```

解决好以上 3 个问题之后，我们就可以把球、挡板在游戏窗口中制作出来了。

运行之后，会发现并没有出现球和挡板，这是怎么回事呢？因为我们的游戏屏幕都是以"帧"的形式出现的，就像播放电影一样，我们需要让游戏画面进行播放，才能把球和挡板显示出来，所以需要在后面加上两行代码，让游戏窗口进行更新。因此，这里还需要设置一个更新的时间，注意设置得不要太快，否则球的动作也会很快。设置时间时，我们需要在前面调用 time 时间库，然后加入下面的代码。

```
pg.display.update()     #更新窗口，保证窗口始终打开
time.sleep(0.005)       #间隔5秒，让球速慢一些
```

这时候再运行，会发现我们的游戏窗口里出现了小球和挡板，挡板会随着鼠标移动，每次运行，小球的位置是会随机变化的，如图 8-12 所示。

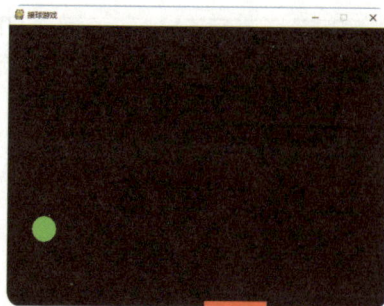

图 8-12　小球与挡板

检查一下前半部的代码是否正确。

```python
import pygame as pg          #调用pygame库
import sys                   #调用sys库
from random import randint   #调用随机库
import time                  #调用时间库
pg.init()                    #初始化

game_window=pg.display.set_mode((600,500))   #设置游戏窗口（元组模式）
pg.display.set_caption("接球游戏")            #设置游戏标题

window_color=(0,0,0)     #设置窗口颜色——黑色
ball_color=(0,255,0)     #设置球的颜色——绿色
rect_color=(255,0,0)     #设置挡板的颜色——红色

ball_x=randint(20,580)       #随机生成球的X坐标
ball_y=randint(20,480)       #随机生成球的Y坐标

while True:
    game_window.fill(window_color)  #窗口颜色填充为黑色
    for event in pg.event.get():    #设置一个退出条件
        if event.type==pg.QUIT:     #如果退出条件成立
            sys.exit()              #使用sys库的退出方式

    mouse_x,mouse_y=pg.mouse.get_pos()   #获取鼠标位置
    pg.draw.circle(game_window,ball_color,(ball_x,ball_y),20)
                                    #设置颜色，圆心位置，半径
    pg.draw.rect(game_window,rect_color,(mouse_x,490,100,10))
                                    #球拍是矩形的，跟着鼠标X轴移动，长，宽，高

    pg.display.update()  #更新窗口，保证窗口始终打开
    time.sleep(0.005)    #间隔5秒，让球速慢一些
```

接下来，我们要让小球动起来。我们可以把小球移动看作是小球的 x 轴坐标和 y 轴坐标在变化。比如，最开始球速较慢时，小球的位置是每次移动 x 坐标值和 y 坐标值 +1；等到后面变快了，小球的每次移动就是 x 坐标值和 y 坐标值 +2。依次类推。所以，我们需要设置一个变量来表示小球移动时坐标的变化值：变量初始值设置为 1，并且可以变化。

```python
move_x=1
move_y=1
```

接着，我们在循环中写入代码，让小球的坐标值每次循环都加上 move x 和 move_y，代码如下。

```python
ball_x +=move_x   #球坐标的变化体现出球在运动
ball_y +=move_y
```

这时，再运行一下程序，你会发现小球开始移动了。

接下来，我们需要让小球碰到上方及左右两侧的墙壁进行反弹。反弹，可以理解成小球的坐标值变成相反数，这里会用到 if…else…语句进行判断。当小球的圆心

坐标值到达上方墙壁时，只需要让坐标变成负数，小球就可以向相反的方向移动了。

当小球碰到下方挡板时，也会反弹，下方挡板的坐标值是鼠标 x 轴的坐标值。小球没有被挡板接到时，游戏就结束了，我们需要使用 break 结束程序。所以我们需要算好圆心的坐标范围，如图 8-13 所示，才可以完成这个程序。

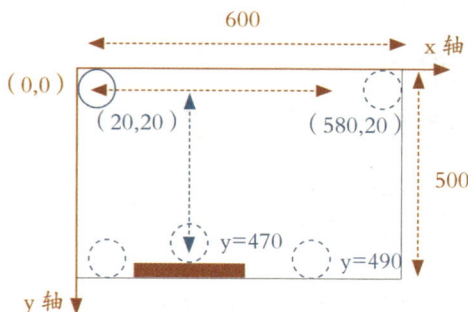

图 8-13　设置圆心坐标范围

弹球功能部分的代码如下。

```
if ball_x<=20 or ball_x>=580:    #左右两侧墙壁
    move_x=-move_x                #碰到左右两侧墙壁时，X坐标变向

if ball_y<=20:                   #碰到上方墙壁
    move_y=-move_y               #碰到上方墙壁，Y坐标变向
elif (ball_x)>mouse_x-20 and ball_x<(mouse_x+120) and ball_y>=470:
                                 #下方接到球
    move_y=-move_y              #接到球，Y坐标变向

elif ball_y>480 and (ball_x<=mouse_x-20 or ball_x>=mouse_x+120):
                                 #没有接到球
    ball_y=490                   #球停在最下面
    break                        #跳出程序
```

运行一下程序会发现，我们可以用挡板接小球了。并且小球碰到墙壁和挡板都会反弹。如果没有接到，小球会停在最下面，游戏结束。这一部分完成后，我们就可以进行游戏了（这一部分一定要把坐标范围计算清楚）。

我们可以在游戏窗口的右上方加入计分器。这里需要用到 pygame 中的 font() 函数来显示分数。font() 函数可以设置两个参数：一个是字体效果，另一个是字体大小。我们不需要特别的字体效果，所以设置成 None 就可以，字号设置成 60。同时，需要创建一个变量 score 来表示分数，代码如下。

```
score=0                        #分数
font=pg.font.Font (None, 60)   #字体，大小－－显示分数
```

我们可以在循环中显示分数，这里需要用到 render() 函数。render() 函数中可以设置 3 个变量：第 1 个是显示的内容，第 2 个是特殊效果，第 3 个是颜色。可以用黄色来显示分数，代码如下。

```
my_score=font.render(str(score),False,(255,255,0))
                         #显示分数，不处理　黄色
```

接下来设置分数的坐标位置，使其显示在游戏窗口的右上角。这里会用到 bilt 函数，我们把坐标设置为（500，30），代码如下。

```
game_window.blit(my_score,(500,30)) #显示分数位置
```

运行一下，你会发现黄色计分器显示在右上角了。但是，这时接到球是不加分的，我们需要让分数进行变化：当接到球时，开始加分。前 5 次接球，每次加 1 分；成功接到 5 次之后，每次加 2 分；之后每接到 5 次，加的分数都会翻倍。为了实现这个效果，我们需要创建两个变量：一个变量表示每次加的分数，另一个变量用来表示接到球的次数。我们要先设置这两个变量的初始值，其代码如下。

```
points=1   #加的分数 初始值为1
count=0    #接球的次数
```

每次接到球后，次数加 1，分数也进行累加，代码如下。

```
score+=points   #接到球之后，加分
count+=1        #接到球的次数加1
```

接到 5 次球后，我们需要让球加速，并且分数翻倍，所以需要再加入一个 if 语句进行判断。当计数 count 为 5 时，球速变快，可以理解为 move_x 变量和 move_y 变量增大，代码如下。

```
    score+=points              #接到球之后，加分
    count+=1                   #接到球的次数加1
    if count==5:               #接球次数达到5次
        count=0                #重新计算接住球的次数
        points+=points         #加分翻倍
        if move_x>0:           #如果X轴坐标变化是正方向变化
            move_x+=1          #X轴坐标变化+1 速度变快
        else:
            move_x-=1          #反之，方向加速
        move_y-=1              #Y轴速度变快
```

把这一部分程序加入我们之前的程序中。

```
ball_y +=move_y
if ball_x<=20 or ball_x>=580:  #左右两侧墙壁
    move_x=-move_x             #碰到左右两侧墙壁时，X坐标变向

if ball_y<=20:                 #碰到上方墙壁
    move_y=-move_y             #碰到上方墙壁，Y坐标变向
elif (ball_x>mouse_x-20 and ball_x<mouse_x+120) and ball_y>=470:
                              #下方接到球
    move_y=-move_y            #接到球，Y坐标变向

    score+=points            #接到球之后，加分
    count+=1                 #接到球的次数加1
    if count==5:             #接球次数达到5次
        count=0              #重新计算接住球的次数
        points+=points       #加分翻倍
        if move_x>0:         #如果X轴坐标变化是正方向变化
            move_x+=1        #X轴坐标变化+1 速度变快
        else:
            move_x-=1        #反之，方向加速
        move_y-=1            #Y轴速度变快
elif ball_y>480 and (ball_x<=mouse_x-20 or ball_x>=mouse_x+120):
                            #没有接到球
    ball_y=490              #球停在最下面
    break                   #跳出程序
```

最终，"接弹球"游戏就制作完成了。我们使用挡板来接住小球，当接到5次小球之后，小球的移动速度会变快，加的分数也会更多，越到后面难度越大！挑战一下吧，看看能得到多少分。

我们还可以按照自己的喜好修改里面的参数，让游戏变得更加好玩。

我们这次是用鼠标控制挡板的移动，想知道如何利用键盘来控制吗？下一个游戏告诉你！

附"接弹球"游戏的完整代码。

```
import pygame as pg          #调用pygame库
import sys                   #调用sys库
from random import randint   #调用随机库
import time                  #调用时间库
pg.init()                    #初始化

game_window=pg.display.set_mode((600,500)) #设置游戏窗口（元组模式）
pg.display.set_caption("接球游戏")          #设置游戏标题
```

```python
score=0                                 #分数
font=pg.font.Font(None,60) #字体，大小——显示分数

window_color=(0,0,0)    #设置窗口颜色——黑色
ball_color=(0,255,0)    #设置球的颜色——绿色
rect_color=(255,0,0)    #设置挡板的颜色——红色

move_x=1                                #小球X坐标的变化值
move_y=1                                #小球Y坐标的变化值

ball_x=randint(20,580)      #随机生成球的X坐标
ball_y=randint(20,480)      #随机生成球的Y坐标

points=1  #加的分数 初始值为1
count=0   #接球的次数

while True:
    game_window.fill(window_color) #窗口颜色填充为黑色
    for event in pg.event.get():       #设置一个退出条件
        if event.type==pg.QUIT:        #如果退出条件成立
            sys.exit()                 #使用sys库的退出方式

    mouse_x,mouse_y=pg.mouse.get_pos()  #获取鼠标位置
    pg.draw.circle(game_window,ball_color,(ball_x,ball_y),20)
                        #设置颜色，圆心位置，半径
    pg.draw.rect(game_window,rect_color,(mouse_x,490,100,10))
                        #球拍是矩形的，跟着鼠标X轴移动，长，宽，高
    ball_x +=move_x    #球坐标的变化体现出球在运动
    ball_y +=move_y
    my_score=font.render(str(score),False,(255,255,0))
                            #显示分数，不处理 黄色
    game_window.blit(my_score,(500,30)) #显示分数位置

    ball_x +=move_x                     #球坐标的变化体现出球在动
    ball_y +=move_y
    if ball_x<=20 or ball_x>=580: #左右两侧墙壁
        move_x=-move_x                  #碰到左右两侧墙壁时，X坐标变向
    if ball_y<=20:                      #碰到上方墙壁
        move_y=-move_y                  #碰到上方墙壁，Y坐标变向
    elif (ball_x>mouse_x-20 and ball_x<mouse_x+120) and ball_y>=470:
                                        #下方接到球
        move_y=-move_y                  #接到球，Y坐标变向
        score+=points                   #接到球之后，加分
        count+=1                        #接到球的次数加1
        if count==5:                    #接球次数达到5次
            count=0                     #重新计算接住球的次数
            points+=points              #加分翻倍
            if move_x>0:                #如果X轴坐标变化是正方向变化
                move_x+=1               #X轴坐标变化+1 速度变快
            else:                       #反之，方向加速
                move_x-=1
            move_y-=1                   #Y轴速度变快
    elif ball_y>480 and (ball_x<=mouse_x-20 or ball_x>=mouse_x+120):
                                        #没有接到球
        ball_y=490                      #球停在最下面
        break                           #跳出程序

    pg.display.update() #更新窗口，保证窗口始终打开
    time.sleep(0.005)   #间隔5秒，让球速慢一些
```

9.3 挑战 "贪吃蛇"

完成了 "接弹球" 游戏，相信你已经迫不及待地想要制作下一个游戏了吧！那么接下来，跟我一起制作 "贪吃蛇" 的小游戏吧。

9.3.1 制作 "贪吃蛇" 前的游戏设计

就像制作 "接弹球" 游戏一样，我们在编程前需要先设计好游戏。那么，制作 "贪吃蛇" 游戏需要做哪些准备呢？

首先，需要制作一个游戏窗口。我们将窗口设计为 600×500，游戏标题叫作 "snake"。这些步骤和上一节制作 "接弹球" 游戏时是一样的。

接下来，需要设置一个游戏开始前的动画，同时设置一个功能：按任意键开始游戏，如图 8-14 所示。

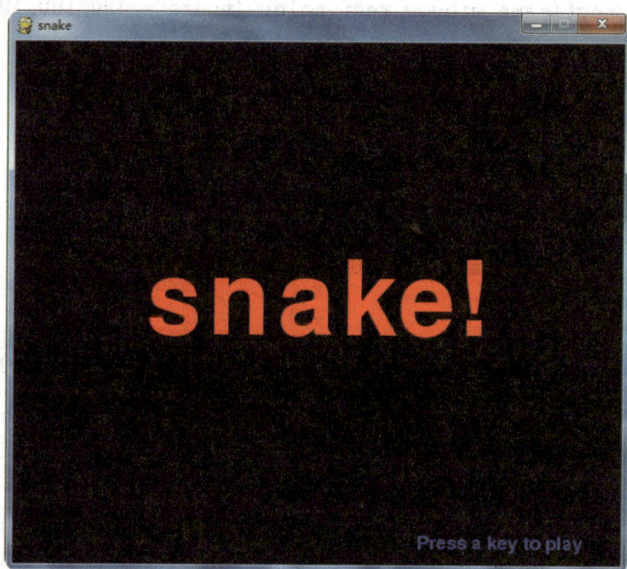

图 8-14　动画窗口

然后就是设计主角：贪吃蛇和被吃掉的苹果。我们知道贪吃蛇吃掉一个苹果后，身体会加长。那么为了更好地让蛇在屏幕中游动，同时显示蛇的长度，我们需要将屏幕拆分成一个个小方格，每一个苹果占据一个小方格，蛇身占用三个小格，每次吃掉一个苹果，蛇身增加一个小方格。蛇身可以用一个列表来表示，吃掉一个苹果，相当于增加一个元素。列表变长，则说明蛇吃的苹果变多。同时在屏幕右上角加入一个计分器，吃掉一个苹果，加 1 分。

再来确定一下失败的条件：当蛇碰到墙壁，或者碰到自己的身体时，则游戏结束，我们加入上一个"Game Over"的结束画面。

最后，我们需要通过键盘上的"上、下、左、右"键来控制蛇的移动方向。

好了，这个游戏看上去比"接弹球"游戏难一些，程序也会更复杂，我们再来总结一下游戏设计的主要元素。

（1）游戏屏幕，包括背景颜色（黑色），需要将屏幕分成相同单位的小格。屏幕上方有标题"snake"。

（2）开机动画，包含游戏标题"snake"和"press a key to play"的提示。

（3）键盘按键控制蛇的移动。

（4）退出动画，包含"Game Over"的字幕和 ESC 的退出键。

（5）贪吃蛇。蛇长三个小方格，颜色设置为深绿色，初始蛇头朝向向右。

（6）苹果，大小为一个小方格，红色，在屏幕中随机生成。

（7）计分器，显示在屏幕右上角，吃掉一个苹果，加 1 分。

好了！游戏设计完成，我们来使用 pygame 制作"贪吃蛇"游戏吧。

9.3.2 制作"贪吃蛇"游戏

"贪吃蛇"游戏需要的元素很多。为了让程序更加直观，使用 def 定义函数，来定义每一个。

首先，调用我们需要的库。我们会用到 pygame 库、sys 系统库、random 随机库和常量库。

```
import pygame as pg          #调用pygame库
from random import randint   #调用随机库
import sys                   #调用sys系统库
from pygame.locals import *  #导入常量库
```

接下来设置游戏屏幕大小和代表苹果的小格子。将屏幕设置为 600×500，每一个小方格边长为 20，那么屏幕横向共有 600/20=30 个小方格，纵向共有 500/20=25 个小方格。同时设置好 FPS 帧数，控制蛇的移动速度，代码如下。

```
FPS=12                            #画面帧数，代表蛇的移动速度
window_width=600    #画面宽度
window_height=500  #画面高度
cellsize=20              #游戏窗口内每一小格的大小
cell_width=int(window_width/cellsize)
                                  #屏幕宽度被每一格的宽度整除——横向的格子数
cell_height=int(window_height/cellsize)
                                  #屏幕高度被每一格的高度整除——纵向的格子数
```

接下来设置颜色。我们需要用到屏幕背景颜色——黑色；蛇的颜色——绿色和边缘的深绿色；苹果的颜色——红色；开机动画字幕的颜色——红色和蓝色；结束动画"Game Over"的颜色和计分器的颜色——白色；格子边框颜色——灰色。设置颜色代码如下。

```
BGcolor=(0,0,0)             #背景：黑色
BLUE=(0,0,255)             #字幕：蓝色
RED=(255,0,0)              #字幕：红色
apple_color=(255,0,0)    #蛇吃的苹果——红色
snake_color=(0,150,0)   #蛇身的边缘为深绿色
GREEN=(0,255,0)           #蛇身绿色
WHITE=(255,255,255)    #白色 "game over"，score
DARKGRAY=(40,40,40)   #深灰 格子边框的颜色
```

然后设置 4 个方向。

```
UP="up"           #定义蛇移动的四个方向
DOWN="down"
LEFT="left"
RIGHT="right"
HEAD=0           #定义蛇头的变量，设置蛇头吃苹果时使用。
```

接下来先将主函数写好。主函数是整个程序运行的一个流程大纲，包括标题、开始画面、游戏过程和结束画面。有了主函数，我们的程序就有了一个完整的运行流程。

```
def main():#主函数
    global FPSclock,window,BASICFONT#全局变量 时间，窗口，基础字体
    pg.init() #初始化游戏
    FPSclock=pg.time.Clock() #获取pygame时钟进行计时
    window=pg.display.set_mode((window_width,window_height))
                                          #设置屏幕的宽高
    BASICFONT=pg.font.Font("freesansbold.ttf",18)#字体，字号
    pg.display.set_caption("snake") #游戏标题
    showStartScreen() #显示开始画面

    while True:#保证整个过程在运动游戏和结束游戏之间循环
        runGame()#运行游戏函数（后面会单独定义此函数）
        showGameOverScreen()#游戏结束画面（后面单独定义此函数）
```

　　主函数定义好后，我们就可以把主函数中的内容分别定义出来。先定义运行游戏的 runGame() 函数。runGame() 函数包含所有运行游戏时会遇到的内容，比如，退出事件 ESC、蛇和苹果的初始位置、"上下左右"键控制、判断蛇头是否碰壁或者碰到自己以及判断蛇是否吃到苹果。

　　将蛇和苹果随机生成的位置以及蛇身的长度设置好，代码如下。

```python
def runGame():#定义运行游戏函数
    startx=randint(5,cell_width-6) #随机生成：蛇的起点X坐标
    starty=randint(5,cell_height-6)#随机生成：蛇的起点Y坐标
    #设置蛇的身体，长度为X轴的3个格子
    snakeCoords=[{"x":startx,"y":starty},
                 {"x":startx-1,"y":starty},
                 {"x":startx-2,"y":starty}]
    direction=RIGHT #蛇的初始运动方向 向右
    apple=getRandomLocation() #随机生成苹果
```

　　"退出事件"和"触发按键"事件：触发按键事件可以使用"上、下、左、右"键来控制蛇的移动，代码如下：

```python
while True:#游戏过程的循环
    for event in pg.event.get(): #获取事件
        if event.type==QUIT: #如果获取的事件类型是"退出"
            terminate() #触发退出函数（后面单独定义）

        elif event.type==KEYDOWN:
            #如果获取的事件类型是"按下键盘按键"
            if event.key==K_LEFT and direction !=RIGHT:
                #如果按下键盘左键
                direction=LEFT #方向向左
            elif event.key==K_RIGHT and direction !=LEFT:#右键
                direction=RIGHT #方向向右
            elif event.key==K_UP and direction !=DOWN:#上键
                direction=UP #方向向上
            elif event.key==K_DOWN and direction !=UP:#下键
                direction=DOWN #方向向下
            elif event.key==K_ESCAPE: #ESC键
                terminate() #触发退出函数，退出游戏
```

　　接下来要判断蛇是否碰壁或者碰到自己。蛇头碰壁，代表蛇头的坐标超过了屏幕的上、下、左、右的坐标；碰到自己的身体，代表蛇头的坐标与身体的坐标重合，其代码如下。

```python
#判断蛇头是否碰壁
if snakeCoords[HEAD]["x"]==-1 or snakeCoords [HEAD]["x"]==cell_width or snakeCoords[HEAD]
                    ["y"]==-1 or snakeCoords [HEAD]["y"]==cell_height:
    return #游戏结束，重新开始
#判断蛇头是否碰到自己的身体
for snakeBody in snakeCoords[1:]:
    #如果蛇头碰到蛇身
    if snakeBody["x"]==snakeCoords[HEAD]["x"] and snakeBody["y"]==snakeCoords[HEAD]["y"]:
        return #游戏结束，重新开始
```

判断蛇是否吃到苹果。吃到苹果则加长。

```
#判断蛇吃到苹果
if snakeCoords[HEAD]["x"]==apple["x"] and snakeCoords [HEAD]["y"]==apple["y"]:
    apple=getRandomLocation() #重新生成一个苹果
else:
    del snakeCoords [-1] #没吃到苹果，就删除掉蛇身的最后一个格
#根据方向添加新的蛇头
if direction == UP:
    newHead={"x":snakeCoords[HEAD]["x"],"y":snakeCoords[HEAD]["y"]-1}
elif direction==DOWN:
    newHead={"x":snakeCoords[HEAD]["x"],"y":snakeCoords[HEAD]["y"]+1}
elif direction==LEFT:
    newHead={"x":snakeCoords[HEAD]["x"]-1,"y":snakeCoords[HEAD]["y"]}
elif direction==RIGHT:
    newHead={"x":snakeCoords[HEAD]["x"]+1,"y":snakeCoords[HEAD]["y"]}

snakeCoords.insert(0,newHead) #添加新蛇头在蛇的最前面
```

最后，我们只需要用代码画出蛇、苹果、小格子、开机字幕、结束字幕、计分器等内容就可以了。我们先将这个内容写在 runGame() 函数中，再分别用定义函数完成即可，代码如下。

```
window.fill(BGcolor)     #填充背景颜色
drawGrid()               #画方格
drawSnake(snakeCoords)   #画蛇
drawApple(apple)         #画苹果
#显示分数
drawScore(len(snakeCoords)-3)
                         #蛇的总长度-初始长度=吃掉的苹果数

pg.display.update()      #图像更新
FPSclock.tick(FPS)       #设置帧率
```

好了，整个游戏的设置过程我们就完成了。

接下来把里面需要的内容单独利用定义函数来完成吧。

首先，是开始提示信息和按键触发事件。

```
def drawPressKeyMsg():#定义函数：绘制开始游戏提示信息
    pressKeySurf=BASICFONT.render("Press a key to play",True,BLUE)
                                                    #提示信息
    pressKeyRect=pressKeySurf.get_rect()#获取文字大小
    pressKeyRect.topleft=(window_width-200,window_height-30)
                                        #文字放在左下角位置
    window.blit(pressKeySurf,pressKeyRect)#在屏幕上显示出来

def checkForKeyPress():#定义函数：检查是否触发按键事件
    if len(pg.event.get(QUIT))>0:
        terminate()#退出函数
    keyUpEvents=pg.event.get(KEYUP)#不按按键
    if len(keyUpEvents)==0:
        return None #无动作
    if keyUpEvents[0].key==K_ESCAPE:#按ESC
        terminate() #退出
    return keyUpEvents[0].key
```

然后是开机字幕和退出事件。

```
def showStartScreen():#定义函数：开始画面
    window.fill(BGcolor) #填充背景
    titleFont=pg.font.Font("freesansbold.ttf",100)#字体，字号
    titleSurf=titleFont.render("snake!",True,RED)#写出snake  红色
    titleRect=titleSurf.get_rect()#获取矩形大小
    titleRect.center=(window_width/2,window_height/2)
    window.blit(titleSurf,titleRect)#显示在屏幕上
    drawPressKeyMsg()#调用画文本函数
    pg.display.update()
    while True:
        if checkForKeyPress():#如果触发了按键事件
            pg.event.get()
            return

def terminate():#定义函数：退出
    pg.quit()#退出游戏
    sys.exit()#退出系统
```

接下来，是游戏结束字幕。

```
def showGameOverScreen(): #定义函数：游戏结束
    gameOverFont=pg.font.Font("freesansbold.ttf",150)
    gameSurf = gameOverFont.render("Game",True,WHITE)#显示Game
    overSurf = gameOverFont.render("Over",True,WHITE)#显示over
    gameRect = gameSurf.get_rect() #Game 大小
    overRect = overSurf.get_rect() #Game 大小
    gameRect.midtop = (window_width/2,10) #Game 中心点位置
    overRect.midtop = (window_width/2,gameRect.height+10+25)#Game中心点
    window.blit(gameSurf,gameRect)#显示Game
    window.blit(overSurf,overRect)#显示Over
    drawPressKeyMsg()
    pg.display.update()
    pg.time.wait(500)
    checkForKeyPress()
    while True:
        if checkForKeyPress():
            pg.event.get()
            return
```

苹果随机出现的位置。

```
def getRandomLocation():#定义函数：苹果出现的位置
    return{"x":randint(0,cell_width-1),"y":randint(0,cell_height-1)}
```

计分器。

```
def drawScore(score):#定义函数：显示分数
    scoreSurf=BASICFONT.render("Score:%s"%(score),True,WHITE)#字体颜色
    scoreRect=scoreSurf.get_rect()#获取大小
    scoreRect.topleft=(window_width-120,10)#位置
    window.blit(scoreSurf,scoreRect)#显示
```

利用 draw 函数画出苹果和蛇。

```
def drawSnake(snakeCoords):#定义函数：画蛇
    for coord in snakeCoords:
        x=coord["x"]*cellsize
        y=coord["y"]*cellsize
        snakeSegmentRect=pg.Rect(x,y,cellsize,cellsize)  #蛇的大小
        pg.draw.rect(window,snake_color,snakeSegmentRect)
        snakeInnerSegmentRect=pg.Rect(x+4,y+4,cellsize-8,cellsize-8)
        pg.draw.rect(window,GREEN,snakeInnerSegmentRect)

def drawApple(coord):#定义函数：画苹果
    x=coord["x"]*cellsize
    y=coord["y"]*cellsize
    appleRect=pg.Rect(x,y,cellsize,cellsize)
    pg.draw.rect(window,apple_color,appleRect)
```

最后画出小方格，运行整个程序即可。

```
def drawGrid(): #定义函数：绘制所有方格
    for x in range(0,window_width,cellsize):
        pg.draw.line(window,DARKGRAY,(x,0),(x,window_height))#X轴
    for y in range(0,window_height,cellsize):
        pg.draw.line(window,DARKGRAY,(0,y),(window_width,y))#Y轴

if __name__=="__main__": #如果运行主程序
    main()
```

附 "贪吃蛇" 游戏完整的代码。

```python
import pygame as pg                    #调用 pygame库
from random import randint             #调用随机库
import sys                             #调用用 sys系统库
from pygame.locals import *            #导入常量库

FPS=12                                 #画面帧数，代表蛇的移动速度
window_width=600                       #画面宽度
window_height=500                      #画面高度
cellsize=20                            #游戏窗口内每一小格的大小
cell_width=int(window_width/cellsize)  #屏幕宽度除每一格的宽度整除——横向的格子数

cell_height=int(window_height/cellsize) #屏幕高度除每一格的高度整除——纵向的格子数

BGcolor=(0,0,0)                        #背景：黑色
BLUE=(0,0,255)                         #字幕：蓝色
RED=(255,0,0)                          #字幕：红色
apple_color=(255,0,0)                  #蛇吃的苹果——红色
snake_color=(0,150,0)                  #蛇身的边缘为深绿色
GREEN=(0,255,0)                        #蛇身绿色
WHITE=(255,255,255)                    #白色 "game over" score
DARKGRAY=(40,40,40)                    #深灰  格子边框的颜色

UP="up"                                #定义蛇移动的四个方向
DOWN="down"
LEFT="left"
RIGHT="right"
HEAD=0

def main():                            #主函数
    global FPSclock,window,BASICFONT   #全局变量时间、窗口、基础字体
    pg.init()                          #初始化游戏
    FPSclock=pg.time.Clock()           #获取 pygame时钟进行计时
    window=pg.display.set_mode((window_width,window_height))
                                       #设置屏幕的宽高
    BASICFONT=pg.font.Font("freesansbold.ttf",18) #字体、字号
    pg.display.set_caption("snake")    #游戏标题
    showStartScreen()                  #显示开始画面
```

```python
while True:#保证整个过程在活动游戏和结束游戏之间循环
    runGame()#运行游戏函数（后面会单独定义此函数）
    showGameOverScreen()#游戏结束画面（后面单独定义此函数）

def runGame():#定义运行游戏函数
    startx=randint(5, cell_width-6)  #随机生成：蛇的起点X坐标
    starty=randint(5, cell_height-6) #随机生成：蛇的起点Y坐标
    #设置蛇的身体，长度为X轴的3个格子
    snakeCoords=[{"x":startx, "y":starty},
                 {"x":startx-1, "y":starty},
                 {"x":startx-2, "y":starty}]

    direction=RIGHT #蛇的初始运动方向 向右
    apple=getRandomLocation() #随机生成苹果果

    while True:#游戏过程的循环
        for event in pg.event.get ():#获取事件
            if event.type==QUIT:#如果获取的事件类型是"退出"
                terminate() #触发退出函数（后面单独定义）

        elif event.type==KEYDOWN:
            #如果获取的事件类型是"按下键盘按键"
            if event.key==K_LEFT and direction !=RIGHT:
                #如果按下键盘左键
                direction=LEFT #方向向左
            elif event.key==K_RIGHT and direction !=LEFT:#右键
                direction=RIGHT #方向向右
            elif event.key==K_UP and direction !=DOWN:#上键
                direction=UP #方向向上
            elif event.key==K_DOWN and direction !=UP:#下键
                direction=DOWN #方向向下
            elif event.key==K_ESCAPE: #ESC键
                terminate() #触发退出函数，退出游戏

        #判断蛇头是否碰壁
        if snakeCoords[HEAD]["x"]==-1 or snakeCoords [HEAD]["x"]==cell_width or snakeCoords [HEAD] ["y"]==-1
            or snakeCoords [HEAD]["y"]==cell.height:
```

```python
        return #游戏结束，重新开始
#判断蛇头是否碰到自己的身体
for snakeBody in snakeCoords[1:]:
    #如果蛇头碰到蛇身
    if snakeBody["x"]==snakeCoords[HEAD]["x"] and snakeBody["y"]==snakeCoords [HEAD]["y"]:
        return #游戏结束，重新开始

#判断蛇吃到苹果
if snakeCoords[HEAD]["x"]==apple["x"] and snakeCoords [HEAD]["y"]==apple["y"]:
    apple=getRandomLocation() #重新生成一个苹果
else:
    del snakeCoords [-1] #没吃到苹果，就删除掉蛇身的最后一个格
#根据方向添加新的蛇头
if direction == UP:
    newHead={"x":snakeCoords[HEAD]["x"],"y":snakeCoords[HEAD]["y"]-1}
elif direction==DOWN:
    newHead={"x":snakeCoords[HEAD]["x"],"y":snakeCoords[HEAD]["y"]+1}
elif direction==LEFT:
    newHead={"x":snakeCoords[HEAD]["x"]-1,"y":snakeCoords[HEAD]["y"]}
elif direction==RIGHT:
    newHead={"x":snakeCoords[HEAD]["x"]+1,"y":snakeCoords[HEAD]["y"]}

snakeCoords.insert(0,newHead) #添加新蛇头在蛇的最前面
window.fill(BGcolor) #填充背景颜色
drawGrid() #画方格
drawSnake(snakeCoords) #画蛇
drawApple(apple) #画苹果
#显示分数
drawScore(len(snakeCoords)-3) #蛇的总长度-初始长度=吃掉的苹果数

pg.display.update() #图像更新
FPSclock.tick(FPS) #设置帧率

def drawPressKeyMsg():#定义函数：绘制开始游戏提示信息
    pressKeySurf=BASICFONT.render("Press a key to play", True,BLUE) #提示信息

    pressKeyRect=pressKeySurf.get_rect() #获取文字大小
    pressKeyRect.topleft=(window_width-200, window_height-30) #文字放在左下角位置
    window.blit(pressKeySurf,pressKeyRect) #在屏幕上显示出来
```

```python
def checkForKeyPress(): #定义函数：检查是否触发按键事件
    if len(pg.event.get(QUIT))>0:
        terminate() #退出函数
    keyUpEvents=pg.event.get(KEYUP) #不按按键
    if len(keyUpEvents)==0:
        return None #无动作
    if keyUpEvents[0].key==K_ESCAPE: #按ESC
        terminate() #退出
    return keyUpEvents[0].key

def showStartScreen(): #定义函数：开始画面
    window.fill(BGcolor) #填充背景
    titleFont=pg.font.Font("freesansbold.ttf",100) #字体、字号
    titleSurf=titleFont.render("snake!",True,RED) #写出snake 红色
    titleRect=titleSurf.get_rect() #获取矩形大小
    titleRect.center=(window.width/2, window.height/2)
    window.blit(titleSurf, titleRect) #显示在屏幕上
    drawPressKeyMsg() #调用画文本函数
    pg.display.update()
    while True:
        if checkForKeyPress(): #如果触发了按键事件
            pg.event.get()
            return

def terminate(): #定义函数：退出
    pg.quit() #退出游戏
    sys.exit() #退出系统

def getRandomLocation(): #定义函数：苹果出现的位置
    return{"x":randint(0,cell_width-1), "y":randint(0,cell_height-1)}

def showGameOverScreen(): #定义函数：游戏结束
    gameOverFont=pg.font.Font("freesansbold.ttf",150)
    gameSurf = gameOverFont.render("Game",True,WHITE) #显示Game
    overSurf = gameOverFont.render("Over",True,WHITE) #显示over
    gameRect = gameSurf.get_rect() #Game 大小
    overRect = overSurf.get_rect() #Game 大小
    gameRect.midtop = (window_width/2,10) #Game 中心点
    overRect.midtop = (window_width/2,gameRect.height+10+25) #Game中心点
    window.blit(gameSurf,gameRect) #显示Game
    window.blit(overSurf,overRect) #显示Over
```

```python
        drawPressKeyMsg()
        pg.display.update()
        pg.time.wait(500)
        checkForKeyPress()
        while True:
            if checkForKeyPress():
                return
            pg.event.get()

def drawScore(score):#定义函数：显示分数
    scoreSurf=BASICFONT.render("Score:%s"%(score),True,WHITE)#字体颜色
    scoreRect=scoreSurf.get_rect()#获取大小
    scoreRect.topleft=(windcw_width-120,10)#位置
    window.blit(scoreSurf,scoreRect)#显示

def drawSnake(snakeCoords):#定义函数：画蛇
    for coord in snakeCoords:
        x=coord["x"]*cellsize
        y=coord["y"]*cellsize
        snakeSegmentRect=pg.Rect(x,y,cellsize,cellsize) #蛇的大小
        pg.draw.rect(window,snake_color,snakeSegmentRect)
        snakeInnerSegmentRect=pg.Rect(x+4,y+4,cellsize-8,cellsize-8)
        pg.draw.rect(window,GREEN,snakeInnerSegmentRect)

def drawApple(coord):#定义函数：画苹果
    x=coord["x"]*cellsize
    y=coord["y"]*cellsize
    appleRect=pg.Rect(x,y,cellsize,cellsize)
    pg.draw.rect(window,apple_color,appleRect)

def drawGrid():#定义函数：绘制所有方格
    for x in range(0,window_width,cellsize):
        pg.draw.line(window,DARKGRAY,(x,0),(x,window_height))#X轴
    for y in range(0,window_height,cellsize):
        pg.draw.line(window,DARKGRAY,(0,y),(window_width,y))#Y轴

if __name__=="__main__":#如果运行主程序
    main()
```

赶快运行一遍！体验一下游戏吧！

9.4 挑战五子棋

视频讲解

这一节，我们使用 pygame 制作一个两人对战的游戏——五子棋。五子棋是一种两人对弈的纯策略型棋类游戏，是最古老的棋盘游戏之一。对战双方分别使用黑白两色的棋子，下在棋盘直线与横线的交叉点上，先形成 5 子连线者获胜。

9.4.1 制作五子棋前的游戏设计

我们需要制作的五子棋游戏需要哪些元素呢？

（1）需要一个游戏窗口和游戏标题。

（2）需要一个棋盘，利用横线和纵线将棋盘分成一个个小方格。

（3）需要黑、白棋子。

（4）当黑子或者白子形成 5 个棋子连线时，显示胜利者，游戏结束。

"五子棋"游戏制作时，难点是需要确定胜利条件：当横向、纵向、斜向中有 5 个相同颜色的棋子排列成行时，则判定胜利，如图 8-15 所示。

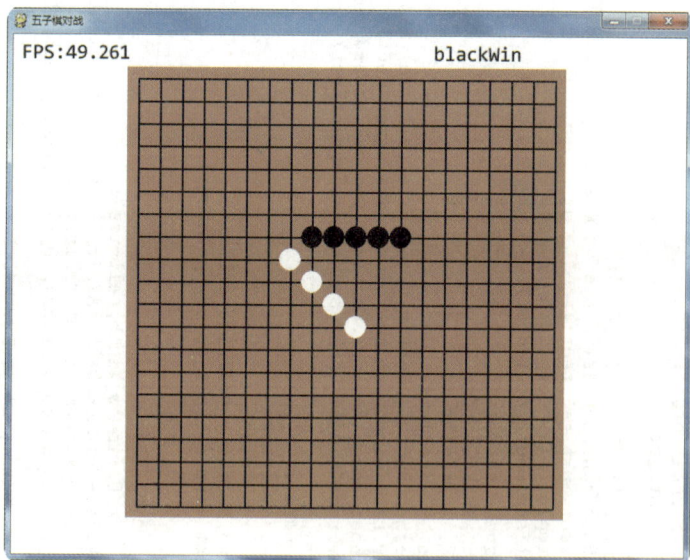

图 8-15　黑子胜利

9.4.2 制作五子棋游戏

我们将游戏分为两方面：一个是棋盘，另一个是棋子，使用 def 来定义游戏的每一部分内容。

我们先调用 pygame 库，再制作棋盘。设置好需要的数据：棋盘大小、棋盘左上角点的坐标、单行格子数、整体格子数等，代码如下。

```python
import pygame as pg
class Chessboard:#设置棋盘

    def __init__(s):#初始化
        s.grid_lenght=26#棋盘格子的边长
        s.grid_count=20 #格子的数量

        s.start_x=150    #棋盘初始点X坐标=150（棋盘左上角的点）
        s.start_y=50     #棋盘初始点Y坐标=50（棋盘左上角的点）

        s.edge_lenght=s.grid_lenght/2 #棋盘周围边缘的长度=13

        s.piece="black" #设置黑色棋子
        s.winner=None   #设置胜利者是空 用于储存胜利者black or white
        s.gameover=False#游戏结束是Flase 反之，游戏未结束是True
        s.grid=[] #空列表
        for i in range(s.grid_count):#整个棋盘大小为20×20个格子
            s.grid.append(list("."*s.grid_count))
                              #将格子添加到棋盘中，形成一个列表
```

判断事件，通过设置的数据算出整个棋盘的大小，代码如下。

```python
def handle_event(s,e):#定义为处理事件函数
    #初始点X,Y坐标
    origin_x=s.start_x-s.edge_lenght
    origin_y=s.start_y-s.edge_lenght
    #棋盘总大小=棋盘所有格子的边长和+棋盘边缘长度X2
    chessboard_lenght=(s.grid_count-1)*s.grid_lenght+s.edge_lenght*2

    mouse_pos=e.pos#鼠标的位置 mouse_pos[0]为X轴 mouse_pos[1]为Y轴

    #如果鼠标的位置在整个棋盘总大小的位置内
    if (mouse_pos[0]>=origin_x and mouse_pos[0]<=origin_x+chessboard_lenght)
    and (mouse_pos[1]>=origin_y and mouse_pos[1]<=origin_y+chessboard_lenght):

        if not s.gameover:#游戏没结束===True
            x=mouse_pos[0]-origin_x #X轴方向距离
            c=int(x/s.grid_lenght)  #换算出X轴第几格

            y=mouse_pos[1]-origin_y #Y轴方向距离
            r=int(y/s.grid_lenght)  #换算出Y轴第几格

            if s.set_piece(r,c):    #判断棋子状态
                s.check_win(r,c)    #检查胜利条件
```

设置放置棋子的方式。五子棋对战游戏，放置棋子的方式是黑与白交替放置，代码如下。

```
def set_piece(s,r,c):#设置棋子条件
    if s.grid[r][c]==".":
        s.grid[r][c]=s.piece #黑棋子
        if s.piece=="black": #黑——白——黑——白落子
            s.piece="white"
        else:
            s.piece="black"
        return True
    return False
```

设置胜利条件：横向、纵向、斜向同种颜色的棋子数量大于等于5个，代码如下。

```
def check_win(s,r,c):#检查获胜条件
    n_count=s.get_continuous_count(r,c,-1,0)#上方相同颜色棋子数量
    s_count=s.get_continuous_count(r,c,1,0) #下方相同颜色棋子数量
    w_count=s.get_continuous_count(r,c,0,-1)#左方相同颜色棋子数量
    e_count=s.get_continuous_count(r,c,0,1) #右方相同颜色棋子数量

    nw_count=s.get_continuous_count(r,c,-1,-1)#左上方相同颜色棋子数量
    ne_count=s.get_continuous_count(r,c,-1,1) #右上方相同颜色棋子数量
    sw_count=s.get_continuous_count(r,c,1,-1) #左下方相同颜色棋子数量
    se_count=s.get_continuous_count(r,c,1,1) #右下方相同颜色棋子数量
    #如果数量和大于等于5（加的1是棋子本身）
    if (n_count+s_count+1>=5) or (e_count+w_count+1>=5) or (se_count+nw_count+1>=5)
                                            or (ne_count+sw_count+1>=5):

        #把grid列表中的元素也就是此时的棋子颜色赋值给winner
        s.winner = s.grid[r][c]
        #游戏结束
        s.gameover = True
```

获取每一次落子的位置、颜色和数量；计算出相同颜色的棋子的数量，代码如下。

```
def get_continuous_count(s,r,c,dr,dc):
                        #把grid列表中的r,c位置的元素赋值给piece变量，
                        #也就是说，piece现在值是'b' or 'w'
    piece=s.grid[r][c]#变量
    result=0        #变量
    i = 1           #循环
    while True:
        new_r=r+dr*i  #新的r值
        new_c=c+dc*i  #新的c值
        #如果新值在网格数量范围内
        if 0 <= new_r < s.grid_count and 0 <= new_c < s.grid_count:
        #如果新值在grid列表中的元素值和piece变量相等，也就是'b' or 'w'
            if s.grid[new_r][new_c]==piece:
            #result变量+1，result变量用来计算相同颜色棋子的个数
                result+=1
            else:
                break #停止
        else:
            break #停止
        #i加1，扩大判断棋子相同颜色的范围，如果前面break了就执行不到这步
        i += 1
    return result#返回result，也就是相同棋子数量
```

使用 draw 函数来画棋盘和棋子，代码如下。

```python
def draw(s,screen):
    #画棋盘（185,122,87）是RGB褐色
    pg.draw.rect(screen,(185,122,87),[s.start_x - s.edge_lenght,s.start_y - s.edge_lenght,
                 (s.grid_count-1)*s.grid_lenght+s.edge_lenght*2,(s.grid_count-1)*s.grid_lenght+s.edge_lenght*2],0)
    for r in range(s.grid_count):#棋盘的横线 黑色
        y=s.start_y+r*s.grid_lenght
        pg.draw.line(screen,(0,0,0),[s.start_x,y],[s.start_x+s.grid_lenght*(s.grid_count-1),y],2)
    for c in range(s.grid_count):#棋盘的竖线 黑色
        x=s.start_x+c*s.grid_lenght
        pg.draw.line(screen,(0,0,0),[x,s.start_y],[x,s.start_y+s.grid_lenght*(s.grid_count-1)],2)
    #棋子颜色
    for r in range(s.grid_count):
        for c in range(s.grid_count):
            piece=s.grid[r][c]
            if piece !=".":
                if piece=="black":
                    color=(0,0,0)#黑色

                else:
                    color=(255,255,255)#白色

                x=s.start_x+c*s.grid_lenght  #棋子坐标
                y=s.start_y+r*s.grid_lenght  #棋子坐标
                #画棋子（图形）
                pg.draw.circle(screen,color,[x,y],s.grid_lenght//2)
```

棋盘类程序编程好后，我们再来设置棋子类程序。棋子类包括：游戏窗口大小、游戏标题、FPS 帧率设置、游戏退出事件设置等，代码如下。

```python
#棋子类
class Gomoku:
    def __init__(s):
        pg.init() #初始化游戏
        s.screen=pg.display.set_mode((800,600))#游戏窗口大小
        pg.display.set_caption("五子棋对战")
        s.clock=pg.time.Clock()#时间
        s.font=pg.font.Font(u"C:\Windows\Fonts\consola.ttf",24)#字体，字号
        s.going=True
        s.chessboard=Chessboard()

    def loop(s):#主循环
        while s.going:#循环为True
            s.update()#调用update函数
            s.draw()  #调用draw函数
            s.clock.tick(50)#延时
        pg.quit()

    def update(s):#update函数
        for e in pg.event.get():
            if e.type==pg.QUIT: #退出事件成立
                s.going=False  #游戏退出，循环为False
            elif e.type==pg.MOUSEBUTTONDOWN:#按下鼠标按键
                s.chessboard.handle_event(e)#处理事件函数

    def draw(s):
        s.screen.fill((255,255,255))  #画一个底色 是白色的游戏屏幕
        s.screen.blit(s.font.render("FPS:{0:.3F}".format(s.clock.get_fps()),True,(0,0,0)),(10,10))#设置帧率范围
        s.chessboard.draw(s.screen)#画棋盘窗口
        if s.chessboard.gameover:#如果游戏技术
            #判定黑子或者白子获胜
            s.screen.blit(s.font.render("{0}Win".format("black"if s.chessboard.winner=="black"else"white"),True,(0,0,0)),(500,10))
        pg.display.update()#更新界面
```

最后，运行主函数，程序完成。

```python
#运行主函数
if __name__=="__main__":
    game=Gomoku()
    game.loop()
```

附 "五子棋" 游戏的完整代码。

```python
import pygame as pg

class Chessboard: #设置棋盘
    def __init__(s): #初始化
        s.grid_lenght=26#棋盘格子的边长
        s.grid_count=20 #格子的数量

        s.start_x=150    #棋盘初始点X坐标=150（棋盘左上角的点）
        s.start_y=50     #棋盘初始点Y坐标=50（棋盘左上角的点）

        s.edge_lenght=s.grid_lenght/2 #棋盘周围边缘的长度=13

        s.piece="black"  #设置黑色棋子
        s.winner=None    #设置获胜利者是空 用于储存胜利者black or white
        s.gameover=False#游戏结束是False 反之，游戏结束果是True
        s.grid=[] #空列表
        for i in range(s.grid_count): #整个棋盘大小为20×20个格子
            s.grid.append(list("." *s.grid_count))
                         #将格子添加到棋盘中，形成一个列表

    def handle_event(s, e): #定义为处理事件函数
        #初始点X,Y坐标
        origin_x=s.start_x-s.edge_lenght
        origin_y=s.start_y-s.edge_lenght
        #棋盘总大小=棋盘所有格子的边长和+棋盘边缘长度X2
        chessboard_lenght=(s.grid_count-1)*s.grid_lenght+s.edge_lenght*2

        mouse_pos=e.pos#鼠标位置 mouse_pos[0]为X轴 mouse_pos[1]为Y轴

        #如果鼠标的位置在整个棋盘总大小的位置内
        if (mouse_pos[0]>=origin_x and mouse_pos[0]<=origin_x+chessboard_lenght)↗
        ↘ and (mouse_pos[1]>=origin_y and mouse_pos[1]<=origin_y+chessboard_lenght):
```

```python
        if not s.gameover:#游戏没结束===True
            x=mouse_pos[0]-origin_x    #X轴方向距离
            c=int(x/s.grid_lenght)     #换算出X轴第几格

            y=mouse_pos[1]-origin_y    #Y轴方向距离
            r=int(y/s.grid_lenght)     #换算出Y轴第几格

            if s.set_piece(r,c):       #判断棋子状态
                s.check_win(r,c)       #检查胜利条件

    def set_piece(s,r,c):#设置棋子条件
        if s.grid[r][c]=="":
            s.grid[r][c]=s.piece  #黑棋子
            if s.piece=="black":  #黑---白---黑---白落子
                s.piece="white"
            else:
                s.piece="black"
            return True
        return False

    def check_win(s,r,c):#检查获胜条件
        n_count=s.get_continuous_count(r,c,-1,0)#上方相同颜色棋子数量
        s_count=s.get_continuous_count(r,c,1,0) #下方相同颜色棋子数量
        w_count=s.get_continuous_count(r,c,0,-1)#左方相同颜色棋子数量
        e_count=s.get_continuous_count(r,c,0,1) #右方相同颜色棋子数量
        nw_count=s.get_continuous_count(r,c,-1,-1)#左上方相同颜色棋子数量
        ne_count=s.get_continuous_count(r,c,-1,1) #右上方相同颜色棋子数量
        sw_count=s.get_continuous_count(r,c,1,-1) #左下方相同颜色棋子数量
        se_count=s.get_continuous_count(r,c,1,1)  #右下方相同颜色棋子数量
        #如果数量和大于等于5(加的1是棋子本身)
        if (n_count+s_count+1>=5) or (e_count+w_count+1>=5) or (se_count+nw_count+1>=5) or (ne_count+sw_count+1>=5):
            #把grid列表中的元素也就是此时的棋子颜色赋值给winner
            s.winner = s.grid[r][c]
            #游戏结束
            s.gameover = True

    def get_continuous_count(s,r,c,dr,dc):
            #把grid列表中的r,c位置的元素赋值给piece变量,
            #也就是说,piece现在值是'b' or 'w'
        piece=s.grid[r][c]#变量
```

```python
        result=0        #变量
        i = 1           #循环
        while True:
            new_r=r+dr*i  #新的r值
            new_c=c+dc*i  #新的c值
            #如果新值在网格数量范围内
            if 0 <= new_r < s.grid_count and 0 <= new_c < s.grid_count:
                #如果新值在grid列表中的元素值和piece变量值相等，也就是'b' or 'w'
                if s.grid[new_r][new_c]==piece:
                    #result变量+1，result变量用来计算相同颜色棋子的个数
                    result+=1
                else:
                    break  #停止
            else:
                break  #停止
        #i加1，扩大判断棋子相同颜色的范围，如果前面break了就执行不到这步
        i += 1
    return result#返回result，也就是相同棋子数量

def draw(s,screen):
    #画棋盘（185,122,87）是RGB褐色
    pg.draw.rect(screen,(185,122,87), [s.start_x - s.edge_lenght,s.start_y - s.edge_lenght,
        (s.grid_count-1)*s.grid_lenght+s.edge_lenght*2,(s.grid_count-1)*s.grid_lenght+s.
        edge_lenght*2],0)
    for r in range(s.grid_count):#画棋盘的横线 黑色
        y=s.start_y+r*s.grid_lenght
        pg.draw.line(screen,(0,0,0), [s.start_x,y], [s.start_x+s.grid_lenght*(s.grid_count-1),y],2)
    for c in range(s.grid_count):#画棋盘的竖线 黑色
        x=s.start_x+c*s.grid_lenght
        pg.draw.line(screen,(0,0,0), [x,s.start_y], [x,s.start_y+s.grid_lenght*(s.grid_count-1)],2)
    #棋子颜色
    for r in range(s.grid_count):
        for c in range(s.grid_count):
            piece=s.grid[r][c]
            if piece !="":
                if piece=="black":
                    color=(0,0,0)#黑色
                else:
                    color=(255,255,255)#白色
                x=s.start_x+c*s.grid_lenght #棋子坐标
```

```
        y=s.start_y+r*s.grid_lenght  #棋子坐标
        #画棋子（圆形）
        pg.draw.circle(screen,color,[x,y],s.grid_lenght//2)

#棋子类
class Gomoku:
    def __init__(s):                           #初始化游戏
        pg.init()
        s.screen=pg.display.set_mode((800,600)) #游戏窗口大小
        pg.display.set_caption("五子棋对战")
        s.clock=pg.time.Clock()                 #时间
        s.font=pg.font.Font(u"C:\Windows\Fonts\consola.ttf",24) #字体、字号
        s.going=True
        s.chessboard=Chessboard()

    def loop(s):                                #主循环
        while s.going:                          #循环为True
            s.update()                          #调用update函数
            s.draw()                            #调用draw函数
            s.clock.tick(50)                    #延时
        pg.quit()

    def update(s):                              #update函数
        for e in pg.event.get():
            if e.type==pg.QUIT:                 #退出事件成立
                s.going=False                   #游戏退出，循环为False
            elif e.type==pg.MOUSEBUTTONDOWN:    #按下鼠标按键
                s.chessboard.handle_event(e)    #处理事件函数

    def draw(s):
        s.screen.fill((255,255,255))            #画一个底色，是白色的游戏屏幕
        s.screen.blit(s.font.render("FPS:{0:.3F}".format(s.clock.get_fps()),True,(0,0,0)),(10,10)) #设置帧率范围
        s.chessboard.draw(s.screen)             #画棋盘窗口
        if s.chessboard.gameover:               #如果游戏技术
            #判定黑子或者白子获胜
            s.screen.blit(s.font.render("{0}Win".format("black"if s.chessboard.winner=="black"else"white"),True, ------→ (0,0,0)),(500,10)
        pg.display.update()                     #更新界面

#运行主函数
if __name__=="__main__":
    game=Gomoku()
    game.loop()
```

这次做的游戏是可以两个人一起对战的，找个朋友比拼一下棋艺吧！

总结

我们可以使用 pygame 制作各种小游戏，但一定要先分析好游戏所需要的内容有哪些，然后再开始制作游戏。相信我，Python 可以实现你想到的绝大多数功能，利用 Python 让自己从游戏玩家变成一个游戏制作者，让更多的人参与到你的游戏中吧！

章节练习答案

第2章 练习答案

练习1

运行结果如下。

练习2

运行结果如下。

思考题1：

$$"z">"y"\ldots>"a">"Z">"Y"\ldots>"A">"9">"8"\ldots>"0"$$

小写字母 > 大写字母 > 数字

练习3

False、True、False

练习4

运行结果如下。

```
Python 3.7.2 Shell

File  Edit  Shell  Debug  Options  Window  Help

Python 3.7.2 (tags/v3.7.2:9a3ffc0492, Dec 23 2018, 23:09:28) [MSC v.
1916 64 bit (AMD64)] on win32
Type "help", "copyright", "credits" or "license()" for more informat
ion.
>>>
============== RESTART: C:\Users\u\Desktop\跟我一起玩编程\一起玩Pytho
n编程.py ==============
13
>>>
                                                          Ln: 6  Col: 4
```

练习5

运行结如下。

```
Python 3.7.2 Shell

File  Edit  Shell  Debug  Options  Window  Help

Python 3.7.2 (tags/v3.7.2:9a3ffc0492, Dec 23 2018, 23:09:28) [MSC v.1
916 64 bit (AMD64)] on win32
Type "help", "copyright", "credits" or "license()" for more informati
on.
>>>
============== RESTART: C:\Users\u\Desktop\跟我一起玩编程\一起玩Python
编程.py ==============
我想要吃1个苹果,但是我更喜欢吃香蕉
>>>
                                                          Ln: 6  Col: 4
```

练习6

使用转义字符 \ ，代码如下。

```
print("我们使用\\n进行换行操作")
```

第3章　练习答案

练习1

代码如下。

```
father=input("请输入爸爸的名字：")
mother=input("请输入妈妈的名字：")
child=input("请输入你的名字：")
print("你的家庭由爸爸"+father+"，妈妈"+mother+"和孩子"+child+"一起组成"
```

练习2

代码如下。

```
day=input("11月份度过了几天？")
day1=30-int(day)
print("11月份已经过了"+str(day)+"天，还剩下"+str(day1)+"天")
```

运行结果如下。

练习3

代码如下。

```
tel1=13812345678
tel2=13912345678
print(f"小派爸爸的电话是：{tel1},小派妈妈的电话是：{tel2}")
```

练习4

代码如下。

```
year=2019
month=10
day=1
print("{}年{}月{}日是祖国的70周年生日。".format(year,month,day))
```

练习 5

代码如下。

```
while True:
    coin=input("请输入买东西花掉的金额：")
    money=1000-float(coin)
    print("妈妈还剩"+str(money)+"元")
```

练习 6

代码如下。

```
while True:
    score=input("请输入扣掉的分数")
    test_score=300-int(score)
    print("你的最终得分是："+str(test_score)+"分")
```

练习 7

代码如下。

```
while True:
    coin=input("输入买东西花掉的金额")
    money=1000-float(coin)
    if money<500:
        print("花的太多了，要节省一些哦")
    else:
        print("还不错，属于正常花销")
```

运行结果如下。

```
Python 3.7.2 (tags/v3.7.2:9a3ffc0492, Dec 23 2018, 23:09:28) [MSC v
.1916 64 bit (AMD64)] on win32
Type "help", "copyright", "credits" or "license()" for more informa
tion.
>>>
============== RESTART: C:\Users\u\Desktop\跟我一起玩编程\一起玩Pyth
on编程.py ==============
输入买东西花掉的金额400
还不错，属于正常花销
输入买东西花掉的金额600
花的太多了，要节省一些哦
输入买东西花掉的金额
```

Ln: 9 Col: 10

练习8

代码如下。

```
while True:
    number=input("请输入一个整数：")
    number=int(number)
    if number%2==0:
        print(f"你输入的数字是{number}，它是一个偶数")
    else:
        print(f"你输入的数字是{number}，它是一个奇数")
```

练习9

代码如下。

```
while True:
    year=input("请输入一个年份")
    year=int(year)
    if(year%400==0) or (year%4==0 and year%100!=0):
        print(f"{year}是闰年")
    else:
        print(f"{year}不是闰年")
```

练习10

代码如下。

```
while True:
    number=input("输入一个整数")
    number=int(number)
    if number%7==0:
        if number%8==0:
            print("输入的这个数可以被7整除，同时也可以被8整除")
        else:
            print("输入的这个数可以被7整除，不可以被8整除")
    else:
        print("这个数不可以被7整除")
```

练习11

代码如下。

```
while True:
    age=input("请输入您的年龄")
    time=input("请输入您进行的游戏时间（单位是：小时）")
    age=int(age)
    time=int(time)
    if age<18:
        if time<=3:
            print(f"您年龄未满18岁，账号已加入防沉迷系统，现在游戏时间为{time}小时，超过3小时，游戏收益将减半")
        elif time>3 and time<=5:
            print(f"您年龄未满18岁，账号已加入防沉迷系统，现在游戏时间为{time}小时，超过3小时，游戏收益减半")
        else:
            print(f"您年龄未满18岁，账号已加入防沉迷系统，现在游戏时间为{time}小时，超过5小时，游戏收益为0")
    else:
        print(f"您年龄已满18岁，请合理安排游戏时间。")
```

运行结果如下。

练习12

代码如下。

```python
while True:
    number=input("猜猜我设定好的数字是多少？")
    number=int(number)
    if number>16:
        print("猜的太大啦！往小猜一点！")
    elif number<16:
        print("猜的太小啦！往大猜一点！")
    else:
        print(f"猜对啦！我设定的数字是：{number},游戏结束！")
        break
```

运行结果如下。

练习 13

代码如下。

```python
while True:
    shape=input("请输入要计算面积的图形")
    if (shape=="正方形") or (shape=="矩形"):
        a=input("请输入长：")
        b=input("请输入宽：")
        a=int(a)
        b=int(b)
        print(f"图形面积是{a}×{b}={a*b}")
    elif shape=="三角形":
        a=input("请输入底：")
        b=input("请输入高：")
        a=int(a)
        b=int(b)
        print(f"图形面积是（{a}×{b}）÷2={a*b/2}")
    else:
        pass
```

运行结果如下。

第4章 练习答案

练习1

代码如下。

```
a=("Python is an interesting lesson")
print(len(a))
```

运行结果为：31。（注意4个空格也占用4个字符。）

练习2

代码如下。

```
a=("Python is an interesting lesson")
b=a.count("n")
c=a.count(" ")
print(b)
print(c)
```

运行结果如下。

练习3

代码如下。

```
a=("Python is an interesting lesson")
print(a[15],a[-19],a[20])
```

运行结果如下。

```
Python 3.7.2 Shell

File  Edit  Shell  Debug  Options  Window  Help
Python 3.7.2 (tags/v3.7.2:9a3ffc0492, Dec 23 2018, 23:09:28) [MSC v.1
916 64 bit (AMD64)] on win32
Type "help", "copyright", "credits" or "license()" for more informati
on.
>>>
============= RESTART: C:\Users\u\Desktop\跟我一起玩编程\一起玩Python
编程.py =============
t    t
>>>
                                                              Ln: 6  Col: 4
```

（下标为 –19 的字符是一个空格）

练习 4

代码如下。

```python
a=("Python is an interesting lesson")
print(a.index("t"))
print(a.find("h"))
print(a.find("s"))
```

运行结果如下。

```
Python 3.7.2 Shell

File  Edit  Shell  Debug  Options  Window  Help
Python 3.7.2 (tags/v3.7.2:9a3ffc0492, Dec 23 2018, 23:09:28) [MSC v.1
916 64 bit (AMD64)] on win32
Type "help", "copyright", "credits" or "license()" for more informati
on.
>>>
============= RESTART: C:\Users\u\Desktop\跟我一起玩编程\一起玩Python
编程.py =============
2
3
8
>>>
                                                              Ln: 8  Col: 4
```

练习 5

代码如下。

```python
a=("Python is an interesting lesson")
print(a.replace("t","8"))
```

运行结果如下。

练习6

代码如下。

```python
number="120102200801010000"
print(number[6:14])
```

运行结果如下。

练习7

代码如下。

```python
while True:
    id_number=input("请输入您的身份证号码") #控制台输入完整的身份证号码
    time=input("请输入您进行的游戏时间（单位是：小时）")#控制台输入游戏时间
    time=int(time)                    #将字符串类型转换成整数型
    birth_number=id_number[6:14]      #通过字符串截取，截取出生日期码形成一个新的字符串，赋值给变量birth_number
    birth_number=int(birth_number)    #将字符串数据类型转换成整数类型，得到一个8位整数，例如20100101
    age=2019-birth_number             #将日期当做一个整数，通过减法，例如20190101-20100101=90000，将结果赋值给变量age
    age=age//10000                    #将变量age对10000进行取整运算，得到一个整数，就是我们需要的"年龄"。
    if age<18:
        if time<=3:
            print(f"您年龄未满18岁，账号已加入防沉迷系统，现在游戏时间为{time}小时，超过3小时，游戏收益将减半")
        elif time>3 and time<=5:
            print(f"您年龄未满18岁，账号已加入防沉迷系统，现在游戏时间为{time}小时，超过3小时，游戏收益减半")
        else:
            print(f"您年龄未满18岁，账号已加入防沉迷系统，现在游戏时间为{time}小时，超过5小时，游戏收益为0")
    else:
        print(f"您年龄已满18岁，请合理安排游戏时间。")
```

运行结果如下。

```
*Python 3.7.2 Shell*

File  Edit  Shell  Debug  Options  Window  Help
Python 3.7.2 (tags/v3.7.2:9a3ffc0492, Dec 23 2018, 23:09:28) [MSC v.1916 64 bit (AMD64
)] on win32
Type "help", "copyright", "credits" or "license()" for more information.
>>>
================ RESTART: C:\Users\u\Desktop\跟我一起玩编程\游戏时间.py ================
请输入您的身份证号码120101200504060000
请输入您进行的游戏时间（单位是：小时）2
您年龄未满18岁，账号已加入防沉迷系统，现在游戏时间为2小时，超过3小时，游戏收益将减半
请输入您的身份证号码120101201010050000
请输入您进行的游戏时间（单位是：小时）4
您年龄未满18岁，账号已加入防沉迷系统，现在游戏时间为4小时，超过3小时，游戏收益减半
请输入您的身份证号码120101200810100000
请输入您进行的游戏时间（单位是：小时）6
您年龄未满18岁，账号已加入防沉迷系统，现在游戏时间为6小时，超过5小时，游戏收益为0
请输入您的身份证号码
                                                                    Ln: 14  Col: 10
```

练习 8

代码如下。

```python
number="120101200801010000"
print(number[::-1])
```

运行结果如下。

```
Python 3.7.2 Shell

File  Edit  Shell  Debug  Options  Window  Help
Python 3.7.2 (tags/v3.7.2:9a3ffc0492, Dec 23 2018, 23:09:28) [MSC v.19
16 64 bit (AMD64)] on win32
Type "help", "copyright", "credits" or "license()" for more informatio
n.
>>>
============== RESTART: C:\Users\u\Desktop\跟我一起玩编程\一起玩Python
编程.py ==============
000010108002101021
>>>
                                                                    Ln: 6  Col: 4
```

练习 9

代码如下。

```python
a=[17,4,22,8,30,6,19,3,16]
print(a[3])
print(a.index(6))
print(max(a))
print(min(a))
a.sort()
print(a)
```

运行结果如下。

```
Python 3.7.2 Shell

File Edit Shell Debug Options Window Help

Python 3.7.2 (tags/v3.7.2:9a3ffc0492, Dec 23 2018, 23:09:28) [MSC v.19
16 64 bit (AMD64)] on win32
Type "help", "copyright", "credits" or "license()" for more informatio
n.
>>>
============ RESTART: C:\Users\u\Desktop\跟我一起玩编程\一起玩Python
编程.py ============
8
5
30
3
[3, 4, 6, 8, 16, 17, 19, 22, 30]
>>>
                                                              Ln: 10  Col: 4
```

练习 10

代码如下。

```
a=[17, 4, 22, 8, 30, 6, 19, 3, 16]
a[2], a[6]=a[6], a[2]
print (a)

print (a[1:8])

a.sort ()
print (a[::-1])
```

运行结果如下。

```
Python 3.7.2 Shell

File Edit Shell Debug Options Window Help

Python 3.7.2 (tags/v3.7.2:9a3ffc0492, Dec 23 2018, 23:09:28) [MSC v.1
916 64 bit (AMD64)] on win32
Type "help", "copyright", "credits" or "license()" for more informati
on.
>>>
============ RESTART: C:\Users\u\Desktop\跟我一起玩编程\一起玩Python
编程.py ============
[17, 4, 19, 8, 30, 6, 22, 3, 16]
[4, 19, 8, 30, 6, 22, 3]
[30, 22, 19, 17, 16, 8, 6, 4, 3]
>>>
                                                              Ln: 8  Col: 4
```

练习 11

更改后的列表代码如下。

```
a=[20, 18, 27, 16, 19, 10, 21]
a[1]=24      #第二场分数加6分，变成24分
a.append(25) #列表末尾增加元素25
a.pop(2)     #去掉最高分27分
a.pop(4)     #去掉最低分10分
print (a)
```

控制台输入：列表的下标 = 场次数 −1。例如：第一场对应的元素下标是 0，元素恰好就是得分数。代码如下。

```python
a=[20, 18, 27, 16, 19, 10, 21]
a[1]=24       #第二场分数加6分，变成24分
a.append(25)  #列表末尾增加元素25
a.pop(2)      #去掉最高分27分
a.pop(4)      #去掉最低分10分
print(a)
while True:
    score=input("请输入您要查询的比赛场次")
    score=int(score)
    a=[20, 24, 16, 19, 21, 25]
    print(f"第{score}场得分是：{a[score-1]}分")
```

运行结果如下。

练习 12

我们可以先做出四个列表，分别表示每一门学科和授课教师。

a0=[" 语文 "," 赵老师 "]

a1=[" 数学 "," 钱老师 "]

a2=[" 英语 "," 孙老师 "]

a3=[" 编程 "," 李老师 "]

然后将四个列表组合成一个新列表 a，四个列表就变成了新列表 a 的四个元素：

a=[a0,a1,a2,a3] 或者写成：a=[[' 语文 ', ' 赵老师 '], [' 数学 ', ' 钱老师 '], [' 英语 ', ' 孙

老师 '], [' 编程 ', ' 李老师 ']]，代码如下。

```
a0=["语文","赵老师"]
a1=["数学","钱老师"]
a2=["英语","孙老师"]
a3=["编程","李老师"]
#a=[a0, a1, a2, a3]
a=[['语文', '赵老师'], ['数学', '钱老师'], ['英语', '孙老师'], ['编程', '李老师']]
```

我们先来思考一下，假设当我们输入"语文"，想要输出"赵老师"时，相当于先获取列表 a 中下标为 0 的元素，得到列表 a0，再获取列表 a0 下标为 1 的元素，想要显示"赵老师"，可以先写成如下所示。

```
a0=["语文","赵老师"]
a1=["数学","钱老师"]
a2=["英语","孙老师"]
a3=["编程","李老师"]
#a=[a0, a1, a2, a3]
a=[['语文', '赵老师'], ['数学', '钱老师'], ['英语', '孙老师'], ['编程', '李老师']]

b0=a[0][1]

print(b0)
```

这时候我们运行，结果就是："赵老师"。

我们可以根据这个规律，把结果显示出来。

```
a0=["语文","赵老师"]
a1=["数学","钱老师"]
a2=["英语","孙老师"]
a3=["编程","李老师"]
#a=[a0, a1, a2, a3]
a=[['语文', '赵老师'], ['数学', '钱老师'], ['英语', '孙老师'], ['编程', '李老师']]

print(f"x学科：{a[0][0]},授课老师：{a[0][1]}")
print(f"x学科：{a[1][0]},授课老师：{a[1][1]}")
print(f"x学科：{a[2][0]},授课老师：{a[2][1]}")
print(f"x学科：{a[3][0]},授课老师：{a[3][1]}")
```

运行结果如下。

我们可以发现规律：学科：a[i][0] 和授课教师：a[i][1] 中的 i 表示下标。我们可以用 input 来输入 i 的值，范围是 0<=i<=3，所以完整的程序如下所示。

```
while True:
    i=input("请输入您要查询的课程对应编号（0=语文，1=数学，2=英语，3=编程）")
    i=int(i)
    a0=["语文","赵老师"]
    a1=["数学","钱老师"]
    a2=["英语","孙老师"]
    a3=["编程","李老师"]
    #a=[a0,a1,a2,a3]
    a=[['语文','赵老师'],['数学','钱老师'],['英语','孙老师'],['编程','李老师']]
    if i>=0 and i<=3:
        print(f"学科：{a[i][0]},授课老师：{a[i][1]}")
    else:
        print("没有您要查询的课程")
```

运行结果如下。

练习 13

代码如下。

```
d={"书名":"《一起学编程》","页数":220,"册数":300,"价钱":50}
d["页数"]=260
d["字数"]=50000
d.pop("册数")
d["书名"]="《一起玩编程》"
print(d)
```

运行结果如下。

练习 14

代码如下所示。

```
d={"东岭关":"孔秀",
    "洛阳城":"韩福，孟坦",
    "汜水关":"卞喜",
    "荥阳":"王植",
    "黄河渡口":"秦琪"}
while True:
    i=input("输入关于到达关卡：（东岭关；洛阳城；汜水关；荥阳；黄河渡口）")
    print(f"关羽到达了{i}，遇到了大将{d[i]}，并将其斩杀。")
```

运行结果如下所示。

第5章　练习答案

练习1

代码如下。

```
number1=list(range(0,101,2))
number2=list(range(1,101,2))
number3=list(range(0,101,3))
number4=list(range(0,101,5))

print(number1)
print(number2)
print(number3)
print(number4)
```

练习2

代码如下。

```
for i in [1,2,3,4,5,6]:
    print(i*3)
```

运行结果如下。

```
Python 3.7.2 Shell

File  Edit  Shell  Debug  Options  Window  Help

Python 3.7.2 (tags/v3.7.2:9a3ffc0492, Dec 23 2018, 23:09:28) [MSC
v.1916 64 bit (AMD64)] on win32
Type "help", "copyright", "credits" or "license()" for more inform
ation.
>>>
============= RESTART: C:\Users\u\Desktop\跟我一起玩编程\一起玩Pyt
hon编程.py =============
3
6
9
12
15
18
>>>
                                                        Ln: 11  Col: 4
```

练习3

代码如下。

```
i=0                             #表示个数
sum=0                           #表示和
for number in range(101):
    a=number%10                 #个位数
    b=number//10%10             #十位数
    if number%3==0 or (a==3 or b==3): #满足条件
        i=i+1       #每次获取一个满足条件的数，个数叫1
        print (number)
        sum=sum+number
print (f"0－100内所有能被3整除的整数和包含数字3的整数一共有{i}个")
print (f"0－100内所有能被3整除的整数和包含数字3的整数的和是{sum}")
```

运行结果如下。

备注：能被3整除的整数和包含数字3的整数为：0、3、6、9、12、13、15、18、21、23、24、27、30、31、32、33、34、35、36、37、38、39、42、43、45、48、51、53、54、57、60、63、66、69、72、73、75、78、81、83、84、87、90、93、96、99，共46个。

练习4

添加注释是帮助我们理解程序的好方法，代码如下。

```
l=[]                    #先创建一个空列表1，用来储存元素。
for i in range(6):      #循环6次，获取到i的值为0,1,2,3,4,5。
    a=input(f"请输入第{i+1}个整数：") #控制台输入第i+1个整数。
    a=int(a)#在控制台上输出的数据类型为字符串，需要转换成整数类型。
    l.append(a)         #使用append函数将元素依次添加到列表1中。
print (l)               #在控制台打印出列表

l2=[]                   #创建一个空列表l2储存新元素
sum=0                   #创建一个变量用来求和
for b in l:             #遍历一个列表1内的元素
    b*=3                #对列表1内的元素乘以3
    l2.append(b)        #将乘以3之后的新元素添加到新列表l2中
    sum=sum+b           #对新元素求和
print (l2)              #在控制台上打印新列表
print (f"新列表所有元素的和是{sum}")#显示新元素的和
```

随意输入数字，运行结果如下。

```
Python 3.7.2 Shell

File  Edit  Shell  Debug  Options  Window  Help

Python 3.7.2 (tags/v3.7.2:9a3ffc0492, Dec 23 2018, 23:09:28) [MSC v.1
916 64 bit (AMD64)] on win32
Type "help", "copyright", "credits" or "license()" for more informati
on.
>>>
=============== RESTART: C:\Users\u\Desktop\跟我一起玩编程\一起玩Python
编程.py ===============
请输入第1个整数:23
请输入第2个整数:34
请输入第3个整数:45
请输入第4个整数:56
请输入第5个整数:67
请输入第6个整数:78
[23, 34, 45, 56, 67, 78]
[69, 102, 135, 168, 201, 234]
新列表所有元素的和是909
>>>

                                                    Ln: 14  Col: 4
```

练习5

代码如下。

```python
l1=[3, 5, 7, 9, 11, 12, 15, 18]
l2=[2, 5, 6, 7, 9, 11, 14, 15]
l3=[]
for i in l1:
    for j in l2:
        if i==j:
            l3.append(i)
print(f"列表1和列表2种相同的值是{l3}")
```

运行结果如下。

```
Python 3.7.2 Shell

File  Edit  Shell  Debug  Options  Window  Help

Python 3.7.2 (tags/v3.7.2:9a3ffc0492, Dec 23 2018, 23:09:28) [MSC v.1
916 64 bit (AMD64)] on win32
Type "help", "copyright", "credits" or "license()" for more informati
on.
>>>
=============== RESTART: C:\Users\u\Desktop\跟我一起玩编程\一起玩Python
编程.py ===============
列表1和列表2种相同的值是[5, 7, 9, 11, 15]
>>>

                                                    Ln: 6  Col: 4
```

练习6

假设一个3位数是d，其中百位数是a，十位数是b，个位数是c，那么这个3位数d可以表示成d=100a+10b+c，我们只需要让$100a+10b+c=a^3+b^3+c^3$，这个3位数d就是水仙花数。代码如下：

```
for a in range(1,10):            #百位数a的取值范围是1--9
    for b in range(10):          #十位数b的取值范围是0--9
        for c in range(10):      #个位数c的取值范围是0--9
            d=a*100+b*10+c       #用a，b，c表示出三位数d
            if(d==a**3+b**3+c**3):   #判断水仙花数的条件
                print("它们是："+str(d))
```

运行结果：一共是 4 个"水仙花数"，分别是 153、370、371、407。验证一下，是否满足水仙花数的条件吧！（我们可以把这 4 个数记下来，作为一个有趣的数学常识哦）

练习 7

首先我们需要先找到 2~100 中的所有数，然后依次判断这些数是否是质数，假设我们找到一个数 i=15，这时我们想要判断 15 是否是质数，需要让 15 对 2、3、4、5…14 依次进行求余运算，只要其中一个运算出现余数为 0 的情况，则证明 15 可以被 1、2、3…14 之间的某个数整除，则 15 不是质数，跳出循环，判断下一个数；反之，如果余数都不是 0，说明都不能整除，则是质数，添加到列表 1 中，代码如下。

```
l=[]                             #创建一个空列表，用来储存找到的质数
sum=0
for i in range(2,100):           #找到2到100中所有的数 赋值给i
    Prime_number=True            #假设找到的数i是质数（Prime_number）初始状态为True
    for j in range(2,i):         #让j取2到i之间的数。
        if i%j==0:               #当i对j取余数时，如果没有余数：
            Prime_number=False   #说明能够整除，不是质数
            break                #不是质数，则跳出循环，执行下一个i
    if Prime_number:             #如果是质数，则加入到列表1中
        l.append(i)
        sum+=1                   #数量加1
print(l)                         #显示列表1
print(f"100以内共有{sum}个质数")
```

运行结果如下所示。

```
Python 3.7.2 Shell

File  Edit  Shell  Debug  Options  Window  Help

Python 3.7.2 (tags/v3.7.2:9a3ffc0492, Dec 23 2018, 23:09:28) [MSC v.1
916 64 bit (AMD64)] on win32
Type "help", "copyright", "credits" or "license()" for more informati
on.
>>>
============ RESTART: C:\Users\u\Desktop\跟我一起玩编程\一起玩Python
编程.py ============
[2, 3, 5, 7, 11, 13, 17, 19, 23, 29, 31, 37, 41, 43, 47, 53, 59, 61,
67, 71, 73, 79, 83, 89, 97]
100以内共有25个质数
>>>
                                                           Ln: 7  Col: 4
```

练习8

代码如下。

```
l1=[3,5,7,9,11,12,15,18]
l2=[2,5,6,7,9,11,14,15]
l3=[i for i in l1 if i in l2]
                #遍历列表1，如果i也在列表2种，则添加到列表3内
print(f"列表1和列表2中相同的值是{l3}")
```

运行结果如下所示。

```
Python 3.7.2 Shell

File  Edit  Shell  Debug  Options  Window  Help

Python 3.7.2 (tags/v3.7.2:9a3ffc0492, Dec 23 2018, 23:09:28) [MSC v.
1916 64 bit (AMD64)] on win32
Type "help", "copyright", "credits" or "license()" for more informat
ion.
>>>
============ RESTART: C:\Users\u\Desktop\跟我一起玩编程\一起玩Pytho
n编程.py ============
列表1和列表2中相同的值是[5, 7, 9, 11, 15]
>>>
                                                           Ln: 6  Col: 4
```

练习9

代码如下。

```
l=["List","Open","Viod","Every"]
l1=[i[0] for i in l]
print(l1)    #打印首字母组成的列表
s="".join(l1)#使用join函数将列表转换成字符串
print(s)     #打印首字母组成的字符串
```

运行结果如下所示。

练习10

代码如下。

```python
print("唐僧一行人来到了金兜山，遇到了一个妖怪——青牛精。")
l=[]
while True:
    helper=input("谁来出站青牛精？")
    if helper !="太上老君":
        print("哈哈，我有金刚琢！你是斗不过我的！")
        l.append(helper)
        continue
    print("太上老君："牛儿，还不快快现形，与我回家！\n青牛精："啊！老君饶命！"")
    break
print(f"被青牛精打败了神仙有：{l},最终青牛精被太上老君收服，唐僧一行人继续取经。")
```

运行结果如下所示。

第6章 练习答案

练习1

长方形和正方形不同，长方形只有两条边长度相同，所以需要先画出一组长和宽，然后利用循环画出另一组长和宽，只需要循环2次，代码如下。

```
import turtle                    #调用海龟绘图库
turtle.setup(500,500)           #设置绘图窗口为500×500
turtle.pencolor("yellow")       #设置画笔颜色为黄色
turtle.pensize(5)               #设置画笔宽度为5

for i in range(2):              #for循环，循环次数设置为2
    turtle.forward(200)         #画笔向前画长，长度是200个像素单位
    turtle.left(90)             #左转（逆时针旋转）90度
    turtle.forward(100)         #画笔向前画宽，长度是100个像素单位
    turtle.left(90)             #左转（逆时针旋转）90度
turtle.hideturtle()             #循环结束后隐藏箭头
```

运行结果如下所示。

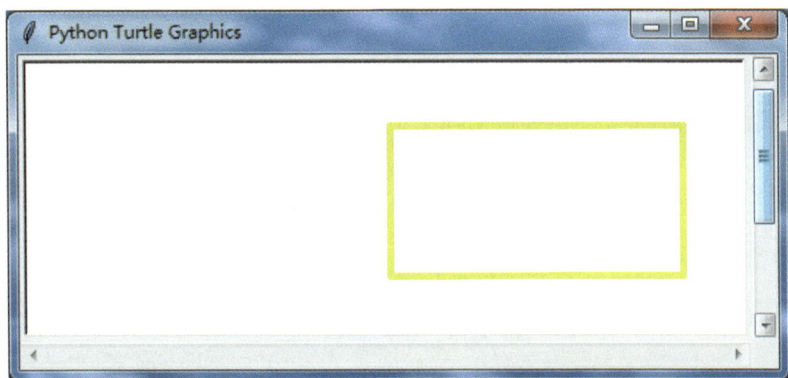

练习2

等边三角形指三角形的三条边长度相同，三个角大小相同，三角形内角和是180°，所以等边三角形的三个角都是60°。我们可以先画出一条边和一个角，再循环3次。代码如下。

```
import turtle
turtle.setup(500,500)
turtle.pencolor("blue")
turtle.pensize(2)

for i in range(3):
    turtle.forward(200)
    turtle.left(120)
turtle.hideturtle()
```

运行结果如下。

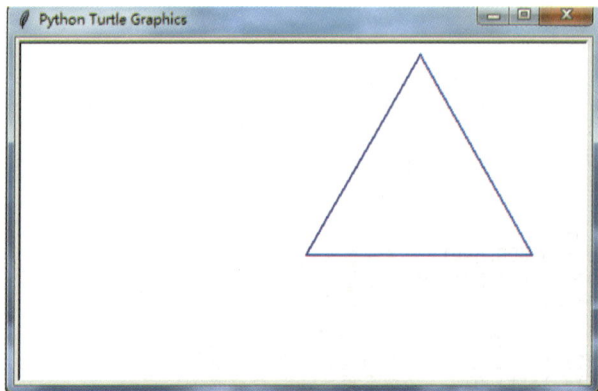

思考一下，等边三角形的各个内角不应该是60°吗？为什么我们设置的是120°呢？因为我们设置的旋转角度，是画笔箭头（小海龟）转动的角度，看看下面这幅图的分析，三角形的内角虽然是60°，但是画笔从向右的方向旋转到如图所示方向，实际转动的是120°，所以我们需要设定的旋转角度为120°。因此，我们在画图时，一定要根据画笔（小海龟）的旋转角度来设置参数。

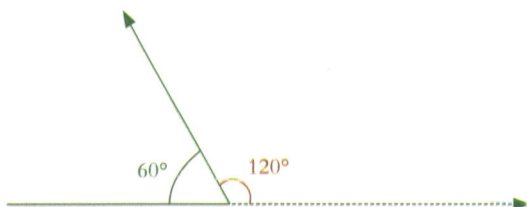

练习3

代码如下。

```
import turtle                    #调用海龟绘图库
turtle.setup(500,500)           #设置绘图窗口为500×500
turtle.pencolor("yellow")       #设置画笔颜色为黄色
turtle.pensize(3)               #设置画笔宽度为3
turtle.fillcolor("green")       #设置填制颜色为绿色

turtle.begin_fill()             #开始绘制图形填色

for i in range(3):              #for循环，循环次数设置为3
    turtle.forward(200)         #画笔向前画长，长度是200个像素单位
    turtle.left(120)            #左转（逆时针旋转）120度
turtle.hideturtle()             #循环结束后隐藏箭头
turtle.end_fill()               #结束填充颜色
```

运行结果如下。

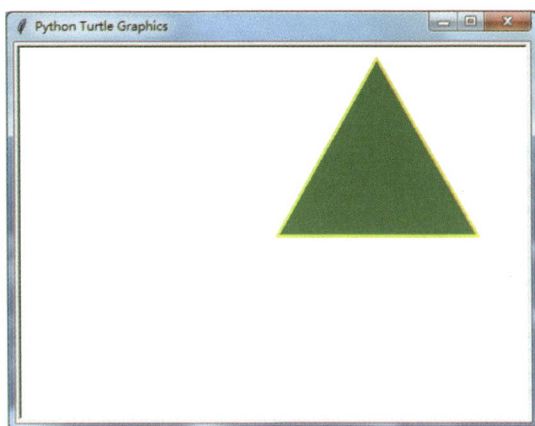

练习 4

仔细观察，你会发现，画五角星也可以使用循环来完成，代码如下。

```python
import turtle
turtle.speed(9)
turtle.pensize(5)
turtle.color("red","yellow")
turtle.begin_fill()

for i in range(5):
    turtle.forward(200)
    turtle.right(144)
turtle.end_fill()
turtle.hideturtle()
```

运行结果如下。

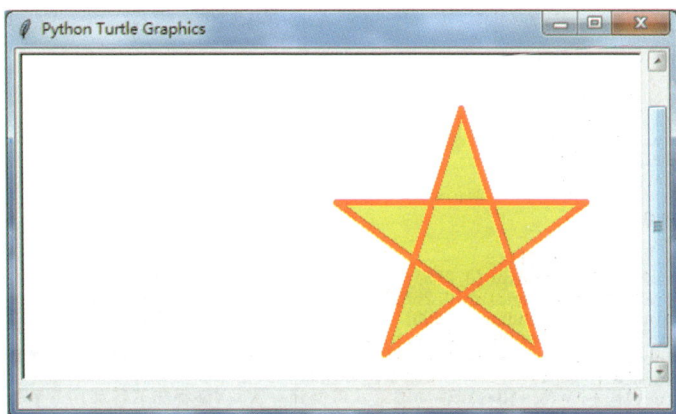

练习 5

可以使用 colormode() 函数设置 RGB 颜色模型，调成银灰色的话将更加逼真，代码如下。

```
import turtle
turtle.colormode(255)
turtle.pensize(5)
turtle.pencolor(119,136,153)
turtle.circle(30)

turtle.penup()
turtle.goto(40,0)
turtle.pendown()
turtle.circle(30)

turtle.penup()
turtle.goto(80,0)
turtle.pendown()
turtle.circle(30)

turtle.penup()
turtle.goto(120,0)
turtle.pendown()
turtle.circle(30)

turtle.hideturtle()
```

运行结果如下所示。

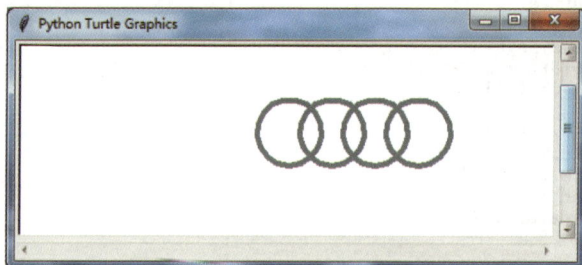

练习 6

我们在这里可以用到随机库，让每一个圆的颜色随机生成，代码如下。

```
import turtle
import random      #调用随机库
turtle.colormode(255)#将颜色调整为RGB颜色模式
turtle.speed(10)
turtle.pensize(3)
red=0          #设置RGB三个颜色变量
green=0
blue=0
for i in range(1,21):        #循环20次
    red=random.randint(0,255)   #红色变量取值是0到255随机选取
    green=random.randint(0,255)#绿色变量取值是0到255随机选取
    blue=random.randint(0,255)#蓝色变量取值是0到255随机选取
    turtle.pencolor(red,green,blue)#画笔颜色为RGB随机组合颜色
    turtle.circle(10+10*i)#画圆，每循环一次，半径扩大啊啊啊10个像素单位
    turtle.penup()         #画笔离开画布
    turtle.goto(0,-10*i)#移动画笔，每循环一次，Y坐标向下移动10个像素单位
    turtle.pendown()       #放下画笔
turtle.hideturtle()
```

运行结果如下所示。

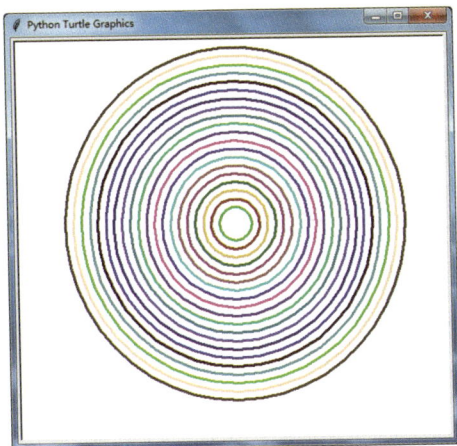

练习 7

奥运五环，即奥林匹克标志，是由皮埃尔·德·顾拜旦于 1913 年构思设计的，也被称为奥运五环标志。它是世界范围内最被人们广泛认知的奥林匹克运动会标志。它由 5 个奥林匹克环套接组成，分蓝、黄、黑、绿、红 5 种颜色。5 个颜色分别代表参加奥林匹克竞赛的五大洲：天蓝色代表欧洲，黄色代表亚洲，黑色代表非洲，草绿色代表大洋洲，红色代表美洲；第六种颜色白色——旗帜的底色，意指所有国家都毫无例外地能在自己的旗帜下参加比赛。环从左到右互相套接，上面是蓝环、黑环和红环，下面是黄环和绿环。整个造型是一个上底长，下底短的等腰梯形。

假设每一个环的半径是 30 个像素单位，每一个环间距是 10 个像素单位，那么可以通过坐标来确定每一个环的起始位置，如图所示。

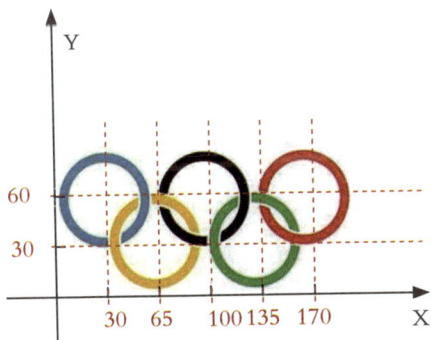

代码如下。

```
import turtle
turtle.pensize(5)
turtle.pencolor("blue")
turtle.penup()
turtle.goto(30,30)    #蓝色环起始位置
turtle.pendown()
turtle.circle(30)

turtle.penup()
turtle.goto(100,30)   #黑色环起始位置
turtle.pendown()
turtle.pencolor("black")
turtle.circle(30)

turtle.penup()
turtle.goto(170,30)   #红色环起始位置
turtle.pendown()
turtle.pencolor("red")
turtle.circle(30)

turtle.penup()
turtle.goto(65,00)    #黄色环起始位置
turtle.pendown()
turtle.pencolor("yellow")
turtle.circle(30)

turtle.penup()
turtle.goto(135,00)   #绿色环起始位置
turtle.pendown()
turtle.pencolor("green")
turtle.circle(30)

turtle.hideturtle()
```

运行结果如下。

练习 8

可以把爱心分成四部分来画，如图所示。

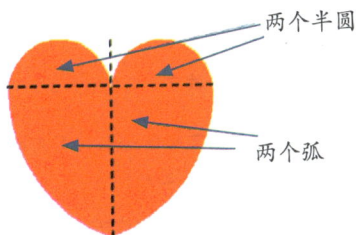

代码如下。

```
import turtle as t
t.pensize(3)
t.color("red")
t.speed(9)
t.penup()
t.goto(-30,100)     #画笔起始位置
t.pendown()
t.begin_fill()
t.left(90)
t.circle(60,180)    #半径是60像素单位的半圆
t.circle(180,70)    #半径是180像素单位的70度弧
t.left(38)
t.circle(180,70)    #半径是180像素单位的70度弧
t.circle(60,180)    #半径是60像素单位的半圆
t.end_fill()
t.hideturtle()
```

运行一下，画出大大的红心了！

练习 9

代码如下。

```
import turtle as t
t.pencolor("red")
for i in range(100):
    t.forward(5+2*i)
    t.left(90)
t.hideturtle()
```

练习 10

游戏是一局决胜负，代码如下。

```
from random import randint
number=randint (0,10)#一局决胜负，每一局游戏生成一个新数字
guess=input ("在0——10中选择一个数字，与我选择的数字比一比大小吧！")
guess=int (guess)
if guess>number:
    print (f"你赢了，我这次选的数字是{number}，下次我要选一个更大的数！")
elif guess==number:
    print ("我们两个人猜的数字相同，平局！")
else:
    print (f"耶！我赢了！我选的数字是{number}")
```

但是，这样的编程有一个缺点，就是我们想要进行游戏时，每一局都要运行一次，非常麻烦。我们可以让随机 randint() 函数在循环中执行，每一次循环都会生成一个新数字。这样就可以一直进行游戏了。

```
from random import randint
while True:
    number=randint (0,10)#一局决胜负，每一局游戏生成一个新数字
    guess=input ("在0——10中选择一个数字，与我选择的数字比一比大小吧！")
    guess=int (guess)
    if guess>number:
        print (f"你赢了，我这次选的数字是{number}，下次我要选一个更大的数！")
    elif guess==number:
        print ("我们两个人猜的数字相同，平局！")
    else:
        print (f"耶！我赢了！我选的数字是{number}")
```

练习 11

"石头、剪刀、布"游戏又叫猜拳游戏，是一种博弈游戏。石头、剪刀、布三者是一个环形关系：石头 > 剪刀，剪刀 > 布，布 > 石头，所以三者没有绝对的大与小之分，可以互相制约。

需要解决的第一个问题是：石头、剪子、布是 3 个字符串，没有办法比较大小，需要将石头、剪刀、布用数字表示，比如，石头 =3，剪刀 =2，布 =1，这时是可以比较大小的。

需要解决的第二个问题是：石头 =3> 剪刀 =2，剪刀 =2> 布 =1，这两者没有问题，但是布 =1> 石头 =3，是不符合整数比较关系的，所以这种情况我们需要单独进行判断。整个程序代码如下。

```
from random import randint
while True:
    number=randint(1,3)#随机选取1，2，3
    guess=input("请输入一个值：3=石头；2=剪刀；1=布")#确定代表数值
    guess=int(guess)
    print(f"我出的是{number}")
    if guess == number:
        print("平局")
    else:
        if guess > number and not(guess==1 and number==3):
            print("你赢了！")
        elif guess==1 and number==3: #布VS石头 单独分析判断
            print("你赢了！")
        else:
            print("你输了！")
```

运行结果如下。

```
*Python 3.7.2 Shell*                                      _  □  X
File  Edit  Shell  Debug  Options  Window  Help
Python 3.7.2 (tags/v3.7.2:9a3ffc0492, Dec 23 2018, 23:09:28) [MSC v.19
16 64 bit (AMD64)] on win32
Type "help", "copyright", "credits" or "license()" for more informatio
n.
>>>
================ RESTART: C:/Users/u/Desktop/跟我一起玩编程/剪子石头布
.py ================
请输入一个值：3=石头；2=剪刀；1=布1
我出的是3
你赢了！
请输入一个值：3=石头；2=剪刀；1=布2
我出的是3
你输了！
请输入一个值：3=石头；2=剪刀；1=布3
我出的是1
你赢了！
请输入一个值：3=石头；2=剪刀；1=布2
我出的是1
你赢了！
请输入一个值：3=石头；2=剪刀；1=布
                                                        Ln: 17  Col: 20
```

练习 12

为了保证游戏的公平性，我们需要把 10 单独拿出来，让 10<1。大小关系形成一个环形，代码如下。

```
from random import randint
while True:
    number=randint(0,10)#一局决胜负，每一局游戏生成一个数字
    guess=input("在0——10中选择一个数字，与我选择的数字比一比大小吧！注意特殊情况：10<1")
    guess=int(guess)
    if guess>number and not(guess==1 and number==10):
        print(f"你赢了，我这次选的数字是{number}，下次我要选一个更大的数！")
    elif guess==number:
        print("我们两个人猜的数字相同，平局！")
    elif guess==1 and number==10:        #特殊情况，防止输入10不会输
        print(f"你赢了，我这次选出的数字是{number}，下次我要选一个更大的数！")
    else:
        print(f"耶！我赢了！我选的数字是{number}")
```

练习 13

注意边长和起始坐标的变化规律，如图所示。

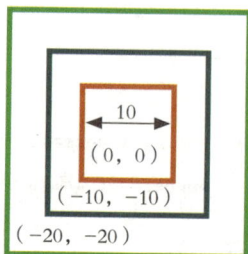

代码如下。

```
from random import randint
import turtle as t
t.colormode(255)    #设置RGB颜色模型

t.pensize(4)
t.speed(8)
#定义变量，设置初始值
red=0
green=0
blue=0

for i in range(1,21):
    red=randint(0,255)     #红色随机选取0--255
    green=randint(0,255)   #绿色随机选取0--255
    blue=randint(0,255)    #蓝色随机选取0--255
    t.color(red,green,blue)
    for l in range(4):     #利用循环画正方形
        t.forward(10+20*i) #边长，逐个增加20个像素单位
        t.left(90)
    t.penup()
    t.goto(-10*i,-10*i)    #起笔坐标 X,Y坐标逐个向左，向下移动10个像素单位
    t.pendown()
t.hideturtle()
```

运行结果如下所示。

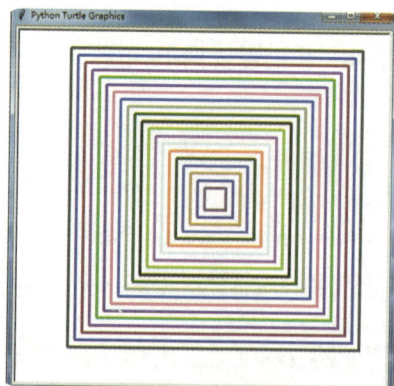

第7章　练习答案

练习 1

代码如下。

```python
def year(nian):
    if (nian%400==0) or (nian%4==0 and nian%100!=0):
        return("是闰年")
    else:
        return("是平年")
year=year(2440)
print(year)
```

运行结果如下所示。

```
Python 3.7.2 Shell
File  Edit  Shell  Debug  Options  Window  Help
Python 3.7.2 (tags/v3.7.2:9a3ffc0492, Dec 23 2018, 23:09:28) [MSC v
.1916 64 bit (AMD64)] on win32
Type "help", "copyright", "credits" or "license()" for more informa
tion.
>>>
============= RESTART: C:\Users\u\Desktop\跟我一起玩编程\一起玩Pyth
on编程.py =============
是闰年
>>>
                                                        Ln: 6  Col: 4
```

练习 2

结果会报错。因为 t 在函数内定义的变量属于局部变量，不能作用于整个程序，所以 print(t) 会显示 t 没有定义，报出错误；如果只打印 m，则显示结果是 10。因为 m 是全局变量，可以作用于整个程序。

练习 3

代码如下。

```python
def wei(people):
    print(people+"是魏国将领")
def shu(people):
    print(people+"是蜀国将领")
def wu(people):
    print(people+"是吴国将领")
shu("关羽")
wei("夏侯惇")
wei("张辽")
wu("周瑜")
shu("张飞")
wu("黄盖")
wu("鲁肃")
wei("司马懿")
shu("诸葛亮")
```

运行结果如下。

练习4

代码如下。

```
number=[0, 2, 4, 6, 8]
l=[]
for i in number: #遍历列表
    try:            #尝试执行以下程序
        result=48/i
        l.append(result)
    except:         #错误程序除外
        print("0不能作为除数")
print(l)
```

运行结果如下。

第8章 练习答案

8.1 面积计算器

完整代码如下：

```
while True:
    shape=input("请输入要计算面积的图形：（矩形，正方形，三角形，梯形，圆形）")
    if (shape=="正方形") or (shape=="矩形"):
        a=int(input("请输入长："))
        b=int(input("请输入宽："))
        print(f"图形面积是{a}×{b}={a*b}")
    elif shape=="三角形":
        a=int(input("请输入底："))
        b=int(input("请输入高："))
        print(f"图形面积是（{a}×{b}）÷2={a*b/2}")
    elif shape=="梯形":
        a=int(input("请输入上底："))
        b=int(input("请输入下底："))
        c=int(input("请输入高："))
        print(f"图形面积是（{a}+{b}）×{c}÷2={(a+b)*c/2}")
    elif shape=="圆形":
        r=int(input("请输入半径："))
        print(f"图形面积是π{r}²={r**2}π")
    else:
        print("其他图形暂不支持，欢迎添加！")
```

\# 如果参数是小数，可以改成 float 数据类型。运行之后，就可以进行图形计算啦。

8.2 BMI 指数

来给家人测一测 BMI 指数，让家人保持健康体重，代码如下。

```
while True:
    weigh=input("请输入您的体重：（单位：Kg）")
    tall=input("请输入您的身高：（单位：m）")
    weigh=int(weigh)
    tall=float(tall)

    BMI=weigh/tall**2    #计算公式

    if BMI<18.5:
        print(f"您的BMI指数是{BMI}，体重偏瘦，相关疾病发病率低（但其他疾病危险性增加）")
    elif BMI>=18.5 and BMI<24:
        print(f"您的BMI指数是{BMI}，体重正常，相关疾病发病率属于平均水平，请继续保持。")
    elif BMI>=24 and BMI<28:
        print(f"您的BMI指数是{BMI}，肥胖前期，相关疾病发病率增加，请注意身体健康。")
    elif BMI>=28 and BMI<30:
        print(f"您的BMI指数是{BMI}，I级肥胖，相关疾病发病率轻度增加，请注意身体健康。")
    elif BMI>=30 and BMI<40:
        print(f"您的BMI指数是{BMI}，II级肥胖，相关疾病发病率中度增加，请注意身体健康。")
    else:
        print(f"您的BMI指数是{BMI}，III级肥胖，相关疾病发病率重度增加，请注意身体健康。")
```

运行一下，输入体重和身高，就会知道你的 BMI 值了。

8.3 囚徒困境

```python
while True:
    A=input ("A是否坦白罪行？回答：是 或者 不是")
    B=input ("B是否坦白罪行？回答：是 或者 不是")
    if A=="是" and B=="是":
        print ("两个人都认罪！各关押5年！")
    elif A=="是" and B=="不是":
        print ("A认罪态度良好，立即释放；B还在抵赖，关押10年！")
    elif A=="不是" and B=="是":
        print ("B认罪态度良好，立即释放；A还在抵赖，关押10年！")
    else:
        print ("唉！证据不足，只能判A和B各1年了！")
        break
```

运行一下，看看能不能达到完美情况。

8.4 神奇的百宝箱

答案1：

```python
from random import randint
number_1=randint (0, 3)     #随机生成第一位密码
number_2=randint (0, 3)     #随机生成第二位密码
number_3=randint (0, 3)     #随机生成第三位密码
while True:
    code_1=input ("请输入第一位密码（范围：0--3）")
    code_1=int (code_1)
    if code_1!=number_1:
        continue  #continue表示只要第一位密码不正确，重新进行循环。
    print ("第一位密码正确") #第一位密码正确
    code_2=input ("请输入第二位密码（范围：0--3）")
    code_2=int (code_2)
    if code_2!=number_2:
        continue  #continue表示只要第二位密码不正确，重新进行循环
    print ("第二位密码正确") #表示第一位密码正确
    code_3=input ("请输入第三位密码（范围：0--3）")
    code_3=int (code_3)
    if code_3==number_3:#当第三位密码也正确时
        break         #跳出循环，输出结果；错误时，重新循环
print (f"密码正确，解锁成功，密码是 {number_1} {number_2} {number_3}")
                      #利用格式化字符串，显示正确密码
```

运行一下，看看你要输几次才能获得正确的密码吧。

答案 2:

```
from random import randint
while True:
    number_1=randint(0,3)        #随机生成第一位密码
    number_2=randint(0,3)        #随机生成第二位密码
    number_3=randint(0,3)        #随机生成第三位密码
    code_1=input("请输入第一位密码（范围：0——3）")
    code_1=int(code_1)
    if code_1!=number_1:
        continue   #continue表示只要第一位密码不正确，重新进行循环。
    print("第一位密码正确") #第一位密码正确
    code_2=input("请输入第二位密码（范围：0——3）")
    code_2=int(code_2)
    if code_2!=number_2:
        continue #continue表示只要第二位密码不正确，重新进行循环
    print("第二位密码正确") #表示第一位密码正确
    code_3=input("请输入第三位密码（范围：0——3）")
    code_3=int(code_3)
    if code_3==number_3:#当第三位密码也正确时
        break           #跳出循环，输出结果；错误时，重新循环
print(f"密码正确，解锁成功，密码是{number_1}{number_2}{number_3}")
                      #利用格式化字符串，显示正确密码
```

这次是不是难多了？你试验出密码了吗？

答案 3:

```
while True:
    q1=input("小派，你将宝物拿出来过吗？（是 or 否）")
    if q1 !="是":
        continue
    print("原来你拿出来过啊！")
    q2=input("那你拿出来给谁看过？")
    if q2 !="小老鼠":
        continue
    print("原来如此，你只给小老鼠看过，那我们去问问小老鼠吧")

    q3=input("小老鼠，你有没有见过小派的宝物？（看过 or 没有）")
    if q3 =="看过":
        print("看来你没有说谎！")
        q4=input("你有没有拿小派的宝物？（拿了 or 没拿）")
        if q4 == "拿了":
            print("原来是你拿走了，不过你很诚实！快还给小派吧！")
        else:
            print("哦？米有拿？那我们再去问小派吧？")
            continue
    else:
        print("哦？你没有看到过？那我们再去问小派吧？")
        continue
    break
```

程序编好了，赶快审问一下小派和小老鼠吧！

8.5 计算题闯关

答案1:

```
from random import randint
level=0            #0级开始
while level<10:    #当级别小于10级时
    a=randint(0,100) #随机生成两位数
    b=randint(0,100) #随机生成两位数
    c=input(f"{a}+{b}=") #两位数加法
    c=int(c)
    if c==a+b:            #计算结果正确
        level+=1          #级别加1
        print(f"答对啦！现在等级是{level}级，达到10级就胜利了！")
    else:                 #计算结果错误
        level-=1          #级别减1
        print(f"答错啦！现在等级是{level}级，达到10级就胜利了！再接再厉！")
print(f"成功达到10级！挑战成功！棒棒哒！")
```

答案2:

```
from random import randint
level=0                  #0级开始
while level<10:          #当级别小于10级时
    a=randint(0,1000)    #随机生成两位数
    b=randint(0,1000)    #随机生成两位数
    if a>=b:             #结果不是负数，所以被减数>减数
        c=input(f"{a}-{b}=")
        c=int(c)
        if c==a-b:       #计算结果正确
            level+=1     #级别加1
            print(f"答对啦！现在等级是{level}级，达到10级就胜利了！")
        else:            #计算结果错误
            level-=1     #级别减1
            print(f"答错啦！现在等级是{level}级，达到10级就胜利了！再接再厉！")
print(f"成功达到10级！挑战成功！棒棒哒！")
```

8.6 帮小派画房子

我们可以从上向下画，先画房顶，再依次画阁楼窗户、房屋主体、屋门及屋门窗户，代码如下。

```
import turtle as t
t.pensize(2)
t.speed(9)
t.colormode(255)
t.pencolor("black")
t.begin_fill()
#房顶
t.fillcolor(0,245,255)
for i in range(3):
    t.forward(240)
    t.left(120)
t.end_fill()

#房顶阁楼窗户外框
t.penup()
t.goto(80,20)
t.pendown()
t.begin_fill()
t.fillcolor("white")
```

```python
for i in range(4):
    t.forward(80)
    t.left(90)
t.end_fill()
#阁楼窗户内部的横线
t.penup()
t.goto(80,60)
t.pendown()
t.forward(80)
#阁楼窗户内部的竖线
t.penup()
t.goto(120,100)
t.pendown()
t.right(90)
t.forward(80)
t.right(90)
t.forward(80)

#房屋主体
t.left(90)
t.penup()
t.goto(0,0)
t.pendown()
t.begin_fill()
t.fillcolor(255,165,0)
for i in range(2):
    t.forward(240)
    t.right(90)
    t.forward(180)
    t.right(90)
t.end_fill()
    t.right(90)
t.end_fill()
#屋门
t.penup()
t.goto(30,-180)
t.pendown()
t.begin_fill()
t.fillcolor("blue")
for i in range(2):
    t.forward(50)
    t.left(90)
    t.forward(110)
    t.left(90)
t.end_fill()
    t.left(90)
t.end_fill()
#窗框
t.penup()
t.goto(140,-90)
t.pendown()
t.begin_fill()
t.fillcolor("white")
for i in range(4):
    t.forward(70)
    t.left(90)
t.end_fill()
#窗户上的竖线
t.penup()
t.goto(175,-90)
t.pendown()
t.left(90)
t.forward(70)

t.hideturtle()
```

8.7 解决"棋盘放米"问题

先找到规律。

第1格	1	2^0
第2格	2	2^1
第3格	4	2^2
第4格	8	2^3
第5格	16	2^4
第6格	32	2^5
第i格	?	2^{i-1}

代码如下。

```python
rice=1                       #每个格的米数
sum_rice=0                   #总米数

chessboard=64                #国际象棋的格子总数
i=1                          #记录格子数

for i in range(1,65):        #格子数范围1——64
    rice=2**(i-1)            #米数的变化
    sum_rice=rice+sum_rice   #每一个格子的米数累加
    i+=1                     #格子数变化
print(f"国际象棋有64个格子，国王最终需要提供{sum_rice}粒米")
```

运行一下看看结果，是不是非常吃惊？看似不多，原来需要这么多的米。

```
Python 3.7.2 Shell
File Edit Shell Debug Options Window Help
Python 3.7.2 (tags/v3.7.2:9a3ffc0492, Dec 23 2018, 23:09:28) [MSC v.1
916 64 bit (AMD64)] on win32
Type "help", "copyright", "credits" or "license()" for more informati
on.
>>>
================ RESTART: C:/Users/u/Desktop/跟我一起玩编程/棋盘放米.
py ================
国际象棋有64个格子，国王最终需要提供18446744073709551615粒米
>>>
                                                        Ln: 6 Col: 4
```

8.8 全年天数查询系统。

代码如下。

```python
while True:
    year=int(input("请输入年份："))
    month=int(input("请输入月份："))
    day=int(input("请输入日期："))
    sum_day=0                       #表示当前日期是全年的哪一天
    total_month=(31,28,31,30,31,30,31,31,30,31,30,31)  #平年12个月的天数组成放元组
    sum_day=sum(total_month[:month-1]+day)   #总天数=之前所有月份的天数+当前日期的天数
    percent_day=(sum_day/365)*100   #计算天数占全年365天的百分比
    if year%400==0 or (year%4==0 and year%100!=0):  #如果是闰年
            if month>2:                     #输入月份大于2月
                sum_day+=1                  #天数加1
                percent_day=(sum_day/366)*100 #闰年，全年总天数是366
    print(f" {year}年{month}月{day}日是{year}年的第 {dum_day}天，全年已经过去了{peacent_day}%")
                #输出X年X月X日是X年的第X天，全年已经过去X%。
```

运行一下，看看今天是全年的第几天，过去了百分之多少吧！

相信通过对本书的学习，你已经对 Python 语言有了一定的了解，学会了 Python 基本的使用方法。为编程打下一个夯实的基础，就可以利用编程帮助我们完成很多任务。

Python 的库功能非常强大，正确使用 Python 中的库能够让编程更加方便快捷。我们只学习了 turtle 海龟绘图库、random 随机库和 Pygame 游戏库，其实 Python 还有很多库等着我们去发现和使用。比如，我们想进行高级数学运算，可以使用 math() 数学库，其中 sum() 函数可以求一个集合的和；sqrt() 函数可以帮助我们求一个数的平方根；pow() 函数可以帮助我们求幂（类似于之前学的 ** 幂运算），代码如下。

```python
import math
print(sum([3, 4, 5, 6]))#sum求3+4+5+6的和
a=math.sqrt(64)      #求64的平方根
print(a)
print(pow(3, 5))#求3的5次方
```

如果我们想要连接某一个游戏（例如风靡全球的 Minecraft "我的世界"），调用 Minecraft 库利用代码在游戏中进行编程，就可以与游戏创立连接。

Python 就像一个宝藏，等着我们向更深处挖掘，加油吧！

大咖带你玩PYTHON

比游戏
有趣多了！

加入交流群，走进学习新世界

学习编程能带给你的是六大能力提升，使用交流群能获得名师辅导和视频学习资源。高效学习从加入交流群开始。

入群步骤

1>>微信扫描本页二维码

2>>根据提示，选择加入

感兴趣的交流群

3>>群内回复关键词领取

学习资源

学习打卡群

大家一起坚持学习，看视频微课掌握学习要点，有困惑的地方还可以与名师交流呦。

心得交流群

展示自己的学习成果，分享学习心得，还有编程更广阔的天地，邀你来闯。

微信扫描二维码>>   <<加入本书交流群~